產品缺陷風險分析和預期召回效益評估

梁新元、王洪建、陳雄、楊文秀、焦昭傑
編著

內容簡介

　　本書對汽車召回效益進行了綜述，提供了汽車產品的缺陷風險評估方法，介紹了汽車製造商的召回主動度分析及其指標體系，提出了缺陷汽車召回預期效益的評估指標體系，介紹了缺陷汽車的召回決策模型、決策策略和召回政策建議。書中還提出了家用電器產品缺陷風險和預期召回效益的評估方法，提供了消費電子產品缺陷風險和預期召回效益的評估方法。本書可以作為缺陷產品風險評估和預期效益評估的參考，從事產品缺陷相關工作的師生、政府公務員和企事業員工可以借鑑本書提供的方法。

前　言

　　隨著現代科技與社會經濟的快速發展，不斷豐富的產品在改善人們物質生活的同時，因產品缺陷使消費者遭遇人身、財產安全風險的案例也日漸增多，已成為一個重要的公共安全問題。

　　缺陷產品管理工作成效一直是缺陷召回管理的重要工作。本書主要目標是研究缺陷產品管理工作成效問題，主要完成以下三個方面的內容：一是缺陷電子電氣產品的風險評估流程、風險評估指標體系設計、電子電氣分品類成效指標體系設計、電子電氣產品指標算法以及算例；二是典型缺陷產品案例分析，通過典型案例對比分析缺陷產品管理工作機制改善對成效的影響；三是採用多元研究方法，進行交叉驗證，使評估結果體現科學性和客觀性，項目完成後可為重慶市改善現行管理工作機制提供可行的決策依據和相關的對策建議及實施方案。

　　本研究工作主要採用文獻研究、數據收集、部門座談、數據分析及交叉驗證、實地調研、專家論證等方法。一是文獻研究，通過對國內外缺陷產品對象、缺陷產品管理流程、評價指標體系等文獻的研究，對國內外缺陷產品管理機制與實踐進行總結；二是數據收集，通過缺陷產品管理部門、市統計部門、行業主管部門、行業協會、國家標準數據庫等渠道收集不同領域的缺陷產品的設計、製造、警示缺陷數據；三是部門座談，邀請對口單位（手機、筆記本電腦等），對項目涉及的重點數據進行專題座談；四是數據分析及交叉驗證，將數據進行匯總，綜合分析各組數據的關聯，對缺陷產品的不同數據源進行交叉驗證摸排；五是實地調研，對缺陷產品管理開展實地調研，確保缺陷產品管理數據的準確；六是專家論證，適時對項目階段性成果進行專家論證，並及時進行補充、完善。

本書所指缺陷產品召回前效益評估，是從政府角度進行的事前評價，指啓動缺陷產品召回前的經濟效益和社會效益的評價。主要針對企業作為召回主體的單個召回事件中召回實施前效益的評價，簡稱缺陷產品召回預期效益評估。缺陷產品預期效益評估，是對產品缺陷風險的評估，構建相應的指標體系，實現缺陷產品召回效益評價主要從政府和消費者角度看召回可能產生的經濟與社會效益評價，缺陷產品召回的預期效益評價定位為從預測角度進行的事前評價。評價結果提供召回該產品所產生的經濟效益、社會效益，反之，若不召回該產品，出現問題後所造成的損失，能作為缺陷召回管理決策的依據。國家缺陷產品管理中心研究員劉紅喜認為「成效評價不是進行風險分析，而是召回後的評價，評價召回結果有效。事前評估是缺陷調查」。因此需要完成產品缺陷風險評估，這個方面往往需要專家和專業實驗室來完成，需要進行缺陷調查。從預測角度評估報告要初步進行產品風險評估，分析產品的風險等級、存在的人身和財產傷害的危害，還要分析輿情情況。同時從風險信息收集角度，報告已經造成的危害情況、投訴情況、抽檢情況、認證情況及同類產品召回情況。將評價結果提供給領導，便於領導做出產品缺陷調查和產品召回的決策。召回前效益評估所處的階段，實質就是進行缺陷的綜合分析，包括缺陷信息的綜合分析、缺陷的初步技術分析、缺陷的最終調查和認定。可能要經過若干個階段，需要缺陷管理中心的工作人員和相關專家與檢測機構協同完成。為此，本書試圖提出適用各類產品的評估指標和評估方法，主要涉及汽車和摩托車產品、家用電器和消費電子產品，以便於科學地評價召回前的經濟效益和社會效益。

　　本書分為2個部分共7章。第一部分（第1—5章）提供了汽車產品的缺陷風險和預期效益評估方法。第1章對汽車召回效益進行了綜述，第2章提出了汽車產品的缺陷風險評估方法，第3章介紹了汽車製造商的召回主動度分析及其指標體系，第4章提出了缺陷汽車召回預期效益的評估指標體系，第5章介紹了缺陷汽車的召回決策模型、決策策略和召回政策建議。第二部分（第6—7章）主要介紹電子產品缺陷風險和預期召回效益的評估方法。第6章提出了家用電器產品缺陷風險和預期召回效益的評估方法，第7章提供了消費電子產品缺陷風險和預期召回效益的評估方法。

本書第 1 章和第 7 章由梁新元編寫（約 7.2 萬字），第 2 章和第 6 章由王洪建編寫（約 8.2 萬字），第 3 章由楊文秀編寫（約 3.3 萬字），第 4 章由陳雄編寫（約 2.6 萬字），第 5 章由焦昭杰編寫（約 2.4 萬字），全書由梁新元統稿（全書約 25 萬字），梁新元共編寫約 8.5 萬字。

本書盡量做到科學性與實用性的統一，主觀評價和客觀評價結合，定性評價和定量評價結合，以定量評價為主。由於編者水準有限，書中不足之處在所難免，敬請廣大讀者批評指正。同時，歡迎政府缺陷產品管理機構和企業的缺陷召回管理部門與我們開展課題和論文合作研究，探索和解決新的問題，進一步修改和完善我們的研究成果，更好地為產品召回實踐服務。

梁新元

目　錄

1　汽車召回效益評估的研究綜述 / 1

1.1　缺陷產品召回的經濟效益和社會效益 / 3

1.1.1　產品召回制度的適用範圍 / 4

1.1.2　產品召回制度的經濟效益 / 4

1.1.3　產品召回制度的社會效益 / 8

1.2　缺陷汽車產品的召回流程與效益評估 / 9

1.3　汽車製造企業的產品召回管理 / 12

1.3.1　召回管理研究現狀 / 12

1.3.2　缺陷汽車產品召回管理和召回行政管理 / 13

1.3.3　汽車召回的原因 / 15

1.3.4　汽車召回的分類 / 16

1.3.5　召回管理的現實基礎 / 19

1.3.6　召回決策中的風險評估體系 / 20

1.4　中國汽車召回特徵分析 / 24

1.4.1　召回的製造商群體特徵 / 25

1.4.2　主動召回與「受影響召回」對比 / 25

1.4.3　缺陷產生的原因 / 26

1.4.4　缺陷發生的系統和部件特點 / 26

1.4.5　中國與歐美國家召回率的對比分析 / 27

1.4.6　國外汽車召回率較高的原因分析 / 28

　　1.4.7　中國汽車召回率所反應的問題 / 28

1.5　汽車召回成本和決策研究 / 29

　　1.5.1　研究進展 / 30

　　1.5.2　缺陷產品召回涉及的成本和損失 / 33

　　1.5.3　企業召回補償限額決策 / 36

　　1.5.4　政府期望召回補償限額決策 / 37

1.6　本章小結 / 39

2　汽車產品的缺陷風險評估 / 41

2.1　汽車產品風險評估的基本原理 / 41

2.2　汽車缺陷和汽車召回的關係 / 45

2.3　汽車缺陷的風險評價方法 / 46

　　2.3.1　汽車缺陷風險識別與評估流程 / 46

　　2.3.2　信息評估評判 / 50

2.4　汽車缺陷事故風險因素分析 / 51

2.5　汽車缺陷危險的嚴重性評估 / 52

　　2.5.1　汽車事故後果風險評價的初步分析 / 52

　　2.5.2　缺陷嚴重性的初步評估 / 56

　　2.5.3　嚴重性等級的評估結果修正 / 58

2.6　汽車缺陷危險的可能性評估 / 59

　　2.6.1　汽車潛在事故風險評估的初步分析 / 59

　　2.6.2　危險可能性的初步評估 / 63

　　2.6.3　可能性等級的評估結果修正 / 65

2.7　確定汽車缺陷的綜合風險水準等級 / 67

2.8　本章小結 / 69

3 汽車製造商的召回主動度分析 / 70

3.1 汽車召回主動度 / 70
3.2 汽車召回主動度的影響因素 / 72
3.2.1 製造商召回主動度的客觀影響因素分析 / 72
3.2.2 製造商召回主動度的主觀影響因素分析 / 73
3.3 評價指標和召回影響因素的影響權重 / 78
3.4 基於模糊多屬性召回主動度的評價建模 / 80
3.4.1 影響因素模糊量的確定 / 81
3.4.2 基於模糊多屬性汽車製造商召回主動度的評價模型 / 89
3.5 主動度評價模型在召回事件分析中的應用實例 / 90
3.6 本章小結 / 93

4 缺陷汽車產品召回預期效益評估體系 / 94

4.1 指標設計原則 / 94
4.2 指標體系 / 95
4.3 指標含義與計算方法 / 97
4.3.1 缺陷危險的風險等級 / 97
4.3.2 召回前的網路輿情情況 / 99
4.3.3 召回的經濟性 / 105
4.3.4 消費者投訴量 / 114
4.4 本章小結 / 115

5 缺陷汽車產品的召回決策 / 116

5.1 召回博弈分析 / 116
5.2 召回管理決策支持模型的建立 / 122
5.2.1 汽車召回決策目標和約束條件 / 122
5.2.2 已知事故和投訴情況的策略選擇 / 123

5.2.3　預警值下的策略選擇 / 126

　　　5.2.4　已知汽車召回發生概率的策略選擇 / 128

　　　5.2.5　已知汽車製造商的召回主動度的策略選擇 / 128

　5.3　汽車召回決策支持模型建模及模型求解 / 128

　5.4　汽車召回決策 / 129

　5.5　政策與對策建議 / 131

　　　5.5.1　製造商的策略選擇 / 131

　　　5.5.2　政府提高廠商主動召回概率的對策 / 132

　5.6　本章小結 / 134

6　家用電器產品缺陷風險和預期召回效益評估 / 135

　6.1　背景 / 135

　　　6.1.1　家用電器產品發展歷史及現狀 / 136

　　　6.1.2　國內外家用電器缺陷產品召回制度 / 138

　　　6.1.3　家用電器產品分類 / 141

　　　6.1.4　家用電器產品安全使用年限 / 142

　　　6.1.5　家用電器產品放置環境 / 143

　　　6.1.6　家用電器行業召回情況 / 143

　6.2　家用電器缺陷產品召回風險評估 / 144

　　　6.2.1　家用電器缺陷產品召回風險評估流程 / 144

　　　6.2.2　風險信息收集 / 144

　　　6.2.3　風險識別 / 145

　　　6.2.4　風險分析 / 147

　6.3　家用電器缺陷產品的召回特點 / 148

　6.4　指標體系 / 153

　6.5　指標的評價準則 / 155

　　　6.5.1　事故發生量 / 156

6.5.2　消費者投訴量 / 161

　　6.5.3　輿情影響程度 / 161

　　6.5.4　潛在危害程度 / 162

　　6.5.5　召回的經濟性 / 165

　　6.5.6　召回的難易程度 / 168

6.6　家用電器缺陷產品的召回決策 / 171

　　6.6.1　具體召回決策方案 / 171

　　6.6.2　召回決策及建議 / 173

6.7　預期召回效益評估案例分析 / 173

　　6.7.1　算例描述 / 173

　　6.7.2　召回評估 / 174

　　6.7.3　決策方案 / 177

6.8　本章小結 / 178

7　消費電子產品缺陷風險和預期召回效益風險評估 / 179

7.1　國內外缺陷產品風險評估與消費現狀研究背景 / 179

　　7.1.1　國外風險評估研究背景 / 179

　　7.1.2　中國風險評估研究背景 / 181

　　7.1.3　重慶市電子電氣產品的召回特點 / 182

7.2　理論依據 / 183

　　7.2.1　軌跡交叉理論 / 183

　　7.2.2　風險傳遞理論 / 183

7.3　消費類電子電氣缺陷產品的評估流程 / 184

　　7.3.1　風險信息收集 / 185

　　7.3.2　風險分類 / 185

　　7.3.3　風險識別 / 186

　　7.3.4　對已識別的風險進行評估和評價 / 186

7.4 風險指數評估計算方法及算例設計 / 187

　　7.4.1　評價準則 / 187

　　7.4.2　評價指標及計算方法 / 187

　　7.4.3　算例設計 / 189

7.5 綜合指標評估計算方法及算例設計 / 190

　　7.5.1　評價指標體系 / 190

　　7.5.2　評價指標計算方法 / 192

　　7.5.3　算例設計 / 199

7.6 決策方案 / 200

7.7 本章小結 / 201

參考文獻 / 202

附錄 / 206

　附錄A　汽車產品安全風險評估與風險控制指南 / 206

　附錄B　消費品安全風險評估通則 / 213

　附錄C　電氣設備的安全風險評估和風險降低 / 219

1 汽車召回效益評估的研究綜述

由於產品安全性標準的提高,以及產品生產模塊化等,缺陷產品危害事件頻繁發生。對此,企業及相關政府部門給出一系列應對措施。本書針對如汽車、家電、兒童玩具等產品具有耐用性、可修復性等特點的行業的缺陷產品召回進行研究。例如,在 2013 年消費者權益日,中央電視臺曝光了大眾汽車中國公司(簡稱大眾汽車)新款汽車存在質量缺陷,即變速箱的安全性沒有保障。隨後,國家質量監督檢驗檢疫總局(以下簡稱國家質檢總局)要求大眾汽車中國公司針對其 DSG(Direct Shift Gearbox,直接換擋變速器)變速器存在動力中斷的故障問題進行缺陷產品召回。大眾汽車中國公司此次積極配合質檢部門的安排,迅速通過官網及微博等網路方式告知消費者針對汽車變速器存在安全隱患的問題,大眾汽車將實施無條件召回。大眾缺陷汽車召回計劃在國家質檢部門備案後,開始在全國範圍內全面實施缺陷汽車召回政策,此次大眾中國缺陷汽車的召回數量共計超過 38 萬輛。這就是大眾 DSG 變速箱召回事件,這是近年來中國規模最大、影響最廣泛的一起缺陷汽車召回事件。隨著生活水準的不斷提高,人們對產品的質量水準及安全性的關注度越來越高,社會上的缺陷產品召回事件也越來越多。例如,2010 年,豐田(Toyota)因「踏板門」事件在全球對 850 多萬輛缺陷汽車進行召回,召回量超過其前一年的總銷量。

缺陷汽車產品召回是產品生產者對其已售出的汽車產品採取措施消除缺陷的活動,政府負責對召回產品進行監督管理。中國缺陷產品召回管理制度自 2004 年建立以來,引起社會普遍關注,在產品質量監管和保護消費者安全方面的作用日益凸顯。國家市場監督管理總局缺陷產品管理中心(原國家質檢總局缺陷產品管理中心,以下簡稱國家缺陷產品管理中心)統計數據顯示,截至 2014 年年底,中國共實施兒童玩具召回 231 次,涉及玩具 13.62 萬件;

實施家用電器召回28次，涉及家電684萬件①。自2016年1月1日《缺陷消費品召回管理辦法》實施以來，中國缺陷消費品召回數量呈現爆發式增長，截至2016年12月25日，中國共實施消費品召回230次，涉及數量617.63萬件，召回次數較上年同期增長125%，數量較上年同期增長821%，為保障消費品安全發揮了重要作用②。中國2017年共實施消費品召回491次，召回缺陷消費品2,702.6萬件，分別較上一年增加111.6%和337.5%③。2017年召回產品涉及品種範圍廣泛，涉及電子電器、兒童用品、文教體育用品等9個大類、142個小類以及363個品牌的產品，基本覆蓋了消費者生活的方方面面④。2018年上半年，中國共實施缺陷消費品召回活動352次，同比增長40%，涉及缺陷消費品數量3,625萬件，同比增長11倍，超過去年召回總數的34.1%⑤。截至2014年年底，中國共實施汽車召回853次，涉及汽車達1,979萬輛，累計為消費者挽回經濟損失超過280億元；實施兒童玩具召回231次，涉及玩具13.62萬件；實施家用電器召回28次，涉及家電684萬件⑥。國內缺陷汽車產品召回制度已實施數年。2016年7月，國家質檢總局缺陷產品召回工作專題新聞發布會通報數據顯示，自2004年《缺陷汽車產品召回管理規定》施行以來，中國已累計實施汽車召回1,198次，涉及車輛達到3,417.26萬輛⑦。截至2017年12月28日，中國已累計實施汽車召回1,548次，召回缺陷汽車5,673.8萬輛。2013—2017年，汽車召回數量快速增長，實施1,013次召回，召回缺陷汽車4,729.9萬輛，占14年來召回總量的83%。

隨著缺陷產品召回制度在廣度和深度上不斷推進和深化，對標準化的需求日益強烈。通過技術標準建立社會認同的缺陷分析、缺陷認定、召回效果評估等技術體系，是完善缺陷產品召回制度的內在要求。國家缺陷產品管理中心的

---

① 尹彥，劉紅喜，張曉瑞，等. 缺陷產品召回標準體系框架研究 [J]. 標準科學，2015 (5)：12-14.

② 朱祝何. 2016年中國共召回缺陷消費品230次617餘萬件 [EB/OL]. [2016-12-26]. http://www.cqn.com.cn/ms/content/2016-12/26/content_3765991.htm.

③ 施京京. 2017年中國共召回缺陷消費品2,702.6萬件 [EB/OL]. [2018-1-29]. http://www.cqn.com.cn/zgzljsjd/content/2018-01/29/content_5545945.htm.

④ 施京京. 2017年中國共召回缺陷消費品2,702.6萬件 [EB/OL]. [2018-1-29]. http://www.cqn.com.cn/zgzljsjd/content/2018-01/29/content_5545945.htm.

⑤ 國家市場監督管理總局缺陷產品管理中心. 市場監管總局2018年上半年缺陷產品召回工作情況 [EB/OL]. [2018-7-3]. http://www.dpac.gov.cn/xwdt/gzdt/201807/t20180704_77628.html.

⑥ 尹彥，劉紅喜，張曉瑞，等. 缺陷產品召回標準體系框架研究 [J]. 標準科學，2015 (5)：12-14.

⑦ 陳暉，肖翔，楊茂婷. 缺陷汽車產品召回效果評估方法探討與研究 [J]. 質量與標準化，2016 (11)：44-47.

尹彥和劉紅喜研究員從國內外背景分析缺陷產品召回標準化的必要性和迫切性，剖析缺陷產品召回流程的技術需求，初步提出缺陷產品召回標準體系框架。尹彥和劉紅喜提出了生產者召回環節包括這些內容：生產者主動或被責令召回時，必須提交召回計劃，按照召回計劃實施召回，主管部門負責對召回實施效果進行監督管理[1]。這一過程中，涉及的技術規範包括召回指南、召回計劃格式、召回效果評估指標體系、評估方法和流程等。尹彥等提出了缺陷產品召回標準體系框架中相應的缺陷產品召回實施標準，指導企業實施召回，主管部門對實施效果進行監督管理的技術標準，主要包括這些方面的標準：缺陷產品召回報告格式規範、缺陷產品召回效果評估準則、缺陷產品召回經濟效益評估準則、缺陷產品召回社會效益評估準則。

儘管中國缺陷汽車產品召回（以下簡稱「汽車召回」）的次數、車輛數量與美國相比，還存在較大差距，但中國在汽車召回方面的研究與實踐所取得的成績有目共睹。隨著汽車保有量的遞增，缺陷汽車產品可能導致民眾受傷甚至死亡事件的發生頻次隨之增加，缺陷汽車產品召回的實際效果也引起政府監管部門的重視，構建系統的缺陷汽車產品召回預期綜合效益評價體系刻不容緩。

近年來，有不少對於汽車召回風險分析和評估方法的研究，探討了汽車召回回應率的影響因素，開展了汽車召回制度對於減少交通事故發生率的研究工作；圍繞國內外缺陷汽車召回的實際案例開展系統分析，從汽車召回的發生率、嚴重程度、技術難度和成本指數等方面評價汽車召回事件。同時，運用博弈論的方法研究汽車召回問題，針對召回發起者的認定構建了靜態博弈模型，並建議政府從加強監督監管、提高賠償金額兩方面來加強汽車生產者發起缺陷產品召回的主動性。雖然該領域的研究取得了一些成果，但多數研究為定性分析或個案研究，且研究範圍局限於召回管理及預警領域，針對召回前效益評估的研究成果極少。

1.1 缺陷產品召回的經濟效益和社會效益

陶娟比較全面地分析了缺陷產品召回的經濟效益和社會效益[2]。

---

[1] 尹彥，劉紅喜，張曉瑞，等. 缺陷產品召回標準體系框架研究 [J]. 標準科學，2015 (5)：12-14.

[2] 陶娟. 缺陷產品召回制度的法經濟學分析 [D]. 濟南：山東大學，2011.

1.1.1　產品召回制度的適用範圍

產品召回制度的適用範圍包括：①產品已經進入市場並分散到不同的銷售商和消費者手中；②產品存在著對消費者及社會公眾的人身、財產安全造成嚴重損害的缺陷風險；③產品存在某種系統性缺陷，所謂系統性缺陷是指由於設計、製造等方面的原因，在某一批次、同一類型或類別的產品中普遍存在的相同或相似的缺陷，這類產品引起的損害風險具有不特定性和廣泛性的特徵。另外，對於因產品生產、認證受當時的技術水準限制，當產品離開企業後，經證實產品存在損害風險時也應由企業為此承擔召回責任，這是將發展缺陷列入產品召回制度監管範圍的表現。由於發展缺陷的損害風險具有不特定性的特徵，這一原則的確立是對企業實施產品召回的最嚴厲的要求，也是對消費者和社會公眾利益的最有力的保障。

綜上所述，只有因研發、生產技術限制等非主觀的故意或由其他人為因素造成的產品存在系統性缺陷並進入市場流通環節，對消費者及社會公眾的人身、財產安全構成嚴重損害風險的產品才是產品召回制度管制的對象。對於因偶然性因素導致的個別的，或者危險發生概率極低的缺陷產品則無需啟動大規模的召回措施，通過產品侵權責任制度就可以很好地實現對個別消費者的救濟，同時可以避免社會資源的浪費。

產品召回制度作為一種先進的產品質量管制制度，對於產品市場的監管兼具經濟性管制和社會性管制的雙重性質，具有經濟效益和社會效益雙重屬性。通過以上兩種功能，召回制度有效打擊了企業的僥幸心理，減少了投機行為，克服了消費者因信息匱乏、勢單力薄或者無據可依等原因造成的「訴累」，同時，在風險控制和災難預防方面，召回制度值得企業和社會公眾稱讚。

1.1.2　產品召回制度的經濟效益

根據日本經濟學家植草益的觀點，經濟性管制是指在自然壟斷和存在信息偏差的領域，為了防止發生資源配置的低效和確保利用者的公平利用，由政府機關利用法律權限，通過許可和認可等手段對企業進入和退出市場競爭、產品和服務的價格、數量等行為進行的管制。召回制度不僅通過質量認證將大部分缺陷產品直接阻擋在市場之外，實現了數量管制和質量管制的雙管齊下，淨化了市場環境；還規定了嚴格的信息發布程序和要求，督促企業及時就缺陷信息與政府主管部門和消費者、社會公眾進行交流溝通，避免了信息不對稱，因此召回制度具備明顯的經濟性管制功能。

社會對於產品責任的歸責原則越來越傾向於加大對消費者及社會公眾權益的保護和加重企業對產品責任風險的分擔，產品召回制度亦是順延這種趨勢而建立起來的制度，其形成和發展必然會對企業和社會的福利產生極為重要的影響。

（1）企業利潤與社會責任的矛盾決定了建立產品召回制度的必要性

企業是產品的製造者，並且從產品的生產和銷售過程中獲得了利潤，因此缺陷產品的召回責任的理應由企業承擔。然而顧及產品召回的巨大費用以及召回事件對於企業聲譽的負面影響，企業在面對產品缺陷時往往不情願主動採取召回措施，例如豐田和大眾最先都不願意在中國召回缺陷汽車產品。此外，企業選擇對單個消費者進行損害賠償時，既抱有產品缺陷並不會引起實際損害事故的僥幸心理，又寄希望於消費者會忍氣吞聲，不會對產品損害提出索賠請求，因此企業不會自覺承擔召回責任，導致缺陷產品的損害風險被轉嫁給社會公眾。越來越頻繁的產品召回事件產生了高昂的企業成本，高芳等[1]從公司治理角度研究企業產品召回的動機及其缺乏產品召回動力的原因，並探討產品召回對企業績效的影響。作者認為：產品召回既有可能是由外在因素驅動的，又有可能是企業結合內在條件全方位考慮的結果；產品召回對企業績效存在正、反兩方面的影響。作者分析了產品召回對企業召回業績的主要消極影響：造成巨大的直接財務損失，影響品牌形象與企業信譽，降低產品的需求規模，削減企業的市場份額。作者還分析了積極影響：樹立良好的企業形象，延長產品生命週期，完善質量管理體系，增強與用戶的溝通。召回責任的理應承擔者和實際承擔者的偏差決定了政府介入缺陷產品監管的必要性。通過建立產品召回制度，填補產品流通過程中的管制空缺就可以徹底避免產生產品一旦離開生產者即「自動」免責的監管漏洞，通過制定嚴厲的懲罰措施，特別是懲罰性賠償制度的確立，加大了企業生產、銷售缺陷產品的預期違法成本和對消費者承擔侵權責任的預期賠償成本，有助於激勵企業加大質量研發投入和質量安全管理的力度，還可以促使企業在發現缺陷產品時立即實施召回，以避免因發生損害事故而承擔巨額賠償，為企業實施自願召回提供了必要的激勵和威懾措施，也為政府矯正缺陷產品風險分擔機制提供了重要的法律武器。

梁宇[2]指出，缺陷產品召回制度通過靈活運用市場規制法的行政手段和市場的自我調節功能達到維護消費者利益的效果，不僅節約了執法成本，還優化

---

[1]　高芳，劉泉宏，龔迪迪．企業產品召回動因研究——兼論對企業績效的影響［J］．財會通訊，2016（32）：44-48．
[2]　梁宇．論缺陷產品召回法律制度［D］．武漢：武漢理工大學，2004．

了執法效果。另外，相對於產品責任制度，在受害者未提起訴訟時無法根據產品責任法對企業進行懲罰，召回制度通過規定企業對缺陷產品承擔召回的責任，有利於保障市場機制的正常運行。

(2) 消費安全對產品召回的依賴決定了建立產品召回制度的重要性

社會公眾是缺陷產品的受害者，卻掌握著極少的產品信息和法律資源用以維護自身權益。以往面對大量存在不合理缺陷的產品，在損害事實尚未實際發生之前，社會公眾只能默默承受產品缺陷風險，然而損害事故實際發生後依照產品責任制度進行救濟往往無法彌補缺陷產品對受害者造成的損失，特別是人身傷害。因此需要政府公權力確保企業對缺陷產品及時召回以最大限度地預防損害事故的發生。產品召回制度正是這樣一種規避缺陷產品損害事故的事前預防機制，對於保障消費者權益和消費安全具有舉足輕重的意義。

然而召回制度是否會令企業負擔過重而遭遇發展瓶頸，一直是學者們爭議的問題。何悅[1]提到企業要應對召回風險就要買產品召回保險，通過保險不僅能夠幫助廠商在面臨產品安全突發事件時得到資金支持，還可以在專業機構的指導下正確、高效地完成召回以規避重大經營危機。郭曉珍[2]提出了建立產品召回風險基金，將企業聯合建立的風險基金專門用於缺陷產品造成的損害救濟以及召回成本支出就可以有效轉移企業的召回風險，減少企業因畏懼高昂的召回成本而產生逃避召回的消極情緒。

(3) 企業發展與社會安全的利益均衡需要產品召回制度的調節

產品結構的日益複雜和產品信息的不透明性導致政府對於消費者和社會公眾的保護亟待加強，然而嚴格責任制度已經導致企業生產經營和產品創新成本大幅提高，嚴重制約了經濟發展。政府既要維護社會公平正義，又要兼顧經濟效率就需要在企業發展與社會安全之間進行權衡，產品召回制度通過規定企業的嚴格召回責任保證了社會安全，又規定了消費者的召回義務和召回免責條款，充分維護了企業的發展利益；另外，通過簡易召回、建立配套制度，降低了企業的召回費用和召回風險，實現了政府管制的利益均衡目標。通過有效整合市場各方的權利、義務和風險分擔機制，並採取市場調節和政府監管的通力合作，最終實現整個社會福利最大化的目標。

---

[1] 何悅. 中國企業如何應對產品召回 [J]. 中國發展, 2006 (9): 42-45.
[2] 郭曉珍. 缺陷產品召回管理條例草案解讀及立法建議 [J]. 淮北煤炭師範學院學報 (哲學社會科學版), 2009, 30 (5): 67-70.

關於實施召回制度的正面影響，張雲和林暉輝[1]認為企業通過實施召回可以更好地維護自身信用，降低消費者購買產品的搜尋成本和交易成本，而市場也可以因此避免消費者與廠商之間因相互猜疑而導致的低度均衡。另外，張雲等[2]一些學者也進一步分析提出，由於產品召回能使企業的經營成本短時間內激增，進而加速了承受力較差的中小企業大量破產，而市場正好利用這個契機進行兼併、重組以達到優化產業結構、形成規模經濟的效果，這實現了召回制度的功能——產權重組和資源配置。

（4）產品召回制度能實現社會福利的優化

產品質量缺陷是由於設計、製造等方面的原因而導致的危及人身、財產安全的不合理危險，實施召回制度的目的是及時消除質量缺陷。在召回制度缺失的情況下，市場失靈的存在決定了製造商提供的產品質量未達到社會福利的帕累托最優。鄭國輝（2006）[3]基於提高社會福利的角度，比較分析了社會總剩餘與企業利潤的關係，通過進行假設，建立模型並求解。作者指出，產品召回並沒有使社會總福利減少，這是因為將生產者減少的利益通過政府的干預，轉換成消費者增加的利益。為此，鄭國輝（2005）[4]以微觀經濟學理論為基礎分析產品質量缺陷產生的根源，它從質量角度分析社會福利的不利影響、實施產品召回制度如何糾正產品質量缺陷、實現社會福利的改進等問題。鄭國輝認為在召回制度的約束下，製造商有關注產品質量水準的動力，更加重視產品質量，在質量管理和控制與其他因素如市場競爭、產品投放時間之間權衡，並給予質量因素更多的重視。從社會的角度看，實施召回制度使產品質量缺陷帶來的潛在危害得到了及時的消除，從長遠看，產品質量水準的提升有效地降低了因質量缺陷而導致的人員和財物損失，產品召回制度實現了社會福利的帕累托改進。楊金晶[5]分析了缺陷產品召回問題產生的消費者成本和損失。企業將缺陷產品出售給消費者後，由於缺陷產品會給消費者帶來潛在損失，因此企業需

---

[1] 張雲，林暉輝. 效率視野中的食品召回制度——一種法經濟學理論的證成進路 [J]. 當代法學，2007，21（6）：63-68.

[2] 張雲. 缺陷產品召回制度價值之法經濟學證成 [J]. 廣西政法管理幹部學院學報，2009，24（4）：63-66.

[3] 鄭國輝. 缺陷汽車產品召回機制的研究 [J]. 同濟大學學報（自然科學版），2006，9（10）：1350-1354.

[4] 鄭國輝. 汽車缺陷產品實施召回制度的經濟學分析 [J]. 中國工程機械學報，2005，3（2）：233-236.

[5] 楊金晶. 考慮消費者損失的企業產品召回決策研究 [D]. 合肥：中國科學技術大學，2014.

要進行產品召回。此時，消費者有兩種選擇：一是回應企業的召回活動，這時消費者就需要支付因回應召回造成的誤工費、交通費、差旅費等，回應召回的產品經廠家維修後不會再因此缺陷造成消費者損失。二是不回應企業的召回活動，此時，消費者需要面臨因使用缺陷產品可能帶來的潛在損失。

1.1.3 產品召回制度的社會效益

產品市場領域的社會性管制是政府監管機構為保障消費者和社會公眾的安全，防止損害發生，對產品生產、流通提出針對性的安全標準，並以此為據限制、禁止某些不法行為的管制方式。《缺陷汽車產品召回管理條例》第一條就指出法律制定的目的是「為了規範缺陷汽車產品召回，加強監督管理，保障人身、財產安全，制定本條例」，充分反應了產品召回制度的社會性管制功能。同時，在產品召回制度的配套法律制度中，政府主管部門還為不同類型的產品制定相應的技術標準和安全法規，並將缺陷產品召回規定為企業必須承擔的責任，否則將受到嚴厲的懲罰。這不僅為召回制度的貫徹落實奠定了法律基礎，也將確保產品質量和公共安全列為企業不可推卸的責任，有利於實現產品召回制度的目的。

首先，從政府管制的階段來看，工業產品許可證和強制性產品認證等制度是發生在產品進入市場流通之前的監管行為，而產品責任制度是針對缺陷產品損害事實已經發生後對受害人進行的經濟補償。可見現存產品損害制度體系只規定了市場准入前缺陷產品的處理程序，對於產品進入市場流通後產生的損害風險則缺乏必要的管制和規範的退出途徑，導致企業、消費者及社會公眾只能被動等待損害事故發生而各自承擔相應的損失。產品召回制度作為缺陷產品的市場退出機制，將其納入產品損害制度體系不僅有利於企業主動採取措施減少損害事故的發生，還能夠形成從產品准入到退出市場的完整監管體系。

其次，從保障公共安全的作用來看，產品許可證和強制性認證制度是從企業的參與資格和產品的流通資格方面保障產品質量和公共安全的「雙保險」機制。然而，許可證制度可以被冒名頂替的企業非法利用，而強制性認證也可能因為產品送檢當時的檢驗技術和認證標準的限制導致部分缺陷產品流入市場。因此，將具有獨特的事前防範效果的產品召回制度納入產品損害制度體系可以有效地彌補制度漏洞，為預防損害事故的發生提供了重大保障。

再次，從企業承擔責任的主動性來看，前兩種制度都是由政府監管機構單方面制定標準並做出裁定的管制方式，企業面對政府監管處於極其被動的地位；而產品責任制度雖規定了企業對侵權事故承擔損害賠償的責任，但這種救濟制度的

實現仍建立在消費者率先提起訴訟的基礎之上,企業並沒有義務主動承擔賠償責任。相比之下,產品召回制度將自願召回作為企業的責任寫入法律並詳細規定了企業實施自願召回的程序和途徑,一方面賦予企業通過採取自願召回措施爭取簡化召回程序、減輕懲罰力度的權利,增加了企業在應對缺陷產品時的參與性和積極性;另一方面也有助於減輕消費者的維權負擔,通過市場調節與政府管制的「雙管齊下」,產品召回制度的優越性和先進性得到了充分的顯現和發揮。

最後,矯正市場失靈要依靠產品召回制度。隨著產品結構的日益複雜,消費者掌握產品信息的能力急遽下滑,而企業作為產品的設計、製造和銷售者常常擁有更多產品信息,這是導致產品市場信息不對稱的根本原因。信息不對稱一方面助長了損害事故的發生,另一方面吞噬著市場信任機制,阻礙產品的消費與流通。同時,信息不對稱還會引發一系列的問題,諸如產品市場的逆向選擇和道德風險以及缺陷產品的負外部性和負內部性等問題,從而導致了市場失靈。產品召回制度通過規定企業實施召回時必須提交缺陷報告並發布產品召回公告的責任,有效緩解了市場主體之間的信息不對稱;通過規定企業對缺陷產品的召回責任將原本由消費者及社會公眾承擔的產品缺陷風險及其風險預防成本重新歸還給企業,也矯正了成本的分擔機制,繼而有效克服了缺陷產品引起的市場失靈。

1.2 缺陷汽車產品的召回流程與效益評估

國家缺陷產品管理中心的陳玉忠和清華大學汽車安全與節能國家重點實驗室的劉晨提出了缺陷調查與召回監管主要流程,量化分析了 2004—2014 年的汽車產品召回進行汽車產品召回管理的經濟效益,指出在汽車產品的召回率、召回完成率以及召回效能比等方面,中國與美國相比仍有很大差距[1]。

缺陷調查與召回監管主要流程如圖 1-1 所示,確定了缺陷調查所處的階段。

---

① 陳玉忠,劉晨,張金換.中國缺陷汽車產品召回的管理機制:現狀及發展 [J].汽車安全與節能學報,2015,6(2):119-127.

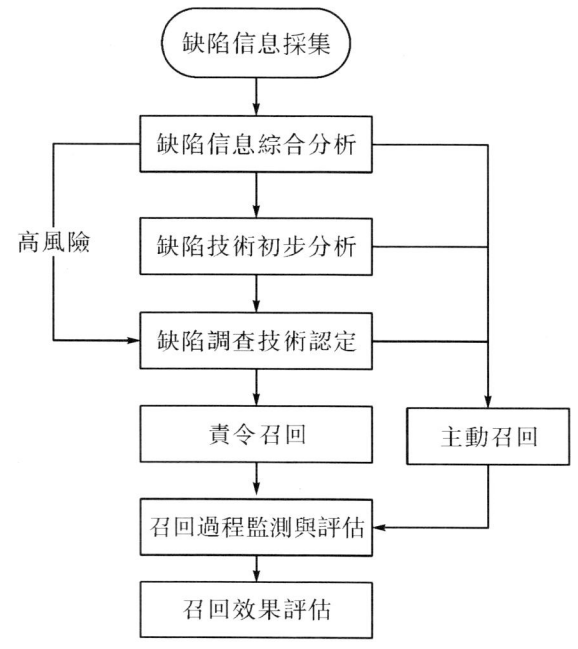

图 1-1　缺陷調查與召回監管流程圖

召回率 Rr（Recall Rate）被定義為年度召回汽車數量 Nr 與年度銷售汽車數量 Ns 之比[①]，即：

$$Rr = Nr / Ns \qquad (1-1)$$

美國汽車召回率平均在1以上，即市場上每銷售一臺汽車，就有一輛已經銷售出去的汽車會因為某個缺陷而被召回，這從一個側面反應出美國召回制度和管理工作已經非常成熟[②]。相比較而言，中國汽車市場高速發展，但市場監管能力仍然較弱，兩者的發展速度不匹配，導致中國汽車產品召回率目前僅為0.2。

本節引用的召回率與汽車工業中所用的「召回完成率」不同。「召回完成率」是指召回的完成情況，是一項反應召回效果的指標。影響召回率的因素較多，歐洲的一項研究結果表明[③]：車型數量、製造商的地域屬性、製造商的

---

① BATES H, HOLWEG M, LEWIS M. Motor vehicle recalls: trends, patterns and emerging issues [J]. Quality Contrand Appl Statistics, 2007, 52 (6): 703-706.

② 陳玉忠，劉晨，張金換. 中國缺陷汽車產品召回的管理機制：現狀及發展 [J]. 汽車安全與節能學報, 2015, 6 (2): 119-127.

③ MC DONALD K M. Do Auto Recalls Benefit the Public [J]. Regulation, 2009, 32: 12-37.

召回策略等都會對召回率產生一定的影響。

陳玉忠進行了召回的經濟效益分析。在召回發起後,生產者需要通過修、退、換的方式來消除缺陷。在召回實施過程中,生產者需要確定消除方案、生產部件、分配物流、貨物管理、聯繫車主、檢測維修等多方面的工作,形成直接召回成本。此外,Mc Donald 等人的研究表明:召回對生產者的股票、市場份額、品牌形象和未來收益的影響遠遠大於召回的直接成本[1][2][3][4]。由於缺乏相關間接召回成本數據,陳玉忠對國內生產者的直接召回成本進行統計分析。根據中國主要汽車系統召回成本統計,2013—2014 年的 120 例召回費用的詳細統計結果表明:每次召回平均費用在 7,041 萬元,單車單次召回費用為 1,970 元。排除由於實施措施或處置方式不當而導致召回費用遠高於其他召回的個別召回事件,分析表明,每筆召回平均費用為 1,474 萬元,單車每次召回費用為 497 元。

汽車召回工作為消費者挽回的直接成本 P 與國家直接投入召回工作經費 C 的比值為召回效能比 Rs:

$$Rs = P/C \qquad (1-2)$$

2004—2014 年,中國汽車召回工作為消費者挽回的直接成本 $P=284$ 億元,政府對缺陷汽車產品召回工作的經費總投入 $C=9,300$ 萬元。因此,中國汽車召回工作召回效能比為 305。國家在汽車召回工作中每投入 1 元人民幣,相當於為消費者直接挽回 305 元的經濟損失,切切實實地消除了車輛缺陷對於人身財產安全的威脅。當然,我們還可以從不同的角度來進一步分析這一組數據,譬如從召回業務工作本身來看,上述召回效能比反應了中國對缺陷汽車產品召回工作以較小的投入取得了較好的成果[5]。

---

[1] MC DONALD K M. Do Auto Recalls Benefit the Public [J]. Regulation, 2009, 32: 12-37.

[2] LEVIN A M, Joiner C, Cameron G. The impact of sports sponsorship on consumers, brand attitudes and recall: the case of NASCAR fans [J]. J Current Issues & Research in Advertising, 2001, 23 (2): 23-31.

[3] GOVINDARAJ S, JAGGI B, LIN B. Market overreaction to product recall revisited: the case of firestone tires and the ford explorer [J]. Rev Quantitative Finance and Accounting, 2004, 23 (1): 31-54.

[4] DAVIDSON W N, WORRELL D L. Research notes and communications: the effect of product recall announcements on shareholder wealth [J]. Strategic Manag J, 1992, 13 (6): 467-473.

[5] 陳玉忠,劉晨,張金換. 中國缺陷汽車產品召回的管理機制:現狀及發展 [J]. 汽車安全與節能學報, 2015, 6 (2): 119-127.

1.3 汽車製造企業的產品召回管理

劉景安對汽車製造企業缺陷產品召回管理模型進行了研究[①]。

1.3.1 召回管理研究現狀

Stanton 用描述性方法（Descriptive Methodology）分析成功召回案例和失敗召回案例，試圖總結企業在產品召回管理上的經驗教訓，從而提出企業科學、有效的召回管理的一般性方法，這是國內外學者在召回管理上的主要貢獻。

從戰略管理的角度出發，N. Craig Smith 等提出，雖然產品召回對企業來說並不是頻繁發生的，但企業需要在召回真正發生前建立一個貫穿於整個企業和貫穿於整個召回過程的戰略計劃。A. V. Riswadkar 同樣認為企業需要為產品召回危機建立意外事件處理計劃，他認為企業能否順利應對召回危機在於企業能夠快速地反應，這種反應包括企業的各個部門，並且召回計劃的實施必須得到高層管理者的支持和認可。Stanton、Alex 提出在分析召回過程中，公司高層管理者用戶思維方式的理解錯誤會導致召回風險的增大。

從公共關係的角度出發，Dirk C. Gibson 提出產品召回是特別有害的公共關係問題，因為召回問題發生頻率相對比較高，同時具有潛在的災難性後果，需要處理公共關係的人員深思熟慮。Dirk C. Gibson 得出結論，即雖然很多因素錯綜複雜地影響企業產品召回的效果，但是企業在溝通方面應該採取 12 種溝通技巧來優化召回效果。

從信息管理的角度出發，John Nelson 等提出設計信息系統可追溯性的方法。為企業建立產品的可追溯性奠定了一定的理論基礎。Paddy Baker、Gigi M. Lipton、Steele、Daniel 在企業建立產品的可追溯性的技術和方法上進行了一定的探討。

從組織決策管理的角度出發，Corbet、Merlisa Lawrence 認為召回決策必須由企業高層主持參與。Kenneth E. Ryan 也提出，企業要有效降低產品召回風險必須由企業高層參與，由相關部門積極配合，而且整條供應鏈上的其他企業也應該相互合作。

從企業風險評估的角度出發，Girder 等人針對缺陷產品給消費者帶來的損失問題，提出如何定量評估任何給定缺陷產品的潛在風險的方法 QRA（Quanti-

---

① 劉景安. 汽車製造企業缺陷產品召回管理模型研究 [D]. 上海：同濟大學，2009.

tative Risk Analysis)。此方法有利於企業進行對召回風險的評估。Moore、Michael Garth 提出判定產品是否存在缺陷,不能單純地依據產品造成人身傷害的數量來判斷,如果簡單地應用此方法將會嚴重影響召回風險的管理。

劉景安從召回的基本形態著手,系統地分析了召回定義、召回原因、召回分類以及召回給企業帶來的正負兩方面的影響,從企業的角度給出召回管理的定義,在系統地分析國內外有關企業召回管理研究成果的基礎上,以危機管理理論和戰略管理理論作為汽車製造企業缺陷產品召回管理模型的理論基礎,結合中國汽車製造企業的召回管理的現實情況,提出召回管理模型即完整的召回管理要從三個方面進行:時序管理、組織管理和決策管理。在召回時序管理方面,將企業召回管理按召回事件的生命週期分為四個階段,分別給出了四個階段召回管理的目標和任務;在召回組織管理方面,召回應對網路應以三大系統(預警系統、產品追溯系統、客戶信息系統)為網路建設核心,同時企業還應建立良好的政府關係和媒體關係;在召回決策管理方面,汽車製造企業應該注重召回決策的流程、召回決策機構、召回決策中的風險評估的完善[1]。

1.3.2 缺陷汽車產品召回管理和召回行政管理

劉景安從企業角度給出了缺陷汽車產品召回管理的定義:召回管理是指汽車製造企業或者進口商,依據相關的產品召回制度,對投入市場進行銷售的缺陷產品實施召回全過程管理,以消除產品缺陷對人身、財產帶來的不合理危險,或者是證明企業關注產品的質量給消費者帶來的實質性影響;並借此獲得公眾的信任和好感,以提升企業市場形象和競爭力[2]。

由以上定義可知:

(1) 召回管理的主體是汽車製造企業或進口商。

(2) 召回管理的目的是消除產品缺陷對人身、財產帶來的不合理危險,或者是證明企業關注產品的質量給消費者帶來的實質性影響;並借此獲得公眾的信任和好感,以提升企業市場形象和競爭力。

(3) 召回管理的依據是召回制度,中國的汽車製造企業,主要依據缺陷汽車產品召回管理的相關法規。

(4) 召回管理的對象主要是投入市場進行銷售的缺陷產品。

(5) 召回管理的內容包括確定產品存在的缺陷、產品缺陷的嚴重程度、

---

[1] 劉景安. 汽車製造企業缺陷產品召回管理模型研究 [D]. 上海:同濟大學,2009.
[2] 同[1]。

缺陷產品的數量和分佈的情況、糾正缺陷的地點和方式。應依據缺陷產品的行政管理制度對缺陷產品採取諸如通知或通告、修理或修復、更換或替換、退賠及處置等措施進行處理。

由上面的研究分析可知，召回管理是一個管理的系統工程，它涉及召回問題發生的不確定性、損失性、持續性、信息溝通、企業形象聲譽及危機的控制性等問題。召回管理努力解決的問題是：如何做到預防召回？如何解決召回中信息不對稱的問題？如何調配資源應付召回問題？如何保持召回中企業的形象、聲譽問題？

召回管理不同於產品召回行政管理，缺陷產品行政管理制度是指政府行政主管部門，依據法律、行政法規和部門規章的規定，監督、管理產品的生產者、銷售者，使之對其生產和銷售的含有對人身和財產安全造成不合理危險的缺陷產品，採取通知或通告、修理或修復、退換或替換、退賠及其他處置或處理措施，以糾正和消除該產品在設計、製造、銷售等環節上產生的缺陷，進而消除缺陷產品對公共安全產生的威脅，從而保護消費者合法權益，規範企業經營行為，維護正常市場秩序的行政管理制度。

召回行政管理的本質是由政府行政主管部門依據缺陷產品行政管理制度進行的缺陷產品管理，其主要工作內容包括：①接受、搜集和分析經由各種渠道而來的、可能從中發現產品缺陷的信息；②對製造商或銷售商自願進行的缺陷產品召回進行的審查和評定；③對所懷疑的問題進行進一步的調查和分析；如確定產品存在缺陷則根據其具體情況，要求製造商或銷售商提供進一步的說明材料，或依法命令其以各種方式將產品缺陷狀況及其應採取的措施和行動有效地通知消費者，或命令其對缺陷產品進行召回；④監督製造商或銷售商主動（或在主管部門強制命令下）進行缺陷產品召回，並評估其效果；⑤根據召回效果做出結論或決定；⑥處理缺陷產品管理各有關過程的信息發布事宜等。

綜上所述，召回管理和召回行政管理既有區別，區別在於兩者的主體不同、內容不同；又有聯繫，聯繫在於兩者管理的對象相同，管理的目的接近。

政府對汽車召回的監管作用。從政府的角度講，汽車召回的首要目的是最大限度地減少因缺陷汽車產品引起的人身傷害和財產損害，盡可能快地制止和轉移風險。為了達到這個目的，企業要在政府的監管下完成產品召回程序：第一，識別危險產品。這是產品召回的起點，召回法律要求生產者應當掌握質量信息來源，同時，授權政府建立獨立於企業之外的信息平臺來收集缺陷信息（從汽車製造企業到最終消費者涉及的相關利益方都是信息源），分析缺陷信息，以監督和協助企業更好地識別召回風險。第二，在召回過程中進行糾錯，

其中包含兩個重要的環節：一是通知消費者，二是矯正工作。召回法律要求汽車製造商將召回改正過程的客戶通知方案和矯正工作方案提交給相關的政府部門進行審批備案。第三，召回效果的評估，召回法律授權政府部門通過對企業召回進度的審核以及最終召回效果的評估兩個環節來監督汽車製造企業是否已經成功消除汽車缺陷帶來的潛在人身危害和財產損害。總之，召回法律授權相關的政府部門在召回生命週期的各個階段對汽車製造企業的缺陷產品召回行為進行監督。監督主要通過對缺陷信息的收集和分析、召回決策的審批、召回進度的審核、召回效果的評估來實現。

1.3.3　汽車召回的原因

各國汽車召回制度對召回原因的界定目前還沒有統一的定義，總結起來，各國汽車召回制度對召回原因的界定趨於一致，趨於嚴格，如圖1-2①所示。

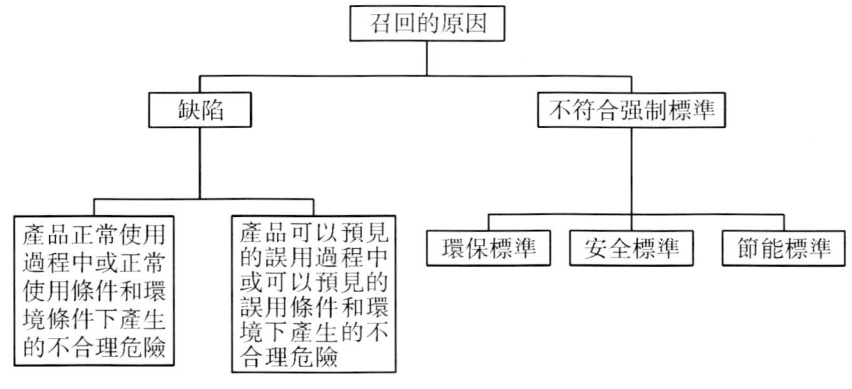

圖1-2　召回原因分類圖

中國的召回制度規定不符合標準就是缺陷，《缺陷汽車產品召回管理規定》第5條規定，「本規定所稱缺陷，是指由於設計、製造等方面的原因而在某一批次、型號或類別的汽車產品中普遍存在的具有同一性的危及人身、財產安全的不合理危險，或者不符合有關汽車安全的國家標準的情形」。

汽車召回按照其根本原因可分為：產品設計缺陷、零部件缺陷以及生產製造缺陷三種形式。產品設計缺陷是指因產品設計造成的可能導致汽車功能失效的缺陷。據統計，中國汽車召回事件中，產品設計缺陷類召回約占58％。零部件缺陷是指因零部件質量不能滿足要求造成的可能導致汽車功能失效的缺陷。

---

① 劉景安. 汽車製造企業缺陷產品召回管理模型研究[D]. 上海：同濟大學，2009.

據相關媒體報導，在零部件缺陷類召回事件中，整車廠的原因占36%，而來自零部件供應商的原因占64%。因此，汽車製造行業中的零部件供應商的質量管理顯得十分重要。生產製造缺陷是指在生產製造中未按照工藝要求進行作業造成的可能導致汽車的功能缺陷。比如，螺栓的緊固在汽車裝配過程中屬於十分重要的基礎技術，是汽車零部件裝配中最重要的一種連接方式，其連接質量的好壞直接影響整車的性能和質量。

徐士英（2008）按照缺陷產品產生的原因將產品分為三類：①設計缺陷產品，即產品在設計上存在不合理、不方便甚至不安全等因素，例如設計產品時需要使用的材料選用不適當，產品結構設置不合理，以及沒有在產品上設計必要的安全裝置等；②製造缺陷產品，即產品在其製造過程中，如零件加工、製作、產品裝配等環節反應的設計缺乏規範、加工工藝達不到要求、控制不夠嚴格、檢驗不夠全面等缺陷，導致產品安全存在一定的風險；③指標缺陷產品，即在產品的使用說明書中未能清楚地告知用戶哪些操作應引起注意，或者沒有將需要用戶注意的事項清楚地在產品警示說明上標記出來，或者對產品的說明存在虛假、誇大甚至是錯誤的成分，導致用戶因使用不當遭受損失。由於產品生產具有批量性特點，因此，無論產品發生設計缺陷、製造缺陷或是指標缺陷，當這些產品投入市場後，對消費者和社會福利都會產生巨大的潛在危害，甚至會對消費者的財產及生命安全或人類生存環境造成損害。因此，為了使企業對其生產的缺陷產品進行召回、維修或更新，並採取適當措施去除產品供應鏈（如採購、製造、裝配以及行銷等）上的不足，以達到維護消費者權益的目的，缺陷產品召回制度的實施是非常有必要的。

此外，國家也鼓勵汽車製造商選擇主動召回的方式來消除一些不會影響公共安全的系統性質量問題。中國管理部門從鼓勵召回到責令召回的態度轉變。如中國《缺陷汽車產品召回管理條例》規定：「對缺陷汽車產品，生產者應當依照本條例全部召回；生產者未實施召回的，國務院產品質量監督部門應當依照本條例責令其召回。」汽車製造商之所以願意採用召回方式來解決質量問題，主要是由於用主動召回方式解決問題可以幫助企業減少大量的質量索賠個案和投訴處理成本。同時，主動地解決產品的質量問題，可以幫助企業提高客戶滿意度，更表明企業對自身產品的關注，對消費者進行保護，從而更好地維護企業的公共關係。

1.3.4　汽車召回的分類

（1）主動召回和強制召回

從召回流程的角度來看，汽車召回可以分為主動召回和強制召回兩種。主

動召回是指製造企業（或進口商）在確定產品存在缺陷之後，主動依據相關法律要求實施的召回程序。它區別於自願召回，國外有關文獻中明確指出，不存在製造企業「完全意義上的自願召回」，因為巨大的召回成本使製造企業產生逃避召回的動機。但是製造企業往往願意採取主動召回，其主要原因可以歸結為製造企業通過主動召回行為證明其關注產品的質量，為消費者帶來實質性利益，並借此獲得公眾的信任和好感，提升市場形象和競爭力，同時也是基於相關產品責任法的約束。強制召回是指政府在確定產品存在缺陷之後，命令或強制廠商進行召回以消除產品缺陷的召回程序。政府強制召回僅在一種情況下發生，即廠商惡意隱瞞產品存在的缺陷、拒不採取消除缺陷措施的情況。但從美國經驗來看，自1966年至今，美國國家高速公路安全管理局進行了為數不多的強制召回。中國汽車召回制度也明確了製造企業的召回程序分為兩種：一是主動召回，二是強制召回①。

根據不同的標準產品召回制度的分類方式有很多種，其中最為常見的一種分類方式是根據召回發起主體和執行程序的不同將產品召回分為自願召回、責令召回、強制召回。所謂自願召回是指企業根據自身掌握的信息發現或通過其他渠道獲知其生產、銷售的某類產品存在缺陷後，立即將缺陷信息和召回方案報告相關主管部門，並在政府主管部門的指導下依法對缺陷產品採取修理、更換、退貨或者銷毀產品等措施以消除產品缺陷的方式；責令召回是指企業得知產品缺陷信息後並沒有立即採取召回措施，而是等到政府主管部門通知其需要召回缺陷產品後才依照法定程序實施產品召回的方式；強制召回是指政府主管部門已經向企業提出產品召回指令，但企業拒不採取召回措施或者採取的召回措施極其不力的情況下，由政府啟動強制召回程序並對企業進行嚴厲懲罰的召回方式②。

儘管無論是自願召回、責令召回或是強制召回，最終缺陷產品召回都是由企業完成的，但三種方式中，企業關注的重點和政府監管的重點卻大不相同。自願召回是企業以產品安全為己任、市場信譽為目標而主動採取的一種對社會公眾和企業形象高度負責的行動，由於企業實施自願召回時通常會向政府報告真實的缺陷信息並與政府展開積極合作，政府就會啟用相對簡單的召回程序以幫助企業快速、有效地將缺陷產品召回，並盡可能地維護企業聲譽、降低召回費用。而強制召回則是企業迫於政府的強制力不得已而為之，由於企業主觀上

---

① 劉景安. 汽車製造企業缺陷產品召回管理模型研究［D］. 上海：同濟大學，2009.
② 陶娟. 缺陷產品召回制度的法經濟學分析［D］. 濟南：山東大學，2011.

極為被動，強制召回無論是對政府還是對企業而言，通常耗資巨大，但召回效果不盡人意。責令召回則介於自願召回和強制召回之間，是企業抱有僥幸心理時常常採取的一種策略，實施責令召回的企業要在政府的監督下嚴格執行完整的產品召回程序，召回費用相對自願召回較高，但只要政府監管到位，召回效益還是有保障的。三種召回方式中，企業承擔責任的主動性依次遞減，而遭受懲罰的可能性依次增加。此外，針對企業的不同態度，政府主管部門監管的重點和投入也有所不同，對於自願召回政府監管的重點是召回的過程和召回完成情況，對於責令召回和強制召回，政府不僅要對召回過程和最終結果進行重點監管和考核，還會視問題嚴重程度對企業施加相應的懲罰。三種召回方式中，投入的人力、財力、政府承擔的監管責任依次遞增。

通常情況下，成熟的產品召回制度應以企業自願召回或者是與政府合作實施召回為主，只有在企業惡意隱瞞產品缺陷或拒絕履行召回義務時政府才動用國家公權力對企業實施強制召回。

（2）無聲召回和有聲召回①

從公共關係的角度來看，汽車召回又可以分為有聲召回和無聲召回兩種。

有聲召回是指汽車製造企業在進行產品召回時需要將缺陷問題的真實情況告知相關的利益主體，反之，如果不將缺陷問題的真實情況告知相關利益主體則是無聲召回。從國外召回的制度實施來看，無聲召回不利於召回制度的有效實施，原因在於無聲召回使企業逃避責任，同時對消費者隱瞞情況會造成消費者對召回的忽視，不利於產品缺陷的消除，因此，國外召回制度大都要求汽車製造企業採用有聲召回的方式。

（3）預防性召回與反應性召回②

召回程序在解決缺陷產品問題時，依據產品的性質、產品缺陷對人身健康和財產安全的危害形式，可以分為預防性和反應性程序。如果缺陷產品，即不安全產品已由銷售商手裡轉移到消費者手裡，並已對消費者造成傷害後，缺陷產品管理系統才開始運轉，這種召回程序可以被認為是反應性的。相反，如果缺陷產品管理系統的缺陷尚未被發現，不安全的產品仍在銷售商手中，但缺陷產品就被確認，這種召回程序可以被認為是具有預防性的。

區分反應性和預防性程序有助於在管理中，針對不同性質的缺陷問題採取不同的管理策略。汽車製造企業在識別產品的設計缺陷或製造缺陷時，市場上

---

① 劉景安. 汽車製造企業缺陷產品召回管理模型研究［D］. 上海：同濟大學，2009.
② 同①。

還沒有明顯爆發大量傷害事故，一般適用於預防性召回程序；而有些缺陷可能在短時間內造成重大傷亡的產品，一般適用於反應性召回程序。不論是反應性的，還是預防性的，產品召回程序都應當盡快、可靠地將有缺陷的產品轉移出市場，告之購買者所面臨的風險，並提供一種有效的、權威的途徑消除消費者所面臨的潛在風險。目前，汽車召回多屬於預防性召回，但是，汽車製造企業更應該重視反應性召回程序的建設，因為它對企業更具有危害性。

1.3.5　召回管理的現實基礎

從國內及國外的主要汽車製造企業對《缺陷汽車產品召回管理規定》實施的反應可以看出，國內的汽車製造企業的反應明顯不同於國外汽車製造企業的反應。國內企業採取謹慎的態度，其原因在於國內汽車製造企業對召回事件可能帶來的大規模財物損失或者品牌損害帶來的行銷影響存在畏懼，相對於國外企業，在召回管理的基礎工作上比較薄弱，需要改善軟硬件投資。對於發達國家的汽車製造企業來說，它們處理召回事件近半個世紀，在軟硬件投資和管理經驗方面明顯處於優勢地位，因此展現出了樂觀態度[1]。

對於基礎工作比較薄弱的中國製造企業來說，能夠實現有效召回，控制住召回事件對企業的影響不僅需要軟硬件方面的投資，還需要各種管理流程制度的調整，產品召回管理是一個系統工程，它涉及企業各投資方的利益，涉及企業的風險管理、生產管理、物流管理、市場行銷管理、信息管理等，召回管理幾乎涉及企業的每個部門、每個環節。

2004年，日本三菱汽車因涉及大面積召回及隱瞞產品缺陷醜聞，陷入了嚴重的財政危機，讓汽車製造企業深刻瞭解到缺陷產品召回帶來的遠不止是財物損失、市場損失，還會承擔法律責任。中國汽車製造企業開始對召回事件的巨大破壞力有了充分的認識。企業普遍認為在產品召回發生之前，投資建設召回管理能力具有降低風險的作用，如同購買保險。召回事件的破壞力使中國汽車製造企業領導者陷入戰略思考，紛紛成立協調小組，全面規劃和協調企業召回管理建設。而在召回管理實踐中，協調小組會碰到如下三個核心問題：①汽車製造企業要處理好召回事件，應完成哪些關鍵的任務；②為完成這些關鍵任務，汽車製造企業需要利用哪些資源以及如何配置資源；③汽車製造企業在處理召回事件時如何做出有效解決問題的決策。召回實踐中的三個核心問題為召回管理模型的建立提供了現實基礎。

---

[1]　劉景安. 汽車製造企業缺陷產品召回管理模型研究 [D]. 上海：同濟大學，2009.

1.3.6 召回決策中的風險評估體系

召回決策管理直接影響召回效果，從本質上講，任何汽車製造企業經歷產品召回都可能面臨著三種截然不同的結局：一是組織完成召回事件的處理，但是由於相關措施採取得不適當，且沒有有效的召回對策，尤其是沒有及時想辦法得到公眾的理解和支持，在召回後，企業的形象會受損，損害了企業在社會中原有的威信和地位。二是在召回中，組織不但經受住了召回給企業帶來的壓力，而且由於它採取了積極、有效的危機管理措施和對召回問題的解決對策，使汽車製造企業進一步鞏固了社會地位和競爭優勢，在公眾心目中的良好形象也大大提升。三是由於無法承受召回給企業帶來的沉重損失和影響或者企業根本沒有處理召回問題的能力，組織在召回中陷入困境。由此可以看出，召回決策直接影響了召回的效果。

大量召回的失敗案例說明，召回決策的失敗往往是由於管理者對召回事件的風險評估不足。如 Intel 公司雖然處理的是芯片召回事件，但其在召回決策上犯的錯誤值得汽車製造企業引以為鑒。1994 年，奔騰芯片出現浮點計算機錯誤時，Intel 起初不認為這是一個大問題，因為這基本上不會影響絕大多數電腦的使用。而只有當 Intel 的主要客戶 IBM，開始停止進貨時，才意識到問題的嚴重性。最終，Intel 實行了換貨政策。在總結這次事件時，CEO 安迪·格羅夫認為，公司的決策被工程師的思維方式所限，這種思維講究事實和分析。而客戶的思維則是習慣於自己思考，做出有利於自己的選擇。Intel 錯在沒有從市場的角度、客戶的角度評估風險。

周頻從企業的角度提出了汽車召回風險評估體系，如圖 1-3 所示①。

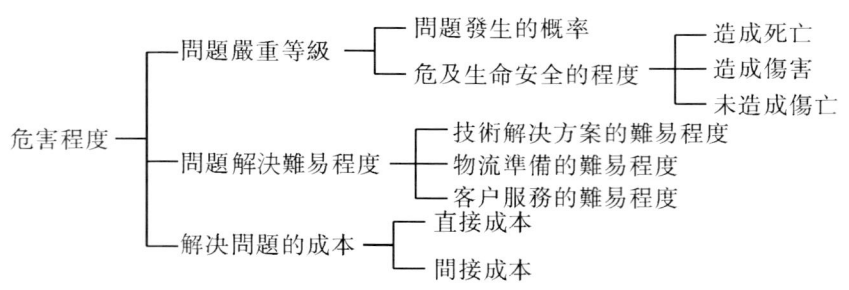

圖 1-3　缺陷汽車產品召回風險評估

---

① 周頻. 汽車召回風險分析和控制方法研究 [D]. 上海：上海交通大學，2007.

由此可見，有效召回決策的前提是對召回風險進行科學、全面的評估，缺陷產品帶來的風險應該從危害程度和暴露程度兩方面綜合考慮，劉景安從企業的角度提出了汽車召回決策中的風險評估體系，如圖1-4所示①。

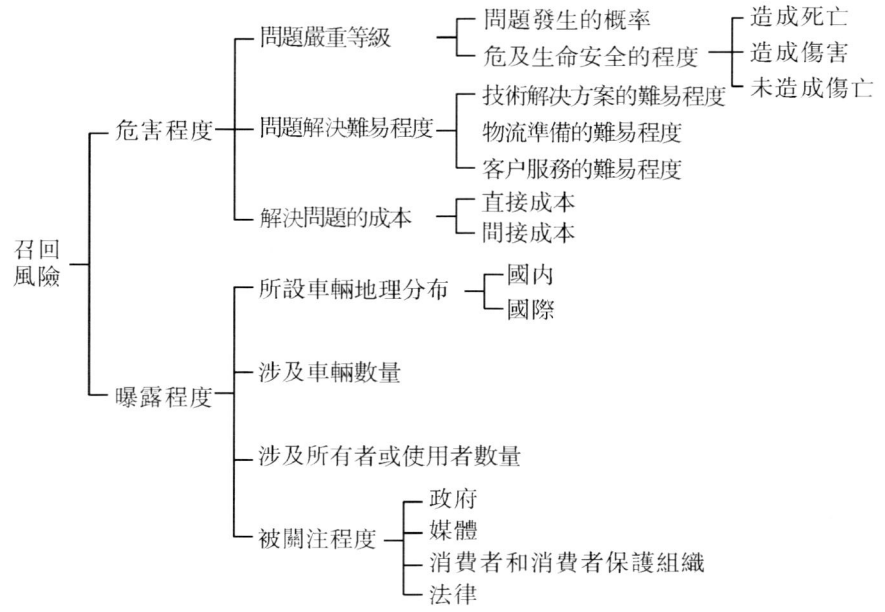

圖1-4　汽車產品召回決策的風險評估指標體系

同時，在召回決策中設定合理的召回目標也是比較重要的環節，在這一點上，大量美國學者進行了研究，對汽車製造企業在召回決策中設定召回目標有參考價值：總的來說，消費者對召回問題的認知程度影響著召回方案的執行效果。影響召回效果的消費者變量包括：消費者對產品缺陷問題的認識程度（缺陷的嚴重程度）、消費者對企業召回做出反應的成本和收益的比較、召回持續的時間、產品出廠的年限、聯繫到用戶的難易程度、零售庫存的規模以及完成修理的難易程度，以及車型的生產時間、生產地點、數量。換句話說，對於生產時間在一年以內的新車，如果缺陷比較嚴重，企業的召回比率可以設得比較高；而對於生產時間在三年以上的老車，如果缺陷並不嚴重的話，企業最終能達到的召回比率可能比較低，因此在召回決策中不應高估最終的召回比率。但是，汽車製造企業必須明確衡量召回比率的最終原則是否能夠消除缺陷

---

① 劉景安. 汽車製造企業缺陷產品召回管理模型研究［D］. 上海：同濟大學，2009.

帶來的人身損害和財產損失。

劉景安將召回事件的發展過程劃分成這幾個階段：①前兆階段：召回事件發生前會經歷各種問題先兆出現的階段，這種問題先兆可能來源於市場的抱怨、重大的交通事故、國家管理部門的研究結果、供應商的反饋、自身內部質量問題等。②緊急階段：關鍵性的事件主要已經發生，時間演變迅速，並且出人預料。③持久階段：通過召回，缺陷問題得到控制，但沒有得到徹底解決。④解決階段：市場問題得到完全解決。

針對召回事件的生命週期，我們將召回管理的時段進行如下的序列假設：召回識別階段、隔離召回階段、管理召回階段、召回後處理階段，如圖1-5所示。

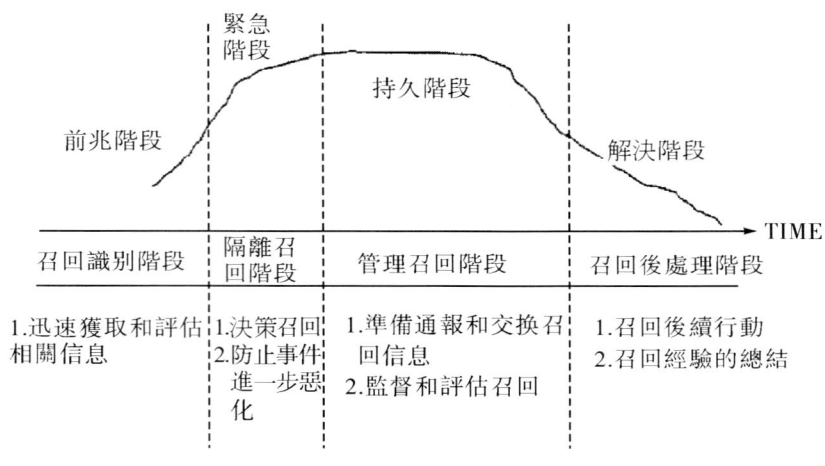

圖1-5　召回管理的階段

（1）召回識別階段

召回識別階段主要是針對前兆階段而進行的管理活動，召回事件起源於缺陷問題的發生。因此各種缺陷問題的先兆可能來源於市場的抱怨、重大的交通事故、國家管理部門的研究結果，供應商的反饋、自身內部質量問題等。因此，召回的識別階段的核心任務是迅速獲取和評估相關的信息，身陷召回的任何企業在召回行動中都需要快速獲取相關問題的精確信息。所以事先考慮從哪裡可以獲得如表1-1所列的這些問題的答案是非常有價值的。

表 1-1　　　　　　　　召回識別階段要識別的問題

序號	問題描述
1	風險的界定，風險的程度
2	處於風險中的人和物
3	問題是否能夠得到控制、解決，危險是否能夠評估、確定
4	是否有用來做驗證、評估測試的樣本，能以多快的速度得到這些樣本並對樣本進行檢測、驗證
5	誰是產品危險界定、檢測方面的專家；從哪裡能得到有關問題產品的技術信息；對其進行外部檢測是否需要，誰能快速去做
6	分析問題的影響範圍：是否是批量產品問題，是否還有其他的產品受到影響；問題產品影響是否是國際性的，影響是否僅在某一個國家或某一個地區；問題是由產品的組成部分導致的，還是由製造過程中的原因導致的；是否有必要停止產品的生產
7	有問題的產品的分佈情況：有多少產品已經賣到了消費者手中；有多少是在分銷商、批發商、零售商的手中；有多少產品是在公司的控制之中
8	問題將如何進行處理：這次發生的問題是否為以前類似問題的再現；將會運用哪些媒體、如何運用；是否需要去拜訪消費者
9	企業收到了多少有可能包含產品潛在安全性的抱怨；有多少抱怨被駁回，有多少索賠得到了擔保
10	你是否有一份緊急聯繫名單，確保在非辦公時間，你能夠聯繫上關鍵的員工、供應商代表及企業客戶代表

（2）召回隔離階段

召回隔離階段主要是針對召回緊急階段而進行召回管理活動，對於缺陷存在的關鍵性的徵兆事件發生，事態演變迅速，需要企業馬上採取行動。召回的隔離階段，汽車製造企業有兩項核心任務：一是進一步對缺陷問題做出評估並研究解決方案，從而形成有效的決策；二是防止缺陷問題引起問題的進一步惡化。

召回應由高級主管在風險評估的基礎上進行決策，決策的任務主要是獲取問題的精確信息，評價產品表現出的風險水準，然後決定是否接受風險。需要進行召回的時候，公眾對可能存在的風險的感知是影響決策的一部分。做出召回的決定是為了更好地維護公司長期的聲譽，哪怕所召回的產品能引起危害的可能性非常小。如果產品的設計是為了保護使用者免受另一項風險的威脅，結果發現存在缺陷，則需要評估這項設計。

此外，還需考慮不進行召回，或者是延遲已確認存在缺陷的產品召回的法

律後果。評估風險水準很有難度，它包括：①找出產品中存在的具體危害；②評估導致對人身、財產、環境的危害可能性；③確認對人身傷害或損失的嚴重程度；④向公眾證實危害將導致何人受傷或對何種物品造成損害。企業可以有技巧地降低缺陷產品給消費者帶來的損害程度，為做到這點，我們必須評估以下幾點：①企業售出的缺陷產品的數量；②缺陷產品在市場上銷售的時間長度；③消費者可能正在使用的數量；④消費者使用的缺陷產品的類型；⑤正在使用的缺陷產品的使用年限。

還需要防止問題的進一步惡化，保證公司正常營運。在安全處理那些問題產品時，需要一定的指導。計劃好回收的產品放在何處是整個處理過程的一部分。回收回來的產品必須隔離，並且進行調整、修理或者毀壞。有時需要額外的倉庫，使缺陷產品銷毀或回收更加方便。在召回行動時，為了使問題不繼續惡化，有時需要停止銷售庫存品，並將其隔離。為了使企業正常運行，在短時期內，你可能需要從別的地方購買部件或完整的產品。

（3）召回管理階段

召回管理階段主要針對召回持久階段而進行召回管理活動，此階段，企業試圖通過有效的召回過程控制來消除缺陷問題。因此召回管理階段有兩個核心的任務：一是進行有效的召回通報；二是對涉及車輛進行召回改正。

1.4 中國汽車召回特徵分析

王琰等（2009）對 2004—2009 年國內外汽車召回事件進行了對比研究，並統計了中國汽車召回的數據。同時，參照歐美國家的數據，對汽車召回的現狀、產生缺陷的原因、製造商群體特徵等進行了分析，提出了召回率作為評價召回實施情況的主要指標[1]。數據表明，中國的汽車召回總體水準相對較低，汽車製造商在召回主動性方面有待提高。

王琰（2010）還從國家年度召回工作角度提出了評價汽車召回法規執行情況的指標有很多，包括：召回次數、召回車輛總數、召回修復完成率、「受影響召回與主動召回的比率」等。召回的頻次和數量受汽車銷售量的影響最大，因此對召回效果的分析應綜合考慮銷售量的因素[2]。建立在統計基礎上的

---

[1] 王琰，王贇松，黃國忠，等. 汽車召回現狀及缺陷模式研究 [J]. 汽車工程，2009，30(11)：1018-1022.

[2] 王琰. 中國汽車召回特徵研究 [J]. 標準生活，2010（8）：20-25.

「召回率」指標能夠很好地體現召回法規執行效果和製造商召回主動性。這裡的「召回率」應區別於國內汽車行業所稱的「召回（完成）率」，「召回完成率」在國際上也被稱為「召回修復完成率」（Repair Rate）。

1.4.1 召回的製造商群體特徵

中國現階段汽車召回呈現出以進口汽車為主導，以國產汽車為輔的召回態勢。這點與歐美國家差異很大。召回汽車的產地可分為國產車製造商和進口車製造商。國產車製造商可進一步分為自主品牌和合資品牌兩大類。按照召回次數統計，進口車型占60%，國產車型僅占40%，其中，自主品牌車型所占比例不到9%。中國汽車召回備案的M1類車輛（座位數不超過9座的載客車輛）的汽車製造商近60家，除13個已經實施召回的製造商外，有40餘家汽車製造商尚未實施過召回，約占製造商總數的75%，其中大部分為產銷規模較小、技術力量相對較弱的製造商，但也不乏廣州豐田汽車公司等實力較強的合資企業。按召回車輛數量分析，召回數量前十名的製造商共計召回231萬輛，占召回總量的72%。自主品牌汽車從召回次數和數量上看，都不活躍。

近年來，自主品牌的產銷量和市場份額逐年提高，2006年已占中國轎車市場份額的1/4，2009年已占中國轎車市場份額的1/3。市場佔有率較高的製造商包括：上海汽車、奇瑞、吉利、哈飛、長豐、華晨金杯、比亞迪、長城、中興等。除奇瑞、吉利、華晨金杯、長豐和長城汽車外，包括比亞迪和上海汽車等其他自主品牌製造商，尚未實施過召回行動。

通過對召回數量和製造商召回活動的群體特徵進行分析，可知：

（1）國外製造商受本國法律環境和產品安全意識等因素的影響，能夠積極、主動地實施召回，並按中國法規要求向政府主管部門報告。

（2）國內製造商以召回方式消除缺陷的意識不強，大部分製造商甚至沒有完成一次召回，這些企業更傾向於通過「技術服務」等方式處理質量問題。

（3）自主品牌雖產銷量不斷提升，但其召回觀念與國際化的汽車企業相比差距較大。

1.4.2 主動召回與「受影響召回」對比

「受影響召回」是指在政府主管部門的缺陷調查下，製造商被動實施的召回；主動召回是製造商發現缺陷存在，主動向政府報告並採取的召回，政府未採取任何形式的干預和調查。

受影響的召回次數和數量及其所占比重是評價一個國家汽車召回的管理水

準的重要指標，也是衡量汽車製造商召回主動性的關鍵因素。

例如：NHTSA（美國國家公路交通安全管理局）有22%的召回行動是NHTSA調查的項目，即：「受影響召回」，但召回車輛數占總數量的57%。

截至目前，中國汽車召回監管中，由政府主管部門引發的召回車輛數達到93.3萬輛，接近召回總數的30%。

根據「受影響召回」案例可知，政府調查所引發的召回雖然次數較少，但召回影響範圍很大，缺陷的風險水準很高，甚至已發生大量事故和個別傷害案件；製造商主動報告的召回行動，次數較多，但往往召回的車輛數不多（2007年廣州本田召回和2009年豐田電動車窗開關召回除外），風險水準較低，很少發生事故和傷害事件。

1.4.3 缺陷產生的原因

《缺陷汽車產品召回管理規定》認為，缺陷是指由於設計、製造等方面的原因而在某一批次、型號或類別的汽車產品中普遍存在的具有同一性的危及人身、財產安全的不合理的風險，或者不符合有關汽車安全的國家標準的情形。可見，引發召回的缺陷原因包括兩點，即設計原因和製造原因。

經統計，中國的汽車召回案例中，由於設計原因造成的缺陷約占58%；由於製造原因造成的缺陷約占42%。其中，部分缺陷的產生既有設計原因，又有製造原因，在此對發生缺陷的主要原因進行歸類。該項統計結果與歐美等國的統計結果基本一致。

數據分析表明：控制缺陷產生的有效手段是提高產品的設計水準，強化生產過程中的質量控制環節，並對產品進行可靠性試驗，以驗證設計和製造工藝。需要指出的是，製造環節產生的缺陷大多是由零部件配套商不當的生產工藝和質量控制原因造成的，因此，加強對配套商的質量管理和缺陷追溯，設立責任追償制度，將有助於整車生產企業控制經營風險，減少召回帶來的損失。

1.4.4 缺陷發生的系統和部件特點

在中國汽車召回案例中，發生缺陷的系統包括：發動機、動力傳動系統、制動、轉向、懸架、車身、電氣系統，甚至內飾零件（案例：雷克薩斯內飾卡扣脫落召回）也有涉及。由此可見，缺陷並非僅由傳統意義上的「安全件」引發，可能發生在車輛的任何部位，該零件在特定情況下會影響安全。

從規律上分析，缺陷發生的部位呈現出一定的集中性——發動機和電氣系統元件的缺陷居前兩位。其中，因「電子/電器」元件缺陷導致的召回次數多

達28起，占全部召回的36.4%。經研究，主要原因是汽車結構越來越複雜，對電子系統的依賴性越來越大，技術先進的車型幾乎所有的系統都有相關電子設備參與信號採集、控制和執行。一旦電子/電器元件發生故障，即可影響整個系統的功能，導致安全隱患產生。從該項指標看，中國與其他國家汽車召回的特點相吻合[①]。

另外，缺陷的產生與新技術、新工藝、新材料的使用也有緊密聯繫，兩次召回行動都是由於控制模塊的軟件缺陷引起的。因此，在汽車電子化和新技術廣泛應用的背景下，保證車輛具有更好的可靠性和安全性是汽車工業發展面臨的新課題。

1.4.5 中國與歐美國家召回率的對比分析

評價一個國家或地區汽車召回法規執行情況的指標有很多，包括召回次數、召回車輛總數、召回修復完成率、「受影響召回與主動召回的比率」等。召回的頻次和數量受汽車銷售量的影響最大，因此對召回效果的分析應綜合考慮銷售量的因素。建立在統計基礎上的「召回率」指標能夠很好地體現召回法規的執行效果和製造商的召回主動性。

這裡的召回率簡稱 Rr（Recall Rate），是指「年度召回車輛數量（Nr）」與「年度新車銷售量（Ns）」的比值。Rr 的意義是：某年度平均每銷售一臺新車所對應的召回臺數，是以統計學的理論評價召回實施情況的主要指標。例如：美國2005年輕型車的銷售量是16,947,754臺，當年召回車輛數為18,250,537臺，召回率為：Rr=1.076,870,54。即2005年，美國市場每銷售一臺新車，召回1.077次，召回率為107.7%。這裡的「召回率」應區別於國內汽車行業所稱的「召回（完成）率」。「召回完成率」在國際上也稱為「召回修復完成率」（Repair Rate）。影響召回率的因素較多，歐洲的一項研究結果表明：製造商生產的車型數量、製造商的地域屬性（亞洲、歐洲、美洲）等都會對召回率產生影響。

施行汽車召回制度的各個國家的召回率差異較大，這與該國的法律環境和政府監管力度有直接關係，也與製造商對產品安全和社會責任的認識有緊密聯繫。

對比2004—2006年，美國、中國和德國的汽車召回率分佈可知，中國汽車召回率非常低，不到美國、德國、日本平均水準的10%。值得注意的是：這

---

① 王琰. 中國汽車召回特徵研究［J］. 標準生活，2010（8）：20-25.

是在中國汽車總體質量水準與國際水準存在較大差異的情況下進行的對比。

1.4.6 國外汽車召回率較高的原因分析

（1）各國法規越來越嚴格

2002年後，歐盟陸續出抬了消費品安全指令（GPSD）和消費品快速預警系統（RAPEX），在各國進行了轉化。美國TREAD法案的出抬，進一步加強了汽車製造商的召回責任，要求極為嚴格。

（2）汽車製造商的社會責任感更強

大部分召回案例都沒有造成傷害，部分缺陷甚至沒有任何市場報告，僅在實驗中發現，但製造商仍然採取預見性的召回行動以消除安全隱患，製造商的社會責任感和產品風險意識變得越來越強。

（3）新車型上市越來越快，測試週期短

近年來，隨著計算機輔助開發技術的發展和市場競爭的日益激烈，汽車製造商新車型的開發週期由5~8年縮短到18~24個月，甚至更短，充分的產品測試難以保證，導致部分設計和製造問題暴露在後市場階段。

（4）電子元器件應用越來越廣泛

現代汽車是移動的電腦和網路，電子元件幾乎分佈在所有系統中，元件的故障直接影響車輛安全運行並導致缺陷發生。

（5）模塊化設計和平臺戰略，大量使用通用部件

平臺戰略大大縮短了汽車的研發週期，提高了質量和技術水準，降低了成本，但也帶來新的困惑：通用零部件的廣泛使用，很容易造成「一損俱損」的情況出現。例如：2004—2006年，美國召回量最大的召回行動，影響一個汽車集團下的4個品牌，共十幾種車型，上百萬輛車。

1.4.7 中國汽車召回率所反應的問題

汽車召回是國際通行的做法，雖然各國的汽車管理模式不盡相同，但對於缺陷的認識差異不大。因此，中國與其他國家召回率的差異並不是法規原因造成的。召回率低的主要影響因素如下[①]：

（1）法律環境與執法力度

中國汽車召回制度剛剛起步，主管部門的召回監管力度相對不足，使部分製造商存在躲避召回的僥幸心理。另外，受《缺陷汽車產品召回管理規定》

---

① 王琰. 中國汽車召回特徵研究［J］. 標準生活，2010（8）：20-25.

的法律層級的限制，無法對違規的製造商採取更嚴厲的處罰，如高額罰款和刑事處罰，使某些不負責任的製造商有了更充分的博弈空間。

（2）中國汽車製造商的社會責任感和產品安全意識相對較弱

汽車技術的複雜性和特殊的使用條件決定了「缺陷的存在是必然的」，適當的召回並不會對消費者的品牌忠誠度產生影響，召回行動是製造商的社會責任感、誠信度和高水準的產品安全意識的表現。國外汽車行業普遍認為：近年來汽車行業的高召回率並不是汽車質量變差的表現，全球汽車工業的社會責任感的加強使得召回數量急遽增加。NHTSA 的發言人說：「召回數字創新高，並不值得大驚小怪。這只能說明汽車廠家對汽車潛在安全問題反應更快，更加重視了。」

中國大部分汽車製造商並沒有達到上述認識水準。由於汽車工業起步較晚，總體技術水準偏低，產品質量和產品安全水準與發達國家相比存在差距。同時，因市場競爭日益激烈，製造商在「效益」「聲譽」和「安全性」之間，更傾向於前兩者，甚至違規隱瞞缺陷或採取所謂的「服務活動」等措施消除缺陷。從國家質檢總局開展的缺陷調查看，被調查對象幾乎都有「以不當方式處理缺陷」的嫌疑。

另外，部分製造商對缺陷風險的認識停留在「事實已發生嚴重傷害」，以風險等級較低為理由規避召回責任。

綜上所述，中國汽車召回管理工作剛剛起步，與歐美國家相比存在一定差距，主要體現為召回率過低以及大量的「零召回」現象；主管部門一方面應提高汽車召回的法律層級，對當事人進行刑事處罰或高額罰款。同時，應進一步加大信息收集和缺陷調查等方面的監管力度，嚴懲違規的製造商。中國汽車製造商應加強法治觀念，提高社會責任感和誠信度，應正視缺陷，主動召回，有利於中國汽車製造商走向國際汽車舞臺。

1.5 汽車召回成本和決策研究

近年來，產品質量對品牌的影響越來越重要，質量管理已然成為企業經營管理中重要的一環。因產品質量而引發的召回事件會給企業帶來成本支出、銷量下滑、聲譽損失和訴訟糾紛等危機。汽車行業以豐田為例，據路透社報導，截至 2010 年 3 月，已在全球召回 850 多萬輛缺陷汽車，超過其 2009 年的總銷量。在衛浴行業中，最深入人心的當屬「美國召回門」事件。美國 Hushmate（弗拉什梅特）公司，作為抽水馬桶衝水系統製造行業的巨頭，曾因產品製造

問題對已經入千家萬戶的馬桶壓力衝水裝置以及在售中的產品實施緊急召回。大眾汽車因 DSG 變速器存在安全隱患而在全球進行的召回事件，也讓很多人記憶猶新。類似的召回問題同樣普遍存在於家電、食品及醫療等行業。三鹿奶粉的大量召回造成了巨大的經濟損失。電子行業巨頭惠普的筆記本「質量門」事件甚至引發品牌危機。不同行業因質量問題引發的大量召回事件表明需要對其進行決策優化研究。

1.5.1 研究進展

Laufer 和 Coombs（2006）通過實證研究的方法指出企業選擇召回決策要以企業信譽和消費者為基礎，如考慮消費者的性別和國籍。Gmnwald 和 Hempelmann（2010）運用實證分析的方法研究了企業召回責任對企業品牌的重要性。Hua（2011）考慮維修成本和消費者回應召回成本，並在假定消費者同質的情形下，研究了在不同責任制度下，企業給予消費者召回補償的問題，得出了強制消費者回應召回將導致更少的召回次數和更低的召回福利的結論。藍志明（2007）則從預防召回糾紛的角度研究了產品召回制度的完善問題。陶麗琴（2009）在文中指出產品召回需要依靠政府的力量，她認為，產品召回不僅針對市場經濟中的個體消費行為，也是市場交易關係的體現，只有通過國家強制力才能保證產品召回制度的順利實施。周曉唯（2007）主要從社會福利最大化的角度，對中國的產品召回制度進行經濟分析，指出在藥品行業中召回制度的重要性。張雲（2009）主要是從社會公平的角度出發，對產品召回制度給社會福利水準帶來的影響進行研究，創造性地提出了產品召回的制度與強制性賠償相結合，並論述了其可能性和優勢。劉衛民（2009）則從危機管理的角度出發，建立了召回管理的信息系統框架，為製造商的召回管理提供系統支持，並對該信息系統架構內的幾大系統板塊（如產品追溯系統、缺陷預警系統、售後服務系統）的建設進行了詳細的論述。此外，還對缺陷產品的實際情況進行調查，做了關於缺陷評估及處理預案等方面的研究。劉閣龍（2011）在張雲的研究的基礎上，提出為實現保障消費者權益的目的，可以通過將缺陷產品召回制度與懲罰性賠償機制相結合來提高企業主動進行產品召回的意願。於朝印（2007）則重點對懲罰性賠償制度的產生基礎進行了研究，並分析了該制度在現實中的應用，參照該制度在美國的成功實施，通過可行性分析預測了該制度在中國的實施前景。葉明海和趙敏（2006）利用質量追溯方法，實現了以批次管理為核心的召回全過程追溯管理。伍鵬（2007）基於國家法律法規、社會整體效率，運用成本效率化等理論，論述了在中國實施缺

陷產品召回制度的重要性。鄭國輝（2005）通過構造政府部門與企業之間的博弈模型，研究了缺陷汽車產品召回的責任問題，並分析了影響政府相關部門和企業共同的選擇召回策略的因素，即召回總量、缺陷嚴重性、進入市場時長等。鄭國輝在文中指出在以上幾種因素的作用下，政府相關部門發起召回活動和企業發起召回活動有很大的差異性，提出政府部門應提高企業發起召回活動的積極性，政府相關部門可以從懲罰和鼓勵兩方面來激勵企業主動進行缺陷產品召回活動[1]。鄭國輝（2006）基於提高社會福利的角度，比較分析了社會總剩餘與企業利潤的關係，通過進行假設，建立模型並求解。研究者指出，產品召回並沒有使社會總福利減少，這是因為將生產者減少的利益通過政府的干預，轉換成消費者增加的利益[2]。

以汽車行業為例，2010 年，豐田汽車公司在全球範圍進行產品召回，由於召回數量大、召回範圍廣，豐田公司需面對巨額召回成本。2009 年 2 月 4 日，Takahiko Ijichi 作為豐田公司高級常務董事，通過日本共同社等媒體向大眾宣布，豐田公司在 2009 年的財政預算中包括近 2,000 億日元的「召回事件費用」，主要用於召回油門踏板出現故障的汽車。其中，用於召回該批汽車所需的修理費、更新費等費用達到 1,000 億日元，其餘預算作為召回事件導致的銷量下降等帶來的間接損失。而據業外專業人士估算，豐田召回事件的費用遠不止如此，總費用可能會超過 50 億美元。豐田汽車公司在美國進行召回時，除了要接受美國政府開出的巨額罰單，還需對消費者實行上門維修、補償其因回應召回產生的損失等。然而豐田公司在其他某些國家采取的召回措施不同於美國，如對消費者不實行召回補償等，會降低消費者的相應召回活動的積極性，並對企業的品牌效應、產品銷量等造成一定的影響。可見，產品召回對於企業來說是一場巨大危機，會導致銷量下降、成本增加、品牌信譽損失，並產生訴訟糾紛等。

因此，為減少損失和排除危機，企業需要做出缺陷產品召回的決策。截至目前，企業每年進行產品召回的次數遠小於產品出現故障的次數，例如 2009 年，中國汽車企業產品召回次數只有 57 次，召回頻率僅為 6%，遠小於汽車發現缺陷的次數，企業主動進行產品召回的積極性並不高（牛妹妹，2011）。此外，消費者回應產品召回的概率也不高。產品普遍的召回率為 10% ~ 30%，即

---

[1] 鄭國輝. 缺陷汽車產品召回中各主體策略選擇的博弈 [J]. 同濟大學學報（自然科學版），2005，8（33）：1127-1132.

[2] 鄭國輝. 缺陷汽車產品召回機制的研究 [J]. 同濟大學學報（自然科學版），2006，9（10）：1350-1354.

使是在高召回率的汽車行業，召回率也只有 20%～70%（Rupp，2002）。例如 2000 年，火石公司召回安裝在福特探險者汽車上的輪胎時，部分消費者雖瞭解到該召回信息，卻不願回應召回。

由於消費者在回應產品召回的過程中會產生一定的損失，如交通費、誤工費、差旅費等，從而造成消費者不願回應產品召回的現象。然而，缺陷產品沒有被召回或維修時，就有可能在消費者使用過程中對其造成傷害，即產生消費者潛在損失。對此，企業需要給予消費者一定的損失賠償。一般來說，這個賠償額遠大於該產品的召回成本（肖宇谷，2007）。因此，企業有召回全部缺陷產品的意願。也就是說，當企業決定（或者被迫）發布產品召回通知時，其目的是讓消費者有效地處理問題，並警告他們可能出現的危險，為他們提供明確的信息。此外，企業試圖維護自己的企業形象，以維繫商業關係（Van，2000）。

製造商與供應商之間的成本分擔機制成為保證產品質量和激勵產品改進的一種比較普遍的做法。故研究缺陷產品召回成本的優化及分擔策略顯得尤為重要。針對目前有關缺陷產品召回問題的定量模型研究不足的情況，劉學勇採用有限資源排隊論和上模博弈等理論和方法，研究了缺陷產品召回成本的優化及分擔策略問題[①]。

雖然法律未規定消費者必須回應召回的情形，但企業可以通過給予消費者回應召回損失補償，以提高缺陷產品的召回率。產品召回補償現象在生產企業中是存在的。例如，韓國的法律明文規定，若消費者因汽車召回而蒙受經濟損失，則消費者有權要求汽車製造商給予補償金。因此，企業的召回成本由兩部分構成：維修成本和補償成本（高松，2006）。維修成本是企業針對缺陷產品更換或維修產生的成本。補償成本是企業對消費者回應召回的損失給予的一定補償。召回補償形式多樣，例如現金、會員卡、優惠券等。

由於缺陷產品的產生，對社會福利造成了一定的損失。當企業進行產品召回時，社會福利也會隨之改變和調整。社會福利主要是指國家或政府通過提供每個公民所需的物資，來保證每個公民都能達到一定的生活水準，並希望以此盡可能提高公民的生活水準（謝地，2003）。社會福利的目的是解決每個公民在日常生活中各個方面的福利待遇等問題。

由於不同消費者回應召回的損失成本不同，企業對每位回應召回的消費者的損失補償也應有所區別（賈新光，2010）。因此對企業來說，缺陷產品召回的難題集中在如何給予消費者補償上。賈新光考慮這樣一種機制：企業對消費

---

① 劉學勇. 缺陷產品召回成本的優化及分擔策略研究 [D]. 重慶：重慶大學，2010.

者回應召回的損失補償設置一個限額,當消費者損失低於該限額時,按消費者損失給予補償;當高於該限額時,對消費者只補償所設置的限額額度。類似的這種補償已經存在於實際企業生產活動中,例如,2010 年,豐田公司在中國進行缺陷汽車召回時,就對不同的消費者因回應召回產生的不同損失給予了金額不等的召回補償,但都不超過最高限額 300 元(葉明海,王吟吟,2010)。

楊金晶針對國內外缺陷產品召回補償問題相關研究缺乏的現狀,採用數值分析、決策論和動態規劃等理論和方法,研究了缺陷產品召回總成本最優時的企業補償策略及政府期望的最優補償策略問題[①]。在企業生產銷售過程中,產品缺陷問題屢見不鮮,企業面臨著怎樣進行缺陷產品召回,以及最大程度地降低企業損失和社會福利損失的巨大挑戰。楊金晶基於中國缺陷產品召回率低的現狀,提出企業給予回應召回的消費者損失進行補償,借此提高召回率,並建立了確定補償限額的模型,對企業是否召回缺陷產品進行決策,並且給出了召回企業的最優補償策略,以優化企業的自身利益,並通過數值實驗來驗證文中的結論。文章進一步分析了企業的最優產品召回與社會福利損失的關係,對企業的產品召回決策和政府決策起到一定的指導意義。

對企業召回時給予消費者補償的限額決策問題進行了探討,從企業的角度出發,通過決策召回事件中企業的最優召回補償限額,使企業的期望召回總成本達到最小。還討論了政府期望的補償限額決策問題。通過引入社會福利損失,考慮政府在宏觀調控社會福利中所處的地位以及方式,運用動態規劃算法求解出最優的社會福利損失及此時企業的召回補償限額。通過政府期望的企業補償限額與企業最優的補償限額的比較,得出補償限額與企業召回總成本與社會福利損失的關係。同時,企業召回總成本最優與社會福利損失最優時對應的補償限額並不一定相同。

1.5.2 缺陷產品召回涉及的成本和損失

缺陷產品召回問題產生的成本和損失如圖 1-6 所示。企業將缺陷產品出售給消費者後,由於缺陷產品會給消費者帶來潛在損失,因此企業需要進行產品召回。此時,消費者有兩種選擇:一是回應企業的召回活動,這時消費者就需要支付因回應召回造成的誤工費、交通費、差旅費等。回應召回的產品經廠家維修後不會再因此缺陷造成消費者損失;二是不回應企業的召回活動,此

---

① 楊金晶. 考慮消費者損失的企業產品召回決策研究 [D]. 合肥:中國科學技術大學,2014.

時，消費者需要面臨因使用缺陷產品可能帶來的損失。為提高召回率，企業會給予回應召回的消費者召回損失補償。影響缺陷產品召回的補償限額問題的主要因素包括：召回量/召回率、企業補償和消費者潛在損失。下面我們分別介紹並討論這些要素。

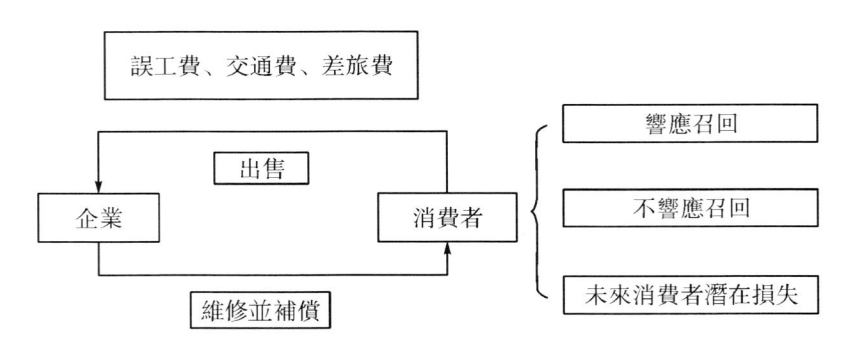

圖 1-6 缺陷產品召回問題產生的成本和損失

（1）召回量/召回完成率（召回制度實施的評價指標）

產品召回制度的實施程度的衡量指標除了召回量/召回率外，常見的還有企業的召回產品總量（召回量）、召回頻率、缺陷產品修復率、被動召回與主動召回的比率等。產品銷量對召回頻率和召回總量的影響是最明顯的，因此銷量應納入企業進行產品召回效果預算的重要影響因素。企業的召回成本與產品召回量的大小有直接關係。此外，當召回量過大時會引起社會關注，對企業品牌效應產生一定程度的影響，也就是所謂的外部效應。而召回率是基於統計學的指標，能夠對召回制度的實施情況以及企業的主動召回意願做出準確的檢測。

企業在做產品召回決策時，會優先考慮缺陷產品的召回量/召回率。顯而易見，召回量越大，企業花費在召回上的成本就越高。比如，召回產品量較大時，企業的維修成本也會較大，這會造成回應召回的消費者的損失（如排隊維修時間增加）變大，從而使企業需要給予消費者回應召回損失的補償變大等。此外，召回量過大會迅速引發社會的關注，造成企業的信譽度、顧客忠誠度等受到一定的影響。召回量受多方因素影響，如消費者損失、企業補償限額等，在分析中一般假設其為累積需求量。

召回完成率的影響因素比較寬泛，例如，在汽車行業，歐洲的一項研究結果指出：製造商的車型數量、地理位置（例如亞歐美洲）等都會影響製造商的產品召回率。

（2）企業補償

補償是指當公民或法人的公共利益受到損失時給予的補救，是一種例外的民事責任；賠償旨在通過將財產返還的方式恢復事物的原本狀態；補償責任一般是支付一定額度的金錢（青樺，2010）。企業補償是指企業對於因回應召回造成一定損失的消費者給予物質或精神上的補償。主要涉及的是企業的總召回成本的優化問題。消費者將召回產品送入企業指定的地點維修，因誤工費、交通費、差旅費等費用，企業對消費者因回應召回產生的費用進行一定的補償。

缺陷汽車召回補償案例在歐美國家比較常見，例如 2010 年 2 月，在與美國檢察部門協商後，豐田汽車美國銷售公司研究決定，美國所有豐田和雷克薩斯車主只要受到召回事件的影響，都可享受豐田美國公司提供的額外服務，即召回補償。豐田公司針對日常生活對汽車需求高、受送往維修影響大的豐田車主推出額外服務，包括：縮短缺陷汽車的維修時間；由廠家代理取送應該召回的車輛，即所謂的「上門召回」服務；提供免費的車輛供車主在汽車維修期間使用；若車主不能或不願使用廠家提供的交通工具，豐田公司給予車主一定的補償。豐田公司發表聲明，將給予與此次召回事件中涉及的美國豐田銷售商一定的補償金，金額從 0.75 萬美元到 7.5 萬美元不等（青樺，2010）。

這裡我們可以看出，補償不同於賠償。《中華人民共和國民法通則》中對補償給出了法律上的界定，即「當事者對造成的傷害都沒有過錯的，可以據實要求每個當事人都要承擔民事責任」。該規定中所說的責任即所謂的公平責任，是一種確定和平衡責任，在這裡，侵權責任和違約責任同樣重要（青樺，2010）。賠償則由違法行為引起，目的是要恢復到正常社會生活所應有的狀態，賠償是承擔違法行為造成的後果的一種法律責任。

（3）未來潛在損失

所謂未來潛在損失（Future Harm），是指消費者使用有缺陷的產品，在未來可能會遭受到的傷害。對於包含無法確定的損失和預期損失的潛在損失，在本節中，我們將其進行量化。例如，2010 年，豐田公司進行汽車召回，部分消費者未回應召回，繼續使用有缺陷的產品。因此，這部分消費者就會遭受風險，即未來潛在損失。顯然的，未來潛在損失受到兩方面因素的影響：缺陷產品出現意外的概率、消費者遭受意外的損失大小。企業可由經驗及理論等推斷出這些因素的量化方法。Hua X.（2011）指出，若企業未進行產品召回，企業需賠償消費者全部的未來潛在損失。未來潛在損失是消費者遭受意外的損失與概率的乘積。

（4）間接損失

Govindaraj（2004）通過評估 Bridgestone 公司召回安裝在福特 Explorer 越野

車上的 Firestone 輪胎事件對其股票價格的影響，得出了 Bridgestone 公司和 Ford 公司的最初的市場價值損失遠遠超過直接召回成本。市場價值損失約等於直接和間接成本、訴訟成本、監管合規成本相加。召回成本包括企業對消費者的回應召回損失補償。Jarrell 和 Peltzman（1985）以及 Rupp（2004）等同樣通過對美國汽車行業的召回數據的研究，得出了更加具有實用性的結論，即發現了諸如品牌信譽損失、消費者購買意願下降以及企業價值降低等非直接的企業損失，往往比召回直接損失如維修成本等要大很多。他們通過實證研究對結論加以論證，首次對《華爾街日報》上的召回公告帶來的消費者的反應進行了研究，結果表明，汽車召回的間接成本會造成股價的波動，汽車製造商由此在資本市場造成的損失遠遠大於實際召回成本對其的影響。

1.5.3　企業召回補償限額決策

本部分問題中的各行為主體的決策及其相互影響如圖 1-7 所示。

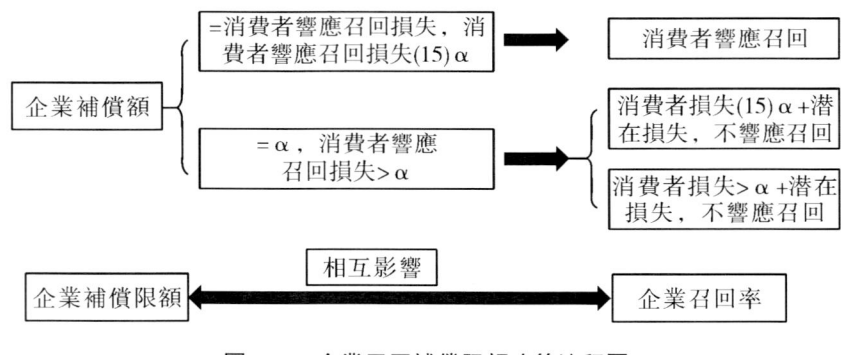

圖 1-7　企業召回補償限額決策流程圖

本部分研究的企業產品召回問題為：產品售出後，企業瞭解到產品會對消費者造成損失，則企業做出是否對缺陷產品進行召回的決策，若不進行產品召回，則企業的損失成本高於進行產品召回時的成本，那麼企業進行產品召回；反之，企業不進行產品召回。我們假設當不進行產品召回時企業的損失成本等於進行產品召回時的成本，企業偏好進行產品召回（Hua X., 2011）。當進行產品召回時，企業需要支付維修費、消費者回應召回損失的補償費、未回應召回的消費者的潛在損失賠償費；不進行產品召回時，企業需要支付消費者潛在損失賠償費。回應召回的損失程度不同，因此，只有當企業給予消費者的損失補償滿足一定條件時，消費者才會回應產品召回；反之，消費者不回應產品召回，即消費者的召回回應率受到企業給予消費者召回補償的影響。缺陷產品經

過企業維修，將不再對消費者造成損失；消費者不回應產品召回，未來產生損失時，企業將根據一定的原則來確定承擔責任的比率（Souiden N. &Pons F., 2009）。

1.5.4　政府期望召回補償限額決策

產品的生產銷售過程既給社會帶來經濟效益，又存在潛在傷害，如意外事故。而缺陷產品召回就是對社會福利損失的一種補救。從企業的角度出發，企業為了利益最大化，制定召回補償限額時，並不會考慮社會福利損失；從政府相關部門的角度來說，面對缺陷產品召回，其職責是最大程度地降低社會福利損失，因此，政府相關部門非常有必要制定最優的社會損失下的召回補償限額，並據此監督企業的召回過程。本部分基於企業的缺陷產品召回補償限額決策，構建政府部門的期望社會福利損失最優模型，通過確定政府部門期望的補償限額，對企業的缺陷產品召回決策起到參考作用，並對政府部門在企業產品召回過程中應扮演什麼角色具有一定的指導意義。

這部分問題中的各行為主體的決策及其相互影響可以描述如圖1-8所示。

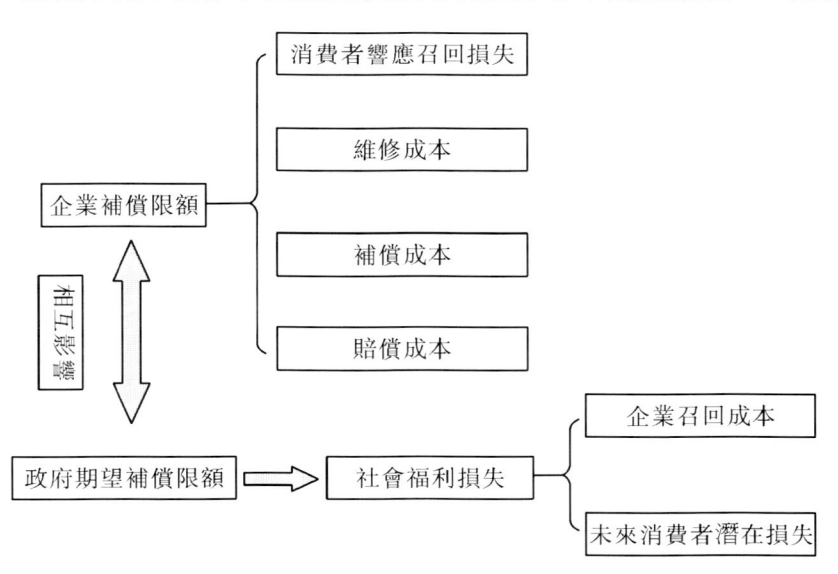

圖1-8　政府期望召回補償限額的決策流程圖

本節研究的問題為：某些產品在被消費的同時會產生負的效應（路昭東，2007）。如缺陷產品的消費，會帶給企業和消費者一系列的損失。對企業來說，企業若不進行缺陷產品召回，就要承擔消費者使用缺陷產品可能產生的巨額賠

償風險，企業若進行缺陷產品召回，則需要負擔召回成本。對消費者來說，消費者使用缺陷產品具有很大的生命財產風險，如消費者購買了缺陷汽車，在使用過程中，消費者承擔了很大的風險。綜合兩方因素來看，缺陷產品的產生對社會福利造成了一定的損失。因此，從社會福利損失最小化出發，政府相關部門需要決策最優的召回補償限額。同時，我們希望通過將企業最優補償限額與社會福利損失最優補償限額做對比，為企業和政府部門召回決策提供一定的理論指導。

本部分的假設與前一部分相似。企業對消費者回應召回的損失程度進行評估，企業按照評估結果給予消費者回應召回損失補償。由於企業會設置一個補償限額，對於低於該限額的消費者給予全額補償，高於該限額的消費者只補償限額值，這時，消費者瞭解到企業的補償機制後，會綜合考慮自身回應召回和不回應召回的損失來決定是否回應企業的召回活動，即消費者的召回回應率受到企業給予消費者召回補償的影響。缺陷產品經過企業維修，將不再對消費者造成損失；消費者不回應產品召回，未來產生損失時，企業將根據一定的原則來確定承擔責任的比率。

當市場上出現缺陷產品時，對消費者而言，消費者的人身及財產安全受到威脅，即使企業給予免費維修或更換，也會造成一定程度的損失，例如回應召回的誤工費、交通費等；對企業而言，首當其衝的就是企業信譽受損，這是無法用金錢衡量的損失，其次，對於因使用缺陷產品而出現損傷的消費者，企業要及時給予賠償，若企業進行缺陷產品召回則還需承擔巨額召回成本。因此，從整體上來說，缺陷產品投入市場，會給社會經濟以及人民生活質量水準帶來不利影響，即造成了社會福利損失。

社會福利損失主要由兩大類構成，即消費者損失、企業損失。消費者損失包括回應產品召回造成的損失和未回應召回而繼續使用缺陷產品的未來潛在傷害（損失）；企業損失包括召回缺陷產品的成本和對消費者未來潛在損失的賠償費用。從整體上來看，由於企業給予消費者召回補償，則消費者回應產品召回造成的損失包含在了企業召回成本中；由於企業會對消費者未來潛在損失給予賠償，因此，可以將企業的未來潛在損失的賠償費用看成消費者未來潛在損失的一部分。綜上所述，社會福利損失可以簡化為兩部分，即企業召回成本與未來消費者潛在損失。

當企業進行產品召回時，社會福利也會隨之改變。由於消費者在產品召回過程中的成本一部分由企業補償了，一部分被潛在損失覆蓋了，所以社會福利損失為企業召回成本與未來消費者潛在損失之和（Woodford M., 2005）。從整

體來看，社會福利損失最小為優。

當維修成本高於企業對未回應召回產品的潛在損失賠償額時，企業的最優補償限額等於社會福利損失最小時的補償限額；當維修成本不高於企業對未回應召回產品的潛在損失賠償額時，企業的最優補償限額低於社會福利損失最小時的補償限額，即達不到社會最優。此時，為提高社會福利，政府部門可對召回企業實行一系列優惠政策，例如給予企業補貼、幫助企業宣傳、頒發證書等，以激勵企業進行產品召回的意願（凌六一，2012）。

因此，不同的補償策略給企業和社會福利帶來的影響是不同的。當消費者潛在損失不大、回應召回損失很高，且比較容易得知故障是企業的責任，則給予消費者賠償的策略比較適用。實際上，一些工業機械和辦公體系的電腦設備的預期危害並非總是很大，但顧客回應召回的成本較高，如客戶要花費大量成本關閉生產線或重組器械，並且會因停產造成損失。如果此類機械或設備有標準使用方法，那麼客戶一般不會出現操作失誤。這就表明故障很可能是由企業的失誤產生的（Hua X.，2011）。對於這類產品，給予消費者賠償的策略將比不給予賠償的策略有效。但此結論不適用於汽車行業。汽車產品一般歸個人使用，企業往往有龐大的分銷渠道供消費者退回產品，且預期的危害高於消費者回應的召回損失和企業的召回成本。因此，對此類產品來說，不給予或較少地給予消費者賠償的策略比較適用（Welling L.，1991）。

政府相關部門工作的目的是提高社會福利或減少社會福利損失。在產品召回過程中，政府部門可以通過適當干預企業的召回補償限額決策來減少社會福利損失，如向企業提供救濟金，增強對企業不適當召回的懲罰力度。

企業進行召回的目的是實現企業利益最大化，而政府部門強制企業進行召回是為了實現社會福利損失最小化的目的。雖然二者在決策中關注的重點不同，得出的最優召回補償策略也不盡相同，但我們希望，通過本章的研究，可以給予企業和政府相關部門的召回決策一定的參考作用，通過調節企業的維修成本、消費者現在的損失賠償比例等因素來使二者期望最優補償限額相同，以達到企業召回成本和社會福利損失的雙向最優。

1.6　本章小結

隨著缺陷汽車產生數量的增加，缺陷汽車的召回研究成為重要的課題。本章主要綜述現有汽車召回方面的研究成果，為汽車風險評估和召回效益評估提

供研究基礎。本章分析了缺陷產品召回的經濟效益和社會效益，介紹了現有的缺陷汽車產品召回流程與效益評估，介紹了汽車製造企業缺陷產品召回管理模型，分析了中國汽車召回特徵，討論了汽車召回成本和決策研究。

2 汽車產品的缺陷風險評估

本書中的汽車產品召回決策過程為：缺陷風險評估—輿情分析—綜合效益分析—主動度分析—召回決策。

首先進行缺陷風險評估，確定汽車產品是否有缺陷，這個階段被稱為缺陷調查。如果沒有缺陷，或者缺陷等級低，則不召回；缺陷等級高就要啓動召回，避免造成消費者的人身和財產傷害，實現召回的經濟效益和社會效益。還要分析輿情對產品失效與故障的反應，通過輿情評估社會輿論的反應，評估召回的社會影響，提升民眾的安全感和對政府的信任感，實現召回的社會效益。還要進一步分析召回的綜合效益，尤其是經濟效益，評估召回的預期經濟效益。通過企業召回主動度的分析，進一步確定政府的缺陷調查策略和召回策略。缺陷調查策略表示是否進行調查、是進行缺陷調查還是關閉調查、是否進行技術調查等。召回策略表示主動召回、約談召回、責令召回。

風險都有危害性和可能性。由於缺陷產品可能造成社會風險（比如輿論風險、社會危機等）、經濟風險和人身風險，還可以分別從政府、企業、消費者等主體出發進行風險評估。考慮到項目的時間、成本和現有文獻成果，主要從政府角度，考慮產品缺陷對消費者的人身和財產傷害、對社會安全的危害，只從技術研判角度分析產品缺陷的嚴重性和可能性，不分析缺陷產品對企業的影響。

2.1 汽車產品風險評估的基本原理

從 2009 年爆發的豐田「踏板門」事件到 2013 年央視曝光的大眾 DSG 直接換擋變速器事件，再到 2014 年鬧得沸沸揚揚的大眾新速騰汽車「斷軸事件」，以及近幾年全球最大召回事件的「高田氣囊事件」，其爭議的焦點都聚焦在缺陷的認定上。但由於生產者和消費者對缺陷的認識角度不同，常常導致

雙方對是否應該召回各執一詞。

政府在召回工作中扮演行政監管和重大技術研判兩個角色，既要科學開展缺陷判定，也要督促生產者實施召回。

技術研判就需要按照一定技術標準進行。根據2017年12月發布的國家標準《汽車產品安全風險評估與風險控制指南（GB/T 34402-2017）》（以下簡稱《指南》或國家標準），規定於2018年4月1日起實施。《指南》主要內容就是風險評估的流程和風險控制，定義了風險評估的術語、流程、方法和原則。《指南》是支撐《缺陷汽車產品召回管理條例》（以下簡稱《條例》）實施的重要標準。它規定了汽車產品安全風險評估的基本過程以及風險控制的基本方法，為汽車產品缺陷判定和風險控制策略的制定提供了科學依據。這項國家標準將為汽車產品缺陷與安全領域相關法律法規的落實提供有效支撐，為汽車行業實施缺陷產品召回提供業務指導，具有重要的現實意義和實用價值。

汽車產品危險是由於設計、製造或標示等原因使汽車整車、系統、總成或零部件等處於一種不安全狀態，在這種狀態下，將可能導致人身傷害或財產損失。風險評估是指確定危險事件或情形的嚴重性與發生可能性的綜合水準等級的過程。風險控制是用於避免或減小危險事件或情形發生的策略。缺陷汽車產品召回是一種有效的風險控制方式。

危險的嚴重性是指危險事件或情形對人身、財產安全的損害程度。危險的可能性是汽車產品在其使用壽命週期內發生「危險事件或情形」的概率。可能性是對危險事件或情形發生的概率預測，不等同於過往市場故障/失效數據的統計。

（1）風險評估與風險控制的基本流程

風險評估與風險控制基本流程如圖2-1所示。系統缺陷風險評估實施準則包括：確定風險主體、風險識別、確定危險的嚴重性和可能性、確定風險等級、風險處理措施決策。

本標準的風險評估對象是「危險事件或情形」，通過評估危險事件或情形的嚴重性和發生可能性等級，代入風險矩陣，確定危險事件或情形的最終風險水準等級。

本標準中的風險控制針對已銷售車輛，風險控制責任主體在綜合考慮風險評估結果、相關法規、技術條件、社會影響等因素的基礎上，制定相對應的風險控制策略，以減小或避免危險事件或情形的發生，減少人身傷害、財產損失。

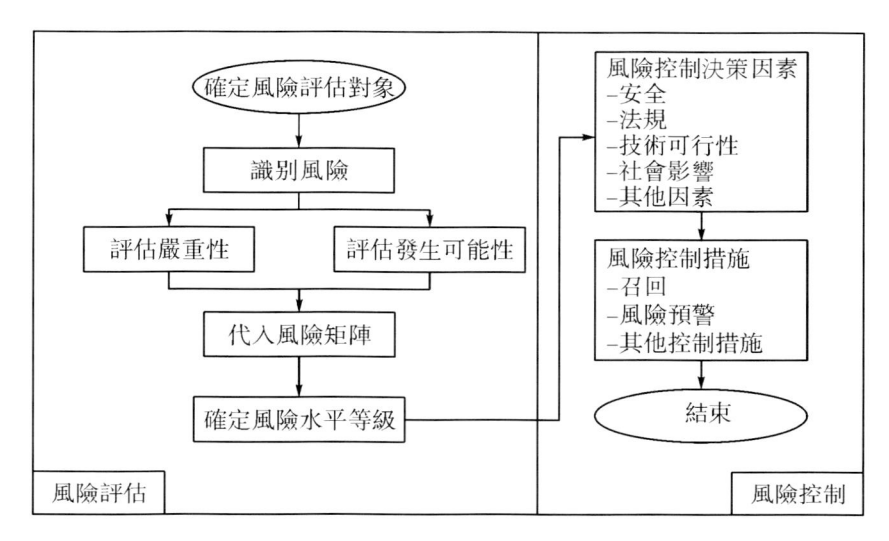

圖 2-1　風險評估與風險控制的基本流程

（2）風險評估基本程序

風險評估基本程序包括 5 個步驟，即：確定風險評估對象、識別危險事件或情形、評估危險事件或情形的嚴重性、評估危險事件或情形發生的可能性、確定綜合風險水準等級。

（3）確定風險評估對象。

在評估過程中，需要根據汽車產品失效、故障的具體情況進行合理的分析後才能確定批次範圍，尤其是要追溯是否與汽車產品的設計、製造或標示等原因相關。

如果由設計原因導致了汽車產品失效/故障，風險評估對象是可能採用了同樣設計的批次汽車產品；如果由製造原因導致了汽車產品失效/故障，風險評估對象是可能採用了同樣製造過程的批次汽車產品；如果由標示原因導致了汽車產品失效/故障，風險評估對象是可能採用了同樣標示的批次汽車產品。

（4）風險識別及評估方法

風險識別是對安全隱患進行技術分析、研究風險傳遞過程、模擬危險發生和引起傷害的可能場景。常用的風險識別方法有流程圖法、現場調查法、故障樹分析法、歷史記錄統計法、聚類分析法、模糊識別法和專家調查法等。風險分析的理論和實踐證明，沒有任何一種方法的功能是萬能的，它們都有其特定

的適用性，表 2-1 討論了風險識別方法的適用性①。

表 2-1　　　　　　　　　風險識別方法的適用性

識別方法	適用範圍
流程圖法	分階段進行的項目的風險識別
現場調查法	對動態風險因素進行識別與預測
故障樹分析法	直接經驗較少的風險識別
歷史記錄統計法	從定性方面對新項目的風險進行預測
聚類分析法	具有相同或相似屬性的風險識別
模糊識別法	風險的性態或屬性不確定的情況
專家調查法	從定性方面出發進行初步風險識別

　　風險評估是在風險識別的基礎上，對風險的影響進行定性和定量分析，並估算出各風險發生的概率及其危害，從而確定關鍵風險，為重點處置這些風險提供依據。常用的風險評估方法有風險矩陣法、失效模式、影響及危害性分析（Failure Mode, Effects and Criticality Analysis, FMECA）、事件樹分析、故障樹分析法、原因—後果分析等多種方法。其中有些方法既可以用於風險評估，又可用於風險識別，如故障樹分析法。表 2-2 討論了常用的風險評估方法的特點與優缺點。

表 2-2　　　　　　　　　風險評估方法比較

風險評估方法	特點	優點	缺點
風險矩陣法	綜合考慮危險的嚴重性和可能性，可進行最直接的評估	使用簡單，應用最廣	對危險嚴重性和危險的可能性的分級影響最終評估結果
FMECA	考慮各部件所有失效形式，確定各部件的相對重要性，以便改進系統性能	易於理解，廣泛採用	只能用於考慮非危險性失效
故障樹分析法	由初因事件開始找出引起此事件各種失效的組合，由結果到原因的分析	適用於找出各種失效事件之間的關係	不易理解，在數學上往往非單一解，包含複雜的邏輯關係

---

①　張衛亮，肖凌雲，劉亞輝. 汽車轉向系統缺陷風險評估準則與汽車召回案例［J］. 汽車安全與節能學報，2013（4）：361-366.

表2-2(續)

風險評估方法	特點	優點	缺點
事件樹分析法	由初因事件出發考察由此引發的不同事件,由原因到結果的分析	可找出一種失效所產生的不同後果	不能分析平行產生的後果,不適用於詳細分析
因果分析法	由一致命事件出發向前用事件樹分析,向後用故障樹分析	非常靈活	因果圖容易複雜化,與故障樹方法類似

2.2　汽車缺陷和汽車召回的關係

練嵐香等人分析了汽車缺陷和汽車召回的關係,汽車缺陷的發現過程從汽車的設計、實驗、製造、銷售到消費者使用,經歷了前市場階段、銷售階段和後市場階段[①]。在汽車的性能上,政府相對於汽車製造商,具有信息不完整、獲取信息渠道受限和時間比較長的特點。製造商對汽車的性能很瞭解,但是對於政府而言,這些信息是製造商的商業機密,不可能和政府分享。因此,從消費者投訴和交通事故信息的後市場階段得到的汽車缺陷信息為政府獲取汽車缺陷信息的主要來源。汽車缺陷的發現渠道如圖2-2所示。

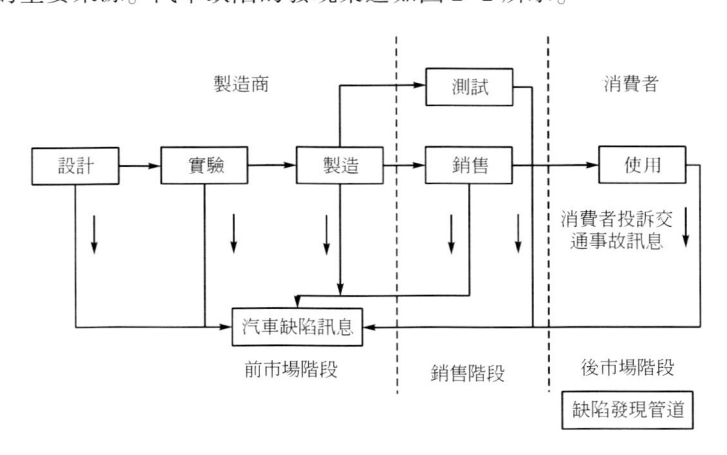

圖2-2　汽車缺陷的發現渠道

---

① 練嵐香,高利,胡春松. 中國汽車召回的管理決策分析 [M]. 北京:北京理工大學出版社,2014.

從政府方面而言，汽車缺陷的發現渠道受限，只能從汽車消費者處獲取汽車的缺陷信息。另外，政府的資源有限，無法對所有的汽車投訴進行調查。因此，政府只能按一定的規則從眾多的汽車投訴信息中挑選出一部分來進行調查，以判斷所投訴的車是否存在缺陷。因此，政府可以利用缺陷的屬性——缺陷風險來進行缺陷分析，從而對缺陷汽車產品是否召回進行判斷。

從缺陷的發生渠道可知，汽車召回的發生是因為汽車存在不安全的因素，即存在缺陷。因此，可以利用汽車存在的缺陷情況對汽車召回進行預測。汽車缺陷有些已經造成了嚴重後果，有些還沒有發生任何召回事故，但存在發生事故的隱患。如果單從發生的事故後果來進行汽車召回的預測，則無法全面地反應缺陷的存在情況，因此不能及時、準確地預測召回的發生。汽車缺陷導致汽車事故產生，因此，汽車是否具有潛在事故風險和具有何種事故風險是是否召回的唯一判斷標準。汽車召回的發展過程如圖2-3所示。

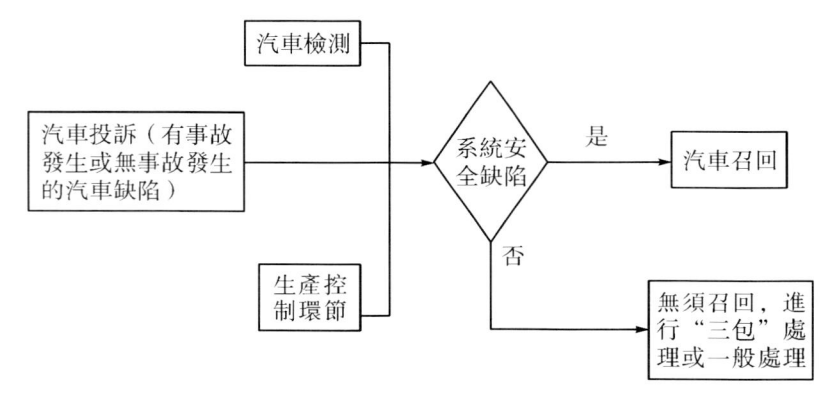

圖2-3　汽車召回的發展過程

2.3　汽車缺陷風險評價方法

2.3.1　汽車缺陷風險識別與評估流程

汽車缺陷風險體現為由缺陷引發的事故，同時也體現為潛在的可能發生的事故。為了建立汽車召回預測模型，把包含汽車缺陷的潛在事故風險和汽車缺陷的事故後果風險兩種情況統稱為汽車缺陷的事故風險。

缺陷調查與召回監管主要流程如圖 2-4 所示，確定了缺陷調查所處的階段[①]。

```
            ┌─────────────┐
            │  缺陷信息採集  │
            └──────┬──────┘
                   ↓
       ┌──→┌─────────────┐
       │   │ 缺陷信息綜合分析 │
       │   └──────┬──────┘
       │          ↓
  高風險 │   ┌─────────────┐
       │   │ 缺陷技術初步分析 │
       │   └──────┬──────┘
       │          ↓
       └──→┌─────────────┐
           │ 缺陷調查技術認定 │
           └──────┬──────┘
              ↓        ↓
         ┌────────┐ ┌────────┐
         │ 責令召回 │ │ 主動召回 │
         └────┬───┘ └───┬────┘
              ↓          ↓
           ┌────────────────┐
           │ 召回過程監測與評估 │
           └────────┬───────┘
                    ↓
           ┌────────────────┐
           │   召回效果評估   │
           └────────────────┘
```

圖 2-4　缺陷調查與召回監管流程圖

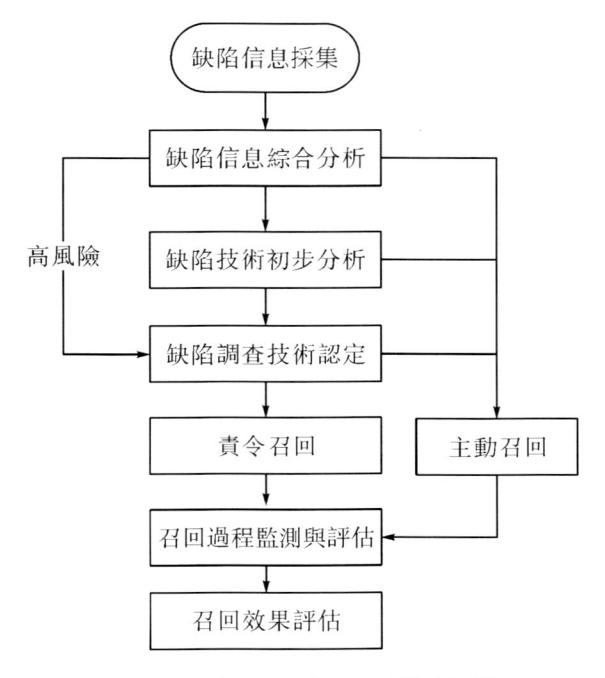

根據圖 2-4 缺陷調查與召回監管流程圖，將風險分析分為 3 個階段，即缺陷信息綜合分析、缺陷技術初步分析、缺陷技術認定。缺陷信息的收集與管理，既是產品召回監管工作的起點，又是決定產品召回監管工作有效性的重要前提。為配合缺陷汽車信息的收集管理，國家缺陷產品管理中心建立了消費者投訴分析與處理系統、汽車製造商信息備案系統、國外召回信息監測系統、國家車輛事故深度調查體系和產品傷害監測系統等。相應信息收集包括消費者投訴信息、製造商備案信息、國外產品召回信息、輿情信息和事故信息，經篩選整理後組織專家進行會商形成信息評估意見。

圖 2-5 是基於風險管理的缺陷汽車產品召回流程圖。召回缺陷是一個循環演變的過程，最終消除安全隱患[②]。缺陷產品召回是一項系統工程，包括信

[①] 陳玉忠，劉晨，張金換. 中國缺陷汽車產品召回的管理機制：現狀及發展 [J]. 汽車安全與節能學報，2015，6（2）：119-127.

[②] 董紅磊. 缺陷汽車產品召回引入風險管理探析 [J]. 標準科學，2016（09）：71-75.

息收集、信息分析與整理、缺陷調查、缺陷處理與消除（召回）等環節。

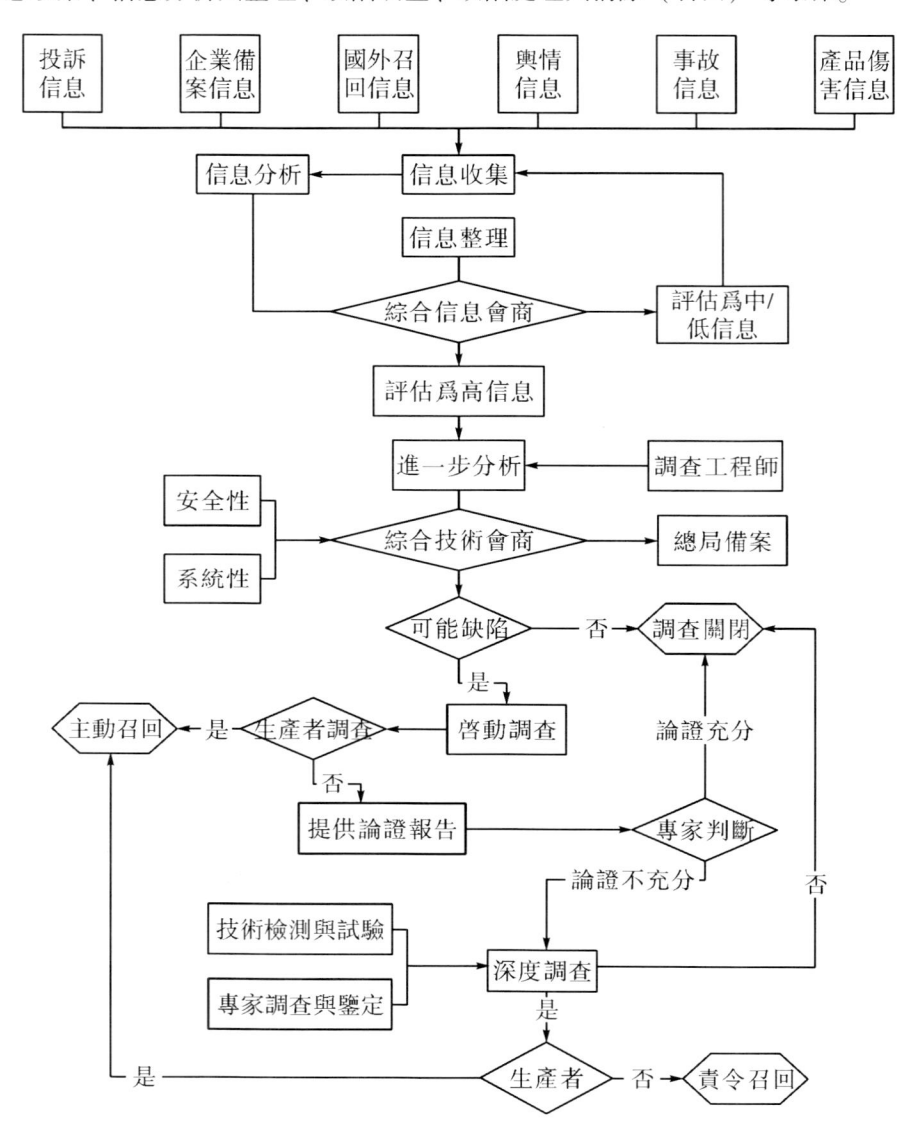

圖 2-5　缺陷汽車產品召回流程圖

風險識別前要確定風險主體。風險主體是指「有安全隱患的單個汽車產品」。「有安全隱患的單個汽車產品」是從有安全隱患批次中隨機選取的統計學概念的樣本，而不是具體的某個車輛。「有安全隱患批次」是確實具有安全隱患的產品的集合，通常是理論上存在但無法確切定位的批次。追溯產品的最

终结果可以得到「問題批次」，這是受某個質量問題或故障影響的最小的可追溯批次。這個車輛批次即「問題批次」，是風險處理措施的對象。[1]

初步辨識是信息綜合會商的結果，也是風險評估的前提。並不是每個批次的汽車質量問題或故障都必須啓動缺陷風險評估的程序。原則上違反國家法規或強制性安全標準，以及風險水準極低和極高的情形都不需要啓動風險評估，因為大部分生產者會直接採取主動召回或其他措施消除風險。對評定等級為高級或中級的缺陷，若生產者主動召回的態度消極，則需進行風險評估。[2] 缺陷汽車產品召回風險管理流程圖如圖 2-6 所示。

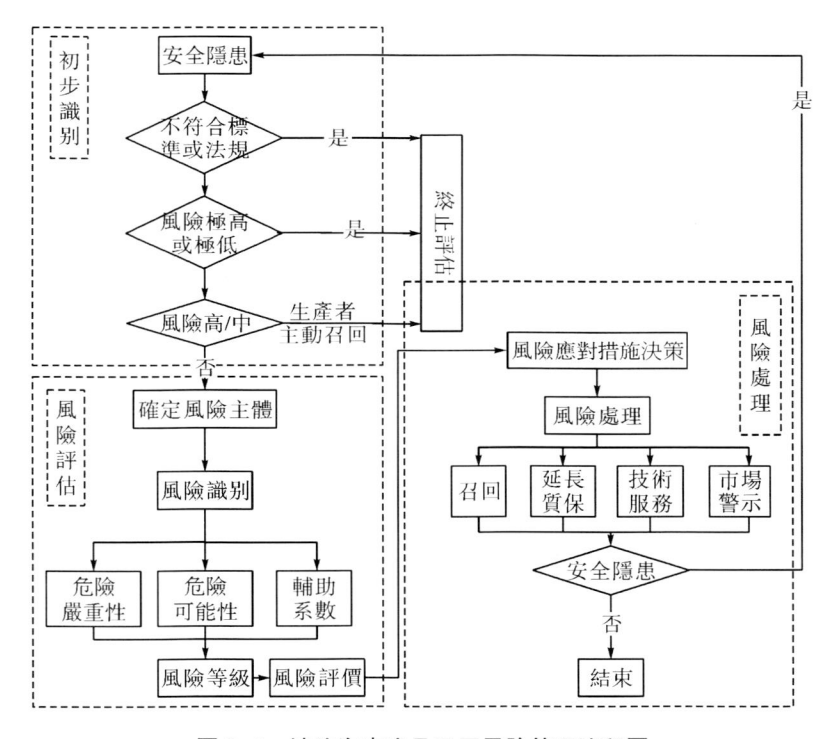

圖 2-6　缺陷汽車產品召回風險管理流程圖

缺陷汽車產品的風險傳遞流程為缺陷—故障—事故—傷害，表現形式由最初單一的、確定的缺陷分化為若干不同的故障，每種故障會產生不同事故形態，最終導致各種程度不一的傷害。一種缺陷可能引發多重危險，這些危險可

---

[1]　張衛亮，肖凌雲，劉亞輝. 汽車轉向系統缺陷風險評估準則與汽車召回案例 [J]. 汽車安全與節能學報，2013（4）：361-366.
[2]　董紅磊. 缺陷汽車產品召回引入風險管理探析 [J]. 標準科學，2016（09）：71-75.

能獨立發生，也可能有因果關係。對危險進行初步評估，多數可以確定主要危險。對於少數不易區分主次危險的情況，可以先假設其為主要危險，對其開展風險評估。進行風險評價時，要考慮次要危險對總體危險的影響來適當提高風險的等級。

由於缺陷產品具有同一性和批量性，不同數量的缺陷汽車的社會總體風險差異很大，因此在分析缺陷風險時需考慮危險發生範圍或缺陷產品數量的風險評估模型，以期更客觀地反應風險本質，準確地進行風險評估。因此，在提出除缺陷風險的嚴重程度和發生可能性時，增加缺陷汽車數量這一輔助指標，得到圖 2-6 所示的缺陷汽車產品召回風險管理流程圖。

2.3.2 信息評估評判

對於信息評估評判，國家質檢總局「關於印發《關於進一步加強產品質量安全風險信息管理工作的指導意見》的通知」(國質檢法函〔2009〕293 號) 要求：風險信息研判採取分級研判和專門研判相結合的原則。各級質檢機構都應當對收到的信息認真組織研判，通過科學研判確定風險性質並採取處置措施。

(1) 分級研判

按照分級負責的原則，全系統對各類風險信息分三級進行研判。

三級研判。各地兩局基層單位收集、篩查確認的風險信息由所在地直屬局或者省級質監局負責組織三級研判。

二級研判。直屬局或者省級質監局認為應當由國家質檢總局組織研判的事項，報總局各業務司局，由各業務司局負責組織二級研判；總局業務司局直接收集、篩查確認的風險信息可直接進行二級研判。

一級研判。總局各業務司局難以研判和處置的，報總局領導批准後組織一級研判。

(2) 研判方式

工作研判。總局各業務司局和各地兩局都要建立專題會議和聯席會議制度，對產品質量安全風險信息進行研判。

專家研判。專家研判由各級質檢部門有關業務工作部門組織，以會議集體研究為主要形式。參與研判的專家應當為奇數，且原則上不少於 3 人，複雜問題的研判專家不少於 5 人。研判決定應當根據多數與會專家的意見做出。專家意見分歧較大的，應當組織進一步調查研究。

技術研判。需要進行技術研判的，由各級質檢部門指定具有法定資質的檢驗檢測機構進行，包括定量、定性實驗分析和技術鑒定等。

調查研判。對風險尚未完全查明的事項，負責研判的部門應當組織專項調查，必要時可以會同有關部門共同開展調查。專項調查形成結果後，應當根據調查結果組織會議研判或者專家、技術研判，形成研判結論。

集中研判。總局各業務司局和各地兩局應當定期組織階段性的集中研判，綜合分析研究特殊性、系統性風險信息。

(3) 研判工作要求

一是各級質檢部門應當建立專門的研判工作制度，研判結束後應當形成完整的資料檔案；二是組織專家、技術機構調查研判後，應當形成書面結論或報告；三是與有關部門共同研判時，應當明確組織研判工作的負責人。

下面首先對汽車缺陷的事故風險因素進行分析，進而進行事故風險評價。

2.4 汽車缺陷事故風險因素分析

根據風險的定義，風險是失效發生前具有發生的可能性和失效發生後影響後果的函數。因此，缺陷汽車事故風險是指汽車在設計或製造時由汽車性能缺陷造成的後果。缺陷汽車事故風險可表示為缺陷汽車的潛在事故可能性和事故後果的函數。

對潛在事故可能性的評估可以依據汽車失效的情況進行。由失效理論可知，潛在事故風險的關聯因子有缺陷數量、缺陷嚴重性、缺陷發生可能性、有無補救措施、有無警示信息等。由於缺陷汽車的數量、車型和年款等信息無法確定，因此從概率角度考察缺陷不現實。然而我們卻發現汽車的缺陷數量是隨著缺陷的發現過程不斷變化的，且在一定程度上表徵了缺陷發生的可能性。因此，選用汽車的缺陷數量和缺陷嚴重性等級兩個因子來評價潛在事故的風險等級。

而汽車缺陷一旦產生，就會帶來不良的後果，這些後果包括人員傷亡、經濟損失、環境污染等。汽車的受傷人數和死亡人數可以反應出人員傷亡情況。汽車的碰撞次數和汽車失火起數可以反應出經濟損失情況。綜上所述，應用缺陷汽車的受傷人數、死亡人數、汽車起火起數和汽車碰撞次數作為汽車帶來的人員傷亡和經濟損失的指標來評價汽車缺陷造成的風險等級。

根據缺陷事故風險的定義，練嵐香等人給出了如下公式[①]：

---

① 練嵐香，高利，胡春松. 中國汽車召回的管理決策分析 [M]. 北京：北京理工大學出版社，2014.

$$R_1(x) = g(N_r, S) \qquad (2-1)$$
$$R_2(x) = f(N_c, N_f, N_i, N_d) \qquad (2-2)$$

式（2-1）中，$R_1(x)$ 表示缺陷潛在事故風險等級，N_r 表示汽車缺陷的投訴數量，S 表示缺陷的嚴重程度。式（2-2）中，$R_2(x)$ 表示缺陷事故後果風險等級，N_c 表示汽車碰撞次數，N_f 表示汽車失火起數，N_i 表示受傷人數，N_d 表示死亡人數。

具有事故風險的汽車缺陷包含兩部分：一部分是沒有發生事故但具有潛在事故風險的汽車缺陷，另一部分是發生了事故的汽車缺陷。對於兩種情況下的事故風險採用不同的評價方法。汽車缺陷的潛在事故風險可以採用矩陣風險圖的方法進行評價，而發生了事故的汽車缺陷的事故風險採用事故後果風險評價方法進行評價。除此之外，還需要綜合考慮汽車安全標準、易受傷人群、車輛使用頻次、車輛類型、車輛運行環境、同一故障引發的多種危險事件，要在車輛危險嚴重性等級和危險可能性評估的基礎上，通過查詢風險評估矩陣確定風險水準等級。以下三節分別闡述嚴重性評估、可能性評估和綜合風險等級評估。

2.5　汽車缺陷危險的嚴重性評估

缺陷危險的嚴重性評估分成 3 個階段，即事故後果風險評估的初步分析、危險嚴重性的初步評估和嚴重性等級的評估結果修正，分別對應研判的三個階段，即工作研判、專家研判和集中研判。

2.5.1　汽車事故後果風險評價的初步分析

這個階段由工作人員進行工作研判，根據已經掌握的事故數據做出風險等級的初步判定，根據判定結果確定是否啓動進一步的研判和調查。必要時引入專家一起研判。

汽車缺陷產生的後果為人員傷亡、財產損失、對環境的影響等。分析投訴數據庫，與此相關聯的事故因素為汽車碰撞次數、汽車失火起數、受傷人數、死亡人數四個方面。

為了便於工作人員進行工作研判，這裡提供兩種方法，即評分法和等級評價法。評分法，就是綜合評價法或層次分析法，是根據影響汽車缺陷嚴重性的主要因素，按百分制進行評分，按各個指標的權重得到一個綜合評分，然後根據綜合評分來評定嚴重性的程度。等級評價法是按各影響因素造成的等級和國

家的交通事故等級來進行的，採用最大等級原則。

（1）評分法

缺陷危險的嚴重性等級的評價指標如表2-3所示。表中給出了評價指標、編碼、權重和指標類型，權重可以根據實際需要進行調整，各指標根據實際情況進行評分匯總後得到嚴重性等級評分。

表2-3　　　汽車產品缺陷危險的嚴重性等級的評價指標

目標層	指標層（編碼，權重）	指標類型
缺陷危險的嚴重性等級（S）	受傷人數（D11，20%）	定量
	死亡人數（D12，25%）	定量
	汽車起火起數（D13，20%）	定量
	汽車碰撞次數（D14，15%）	定量
	易受傷人群（D15，10%）	定性
	車輛類型（D16，10%）	定性

缺陷危險的嚴重性等級主要評價缺陷危險的嚴重性程度，主要從受傷人數（D11）、死亡人數（D12）、汽車起火起數（D13）、汽車碰撞次數（D14）、易受傷人群（D15）和車輛類型（D16）共6個指標進行評價。

根據汽車缺陷的碰撞次數、失火起數、受傷人數和死亡人數，參考練嵐香等人[1]給出的缺陷汽車事故後果各因素的等級劃分及其評分（見表2-4），利用統計結果可以給出評分。

表2-4　　　　　　缺陷事故後果因素等級劃分

因素	等級（評分）				
	I（0~10分）	II（11~30分）	III（31~50分）	IV（51~90分）	V（91~100分）
受傷人數（D11）（人）	<1	1~3	2~10	11~20	>21
死亡人數（D12）（人）	<1	1~2	2~3	4~9	>9
失火起數（D13）（起）	<1	1~3	2~8	9~17	>18
碰撞次數（D14）（次）	<1	1~3	2~9	10~47	>48

---

[1] 練嵐香，高利，胡春松.中國汽車召回的管理決策分析［M］.北京：北京理工大學出版社，2014.

易受傷人群（D15）包括兒童、老人、病人等對危險造成的傷害耐受力較低的人群。如果危險潛在危害的人群是易受傷人群，可提高嚴重性等級。易受傷人群為兒童、老人、病人的則評分 100 分，體現保護老幼病殘的特殊要求，其他人群評 0~100 分。

車輛類型（D16）不同的車型在用途、車速、準載人數、重量、幾何尺寸、主被動安全水準、載貨性質等方面對嚴重性存在一定的影響。如高速跑車、大中型客車、貨車等高速、高負荷汽車，以及危險品運輸車等，可提高嚴重性等級，這些類型可以直接評 100 分，其他車型評 0~100 分。

表 2-5 中給出了缺陷風險的嚴重性等級的評分標準。由表 2-3 計算出缺陷危險嚴重性的評分後，根據表 2-5 容易得到缺陷危險的嚴重性等級。

表 2-5　　　　　缺陷風險的嚴重性等級評分標準　　　　　單位：分

風險項目	等級（評分）				
	I	II	III	IV	V
缺陷危險的嚴重性等級（S）	0~20	20~40	40~60	60~80	80~100

（2）等級評價法

對事故進行判斷，一般有最大危險原則和概率求和原則兩個原則。最大危險原則，就是汽車缺陷出現多種事故形態，且事故後果相差懸殊，則按照最嚴重的事故形態考慮。概率求和原則，就是汽車缺陷出現多種事故形態，且事故後果相差不大，則按統計平均原理估計總的事故後果①，總的事故後果表示如下：

$$S = \sum_i P_i S_i \qquad (2-3)$$

式（2-3）中，P_i 是第 i 個事故發生的概率；S_i 是第 i 個事故發生的後果。

當出現不同的事故因素時，參照公路交通事故的等級劃分標準，當多因素同時出現時，取因素中的最大事故等級。因此，採用最大危險原則進行事故後果評價。事故後果風險等級如表 2-6 所示。

表 2-6　　　　　道路交通事故後果風險等級分佈表

等級	I	II	III	IV	V
道路交通事故後果風險等級	max｛a1, a2, a3, a4｝=I	max｛a1, a2, a3, a4｝=II	max｛a1, a2, a3, a4｝=III	max｛a1, a2, a3, a4｝=IV	max｛a1, a2, a3, a4｝=V

---

① 練嵐香，高利，胡春松. 中國汽車召回的管理決策分析［M］. 北京：北京理工大學出版社，2014.

道路交通事故等級劃分標準，是事故處理和統計工作中都要涉及的一個重要問題。國務院發布的《道路交通事故處理辦法》第 6 條規定，根據人身傷亡或者財產損失的程度和數額，將公路交通事故的等級劃分輕微事故、一般事故、重大事故和特大事故。具體標準由公安部制定。參考國務院發布的《道路交通事故處理辦法》第 6 條規定，1991 年 12 月 2 日，公安部發布《公安部關於修訂道路交通事故等級劃分標準的通知》（公通字〔1991〕113 號，從 1992 年 1 月 1 日起執行），標準如下：

第一，輕微事故是指一次輕傷 1 至 2 人，或者造成財產損失不足 1,000 元，非機動車事故不足 200 元的事故。

第二，一般事故是指一次造成重傷 1 至 2 人，或者輕傷 3 人以上，或者財產損失不足 3 萬元的事故。

第三，重大事故是指一次造成死亡 1 至 2 人，或者重傷 3 人以上 10 人以下，或者財產損失 3 萬元以上但不足 6 萬元的事故。

第四，特大事故是指一次造成死亡 3 人以上，或者重傷 11 人以上，或者死亡 1 人，同時重傷 8 人以上，或者死亡 2 人，同時重傷 5 人以上，或者財產損失 6 萬元以上的事故。

評價的範圍不是限於一輛車，而是從社會範圍進行評價。參考交通事故（僅針對單起事故）的等級評判以及「八五」國家攻關課題「重大危險源的評價和宏觀控制技術研究」及文獻的研究成果，並結合汽車召回在交通環境中事故的特點，根據汽車缺陷的碰撞次數、失火起數、受傷人數和死亡人數，參考練嵐香等人給出的缺陷汽車事故後果各因素的等級劃分，如表 2-7[①] 所示。利用統計結果可以給出缺陷事故後果因素的等級劃分。

表 2-7　　　　　　　缺陷事故後果因素等級劃分

因素	等級				
	I	II	III	IV	V
死亡人數（D11）（人）	<1	0~2	1~3	2~8	>8
受傷人數（D12）（人）	<1	0~3	2~11	10~20	>20

---

① 練嵐香，高利，胡春松. 中國汽車召回的管理決策分析 [M]. 北京：北京理工大學出版社，2014.

表2-7(續)

因素	等級				
	I	II	III	IV	V
失火起數（D13）（起）	<1	0~3	2~8	7~16	>16
碰撞次數（D14）（次）	<1	0~3	2~9	8~46	>46

輸入分為極少、少、中等、多、極多五個等級，相應的缺陷事故後果等級劃分為 y = {I級，II級，III級，IV級，V級} = {不嚴重，不太嚴重，中等，嚴重，很嚴重} 五級。這樣分級避免了因分級太少而導致計算結果偏差太大，從而影響計算的精度，同時又不會因為分級太多而造成計算量過大的問題。

2.5.2 缺陷嚴重性的初步評估

這個階段由專家進行專家研判，由專家進行缺陷嚴重性的評估，可以採用集體研究和獨立評分相結合的方式。

危險事件或情形嚴重性評估分為初步評估和結果修正兩個步驟。危險事件或情形的嚴重性按等級說明嚴重性程度，在《汽車產品安全風險評估與風險控制指南（GB/T34402-2017）》（以下簡稱《指南》）中，國家標準將汽車產品安全風險嚴重性分為5個等級，即高、較高、中、較低、低，各等級的說明如表2-8所示。

表 2-8　　　　　危險事件或情形的嚴重性等級說明

嚴重性等級	嚴重性等級說明
高	故障為突發性，且不可控，可能造成嚴重的人身傷害或財產損失
較高	故障為突發性，且可控性降低，可能造成人身傷害或財產損失
中等	故障造成車輛行駛性能或功能下降，但可控，車輛有可能繼續使用，如繼續使用可能會產生高或較高的嚴重性等級
較低	故障對車輛行駛性能或功能有部分影響，但可控，車輛可繼續使用，如繼續使用可能會產生較高的、中等的嚴重性等級
低	故障對車輛安全性無直接影響

資料來源：汽車產品安全風險評估與風險控制指南（GB/T 34402-2017）。

在確定風險評估對象及識別危險事件或情形的基礎上，根據表2-8中危險事件或情形的嚴重性等級說明，在相關技術資料的基礎上，組織專業技術人

員進行嚴重性分析，初步確定嚴重性等級。

黃國忠提出了汽車缺陷風險評價技術指標體系，檢測機構或專家可以採用該標準進行缺陷嚴重性評估，如表2-9所示[1]。汽車缺陷中，大部分制動、轉向等系統的問題都可能影響駕駛員對車輛的操控，造成不同形式的機械傷害。通過對大量的產品召回和傷害案例進行分析以及對缺陷消費品的召回管理數據的分析，並參考相關的國際標準中對傷害類型的分類，獲得汽車缺陷的兩類傷害模式：「燒傷燙傷」和「機械傷害」。汽車缺陷傷害中，機械傷害占79%，燒傷和燙燒占20%，爆炸占1%。

表2-9　　　　　　　汽車缺陷風險評價技術指標體系

目標層	準則層	指標層
缺陷汽車產品傷害的嚴重程度（A）	燒傷和燙傷（B1，權重0.21）	傷害人數（C11）
		不安全件的種類（C12）
		缺陷發生的部位（C13）
		缺陷產品數量（C14）
		人體傷害嚴重程度的級別（包括傷害部位、程度等）（C15）
	機械傷害（B2，權重0.79）	與汽車安全標準的差距（C21）
		車輛類型和傷害人數（C22）
		不安全件的種類（C23）
		缺陷發生的部位（C24）
		缺陷產品數量（C25）
		人體傷害嚴重程度的級別（包括傷害部位、程度等）（C26）

危險的嚴重性是根據汽車缺陷導致的最終可能出現的人員傷亡、任務失敗、產品損壞和環境損害等方面的影響程度來確定的，其等級劃分如表2-10[2]所示。不同類型部件的缺陷嚴重性等級標準需要由該領域的專家給出。

---

[1] 黃國忠. 汽車缺陷風險評價技術指標體系研究 [J]. 世界標準信息，2007（12）：44-48.
[2] 張衛亮，肖凌雲，劉亞輝. 汽車轉向系統缺陷風險評估準則與汽車召回案例 [J]. 汽車安全與節能學報，2013（4）：361-366.

表 2-10　　　　　　　　　轉向系統危險的嚴重性等級劃分

嚴重性等級 (從前到後)	分類原則
V	災難的：涉及人身安全，可能導致人身傷亡；引起轉向系統總成本報廢，造成重大經濟損失；不符合有關法規要求
IV	嚴重的：導致整車轉向性能顯著下降；造成主要零部件損壞，且不能用隨車工具和易損備件在短時間（約 30 分鐘）內修復
III	中度的：造成停駛，但不會導致轉向系統主要零部件損壞，並可用隨車工具和易損備件或價值很低的零件在短時間（約 30 分鐘）內修復；雖未造成停駛，但已影響正常使用，需調整和修復
II	輕度的：不會導致停駛，亦不需要更換零部件，可用隨車工具在短時間（約 5 分鐘）內輕易排除
I	輕微的：基本不影響汽車的正常使用，無需維修和更換零件，只需加強保養和維護

這一步採用專家評價法，由各位專家對嚴重性等級進行判斷，求均值的原則計算。I—V 等級分別對應 1~5 分，則按統計平均原理估計總的嚴重性等級如下：

$$S = \sum_{i=1}^{n} S_i / n \tag{2-4}$$

式中，S_i 是第 i 個專家的評分，n 是專家人數，最好 5 人以上。

2.5.3　嚴重性等級的評估結果修正

這個階段由缺陷管理中心進行集中研判，定期組織階段性的集中研判，綜合分析研究特殊性、系統性風險信息。這個階段可能需要技術研判和調查研判得到的數據、證據、結果和結論等資料，由相關領域的專家和工作人員進行缺陷嚴重性的評估，可以採用集體研究和獨立評分相結合的方式。

對事故後果風險評估的初步分析結果和缺陷嚴重性的初步評估結果取最大值，就是初步評估得到的缺陷的嚴重性。

在《指南》中，國家標準考慮到汽車產品技術和使用環境的複雜性和特殊性，需對初步評估結果進行一定的修正，結果修正可考慮的因素如下：

①易受傷人群

易受傷人群包括兒童、老人、病人等對危險造成的傷害耐受力較低的人群。如果潛在危險危害的人群是易受傷人群，可提高嚴重性等級。

②車輛類型

不同的車型在用途、車速、準載人數、重量、幾何尺寸、主被動安全水準、載貨性質等方面對嚴重性存在一定的影響。如：高速跑車、大中型客車、貨車等高速、高負荷汽車，以及危險品運輸車等，可提高嚴重性等級。

除了上述結果修正因素外，在進行嚴重性等級初步評估結果修正時，可根據已知的故障或失效形態、車輛事故深度調查、人員傷亡程度以及缺陷工程分析試驗等因素，進行綜合分析後修正。

多因素同時出現時，導致嚴重性等級的多次調整，取調整中的最大嚴重性等級。因此，採用最大危險原則進行嚴重性評價。

2.6 汽車缺陷危險的可能性評估

缺陷危險的可能性評估分成 3 個階段，即潛在事故風險的初步分析、缺陷危險可能性的初步評估、可能性等級的評估結果修正，分別對應研判的三個階段，即工作研判、專家研判和集中研判。

2.6.1 汽車潛在事故風險評估的初步分析

這個階段由工作人員進行工作研判，根據已經掌握的投訴數據做出風險等級的初步判定，根據判定結果確定是否啟動進一步的研判和調查。必要時引入專家一起研判。

影響缺陷危險的可能性的主要判斷因素可以從缺陷的投訴數量、汽車安全標準、車輛使用頻次、車輛運行環境等方面進行判斷，還要考慮同一故障/失效引發的多種危險事件或情形。為了便於工作人員進行工作研判，這裡提供 2 種方法：評分法和等級評價法。評分法，就是綜合評價法，是根據影響汽車缺陷嚴重性的主要因素，按百分制進行評分，按各個指標的權重得到一個綜合評分，然後根據綜合評分來評定嚴重性的程度。等級評價法是各影響因素造成的等級來進行，採用最大等級原則。

（1）等級評價法

一般而言，都是利用缺陷發生的可能性和缺陷的嚴重程度來評價潛在風險的。然而，因為缺陷發生可能性無法獲取，利用缺陷數量來取代缺陷發生可能

性來評價潛在風險。缺陷數量和召回概率的關係如圖2-7所示[1]。缺陷數量越大，召回概率越大；缺陷數量越小，召回概率越小。缺陷數量和召回概率雖然不是線性比例關係，但是兩者的對數比例關係卻是線性的正比例關係。而缺陷發生可能性和召回概率存在對應關係：缺陷發生可能性越大，召回概率越大；缺陷發生可能性越小，召回概率越小。通過缺陷數量與召回概率以及缺陷發生可能性與召回概率的關係，可以用缺陷的發生數量代替缺陷的可能性，利用缺陷的數量和缺陷嚴重程度的乘積來表示缺陷潛在事故風險的等級。

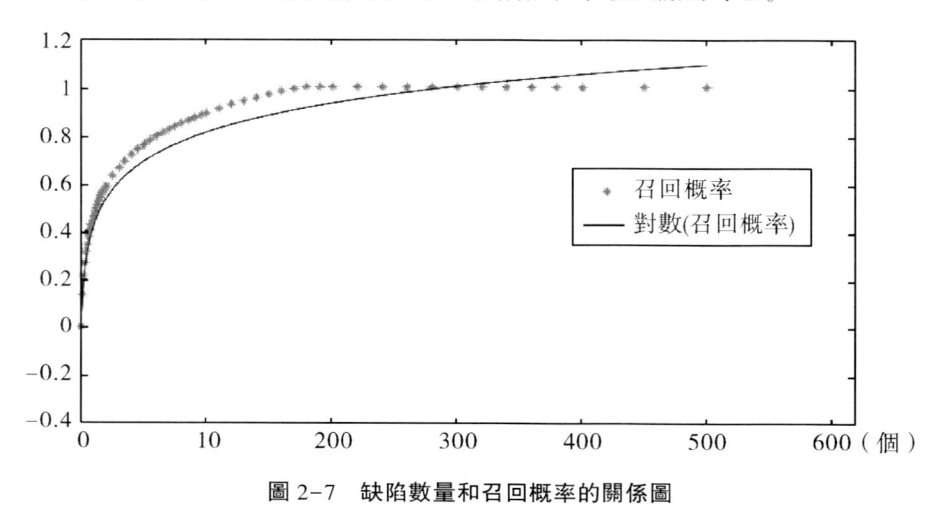

圖 2-7　缺陷數量和召回概率的關係圖

其中，缺陷的嚴重性參照缺陷嚴重性等級分類的結果。因此，潛在事故風險等級劃分如表2-11所示。

表 2-11　　　　　　　潛在事故的風險等級劃分

因素等級	很少/不嚴重	少/不太嚴重	一般/嚴重	多/很嚴重	很多/極嚴重
缺陷數量（個）	<10	10~34	35~80	80~122	>123
缺陷嚴重程度	E	D	C	B	A

研究者把缺陷的數量分為5級，將缺陷數量最少的定義為1分，缺陷數量每多一個等級加1分。缺陷嚴重性等級由上一節評估得到，也可以直接用工作研判階段得到的結果。缺陷嚴重性也採用同樣的處理方式，得到一個1~5的區間值。潛在缺陷風險的計算公式如下：

---

[1]　練嵐香，高利，胡春松. 中國汽車召回的管理決策分析［M］. 北京：北京理工大學出版社，2014.

$$R(x) = N_r \times S \qquad (2-5)$$

式（2-5）中，$R(x)$ 表示缺陷潛在事故風險值，N_r 表示汽車缺陷的投訴數量，S 表示缺陷的嚴重程度。

根據公式（2-5）的計算結果，把乘積為 20 及 20 以上的定為最高風險等級，即第五級風險等級，把乘積為 10~19 的定為第四級風險等級，把乘積為 6~9 的定為第三級風險等級，把乘積為 3~5 的定為第二級風險等級，把乘積為 1~2 的定為一級風險等級。根據以上分值劃分出風險矩陣表，如表 2-12 所示。越往右上角方向，風險等級越高，汽車產品缺陷潛在事故風險等級劃分如表 2-13[①] 所示。

表 2-12　　　　　　潛在事故風險矩陣表

投訴數量 Nr	風險指數，R				
	$S=1$	$S=2$	$S=3$	$S=4$	$S=5$
1	1	2	3	4	5
2	2	4	6	8	10
3	3	6	9	12	15
4	4	8	12	16	20
5	5	10	15	20	25

表 2-13　　　　　汽車產品缺陷潛在事故風險等級劃分

等級	A	B	C	D	E
風險值 R	$R>=20$	10~19	6~9	3~5	1~2

要更全面地分析可能性等級需要分別從缺陷的投訴數量、汽車安全標準、車輛使用頻次、車輛運行環境等方面進行判斷，還要考慮同一故障/失效引發的多種危險事件或情形，然後取最大值作為缺陷風險的可能性等級。

缺陷的投訴數量數據容易獲得，可以通過投訴渠道得到，等級標準可以按照表 2-11 進行。從汽車安全標準角度評價風險可能性，需要由專業技術人員或專家才能給出評價，可以放在專家研判階段去做。車輛使用頻次、車輛運行環境等方面的因素可以放在可能性修正階段去做，可通過集中研判實現評估。

[①] 練嵐香，高利，胡春松. 中國汽車召回的管理決策分析 [M]. 北京：北京理工大學出版社，2014.

還可以考慮從國內外收集到同一故障/失效引發多種危險事件或情形，從這個角度去判定風險的可能性。

通過以上分析，可以分別從缺陷的投訴數量和缺陷嚴重性得到缺陷風險的可能性等級。如果能得到同一故障/失效引發多種危險事件或情形方面的資料，就能從同類故障失效引發的危險角度評價缺陷風險的可能性，取最大值作為可能性的等級。

（2）評分法

缺陷危險的可能性等級的評價指標如表2-14所示，表中給出了評價指標、編碼、權重和指標類型，權重可以根據實際需要進行調整，各指標根據實際情況進行評分，匯總後得到可能性等級評分。

表2-14　　　汽車產品缺陷危險的可能性等級的評價指標

準則層	指標層（編碼，權重）	指標類型
缺陷危險的可能性等級	缺陷的投訴數量（D21，40%）	定量
	車輛使用頻次（D22，10%）	定量
	車輛運行環境（D23，10%）	定性
	同一故障/失效引發多種危險事件或情形（D24，40%）	定性

缺陷危險的可能性等級主要評價缺陷產品危害的可能性程度，主要用缺陷的投訴數量（D21）、車輛使用頻次（D22）、車輛運行環境（D23）和同一故障/失效引發的多種危險事件或情形（D24）共4個指標來衡量。

缺陷的投訴數量（D21）是從相關監管部門、企業等收到的關於某一缺陷產品的消費者投訴，相同投訴原因為某一特定型號的汽車產品缺陷投訴量，投訴可以是電話投訴、網路投訴或信件投訴，包括短信、微信、電子郵件等方式的投訴。1個電話評分為1分，100個及以上投訴電話評分為100分。如：收到70個投訴，評分即為70分；收到120個投訴電話，評分為100分。

如果風險評估範圍內的車輛使用頻次（D22）超過正常車輛，危險事件或情形發生的可能性將會增加，例如出租車、公共汽車、載貨車等，會提高可能性等級。這些類型可以直接評100分，其他車型評0~100分。

車輛運行環境（D23）要考慮對於長期在山地、高寒、高熱等特殊氣候環境以及路面狀況差、含水量、含鹽量過大等道路環境下運行的車輛，如果上述運行環境能夠促使危險事件或情形的發生，可提高可能性等級。這些類型可直接評100分，其他類型評0~100分。

同一故障/失效引發多種危險事件或情形如表2-15所示，按照缺陷嚴重程度進行評分。

表2-15　　同一故障/失效引發多種危險事件或情形的評分表

同一故障缺陷嚴重程度	E	D	C	B	A
評分（分）	0~20	21~40	41~60	61~90	91~100

表2-16中給出了缺陷風險的可能性等級的評分標準。由表2-14計算出可能性評分後，根據表2-16容易得到缺陷危險的可能性等級。

表2-16　　　　缺陷風險的可能性等級的評分標準

缺陷危險的可能性等級	I	II	III	IV	V
評分（分）	0~20	20~40	40~60	60~80	80~100

2.6.2　危險可能性的初步評估

這個階段由專家進行專家研判，由專門領域的專家進行缺陷危險可能性的初步評估，可以採用集體研究和獨立評分相結合的方式。

對危險事件或情形發生的可能性等級進行評估，關鍵在於風險評估對象的確定。在《指南》中，國家標準將危險事件或情形發生的可能性分為5個等級：高、較高、中、較低和低。可能性評估包括初步評估和結果修正兩個步驟。可能性評估的方法主要包括：定量法、定性法和定量定性結合法。

不同類型部件的缺陷危險可能性等級標準需要由該領域的專家給出。例如：轉向系統危險的可能性是指轉向系統有安全隱患的汽車在使用週期內發生危險的概率，需要根據生產企業和交通管理部門的統計數據進行合理的預測，其等級劃分如表2-17[①]所示。

在故障或失效模式、樣本質量和數量滿足定量分析要求的情況下，可採用統計學方法中的趨勢預測模型（如韋伯分佈模型等）或工程分析方法預測全壽命故障率，並對危險事件或情形發生的可能性進行預測，可能性的初步評估結果根據故障或失效模式的行業平均水準確定。

---

① 張衛亮，肖凌雲，劉亞輝. 汽車轉向系統缺陷風險評估準則與汽車召回案例［J］. 汽車安全與節能學報，2013（4）：361-366.

表 2-17　　　　　　　轉向系統危險的可能性等級劃分

等級	發生概率在產品壽命期內的可能性
A	$>10^{-1}$ 經常發生，頻繁發生
B	$10^{-2} \sim 10^{-1}$ 有時發生，發生若干次
C	$10^{-4} \sim 10^{-2}$ 偶然發生，不大可能發生
D	$10^{-6} \sim 10^{-4}$ 很少發生，不易發生
E	$<10^{-6}$ 極少發生，可假定不會發生

在樣本質量和數量無法滿足定量分析要求的情況下，可採用定性法的方式進行評估。定性法評估原則如下：

第一，若危險事件或情形發生的原因由材料、零部件結構設計、生產工藝、軟件控制策略、整體布置或零部件匹配等設計因素導致，可能性的初步評估結果可為高或較高。

第二，若危險事件或情形發生的原因由材料加工、機械加工、零部件裝配或生產管理不當等製造因素導致，可能性的初步評估結果可為較高、中等或較低。

第三，若危險事件或情形發生的原因由車輛無標示或錯誤標示等因素導致，可能性的初步評估結果可為高或較高。

黃國忠提出了汽車缺陷風險評價技術指標體系，檢測機構或專家可以採用該標準進行風險可能性評估，如表 2-18 所示[①]。

表 2-18　　　　　　　汽車缺陷風險評價技術指標體系

目標層：缺陷汽車產品缺陷風險的可能性（A）

準則層	指標層
燒傷和燙傷（B1，權重 0.21）	零部件間的間隙大小（C101）
	零部件、系統的緊固性（C102）
	零部件是否為安全件（C103）
	連接點的抗震強度（C104）
	缺陷發生的部位（C105）
	材料的化學性能（燃點、閃點）（C106）
	可燃物的泄漏量（C107）

---

① 張衛亮，肖凌雲，劉亞輝. 汽車轉向系統缺陷風險評估準則與汽車召回案例［J］. 汽車安全與節能學報，2013，（4）：361-366.

表2-18(續)

準則層	指標層
燒傷和燙傷（B1，權重0.21）	系統功能的可靠性（C108）
	出現故障前是否有預警信息（C109）
	是否存在防護、保護設施（C110）
	元器件的電性能、熱性能（C111）
	通風性（C112）
	火源條件（明火、電火花、靜電火花）（C113）
	絕緣壓縮/衝擊摩擦產熱量（C114）
	表面溫度（C115）
	已得到的事故/傷害概率（C116）
	產品的使用地域（環境、溫度、濕度、空氣等）（C117）
	危險的可觸及性（C118）
機械傷害（B2，權重0.79）	是否為安全件（C201）
	功能的可靠性（C202）
	零部件、系統的強度和緊固性（C203）
	是否存在明顯使用說明/警示（C204）
	已得到的事故/傷害概率（C205）
	危險的可觸及性（C206）

風險的可能性也採用同樣的處理方式，根據表2-17或者表2-18得到一個1~5的區間值。

這一步採用專家評價法，由各位專家對嚴重性等級進行判斷，求均值的原則計算。I-V等級分別對應1—5分，則按統計平均原理估計總的嚴重性等級

$$S = \sum_{i=1}^{n} S_i / n \qquad (2-6)$$

式中，S_i是第i個專家的評分，n是專家人數，最好5人以上。

2.6.3 可能性等級的評估結果修正

這個階段由缺陷管理中心進行集中研判，定期組織階段性的集中研判，綜合分析研究特殊性、系統性風險信息。這個階段可能需要技術研判和調查研判得到的數據、證據、結果和結論等資料，由相關領域的專家和工作人員進行缺

陷嚴重性的評估，可以採用集體研究和獨立評分相結合的方式。

對潛在事故風險評估的初步分析結果和風險可能性的初步評估結果取最大值，就是初步評估得到的風險可能性。

在《指南》中，國家標準要求在進行可能性初步評估後，考慮到危險事件或情形發生的條件、頻次等因素可能存在較大差異，在結合已知的汽車產品故障、失效發生率的基礎上，對初步評估結果進行修正，結果修正可考慮的因素如下：

（1）危險事件或情形發生的條件

危險事件或情形發生的條件非常苛刻，可降低可能性等級。

（2）危險事件或情形發生前能否被感知而被排除或限制

如果在危險事件或情形發生前能夠被感知到，或發生前車輛有明顯的警示信息，可降低可能性等級。

（3）日常維修可排除危險事件或情形的發生

車輛在日常使用維護過程中，存在故障或失效的零部件，總成或系統能夠得到更換、調整，可降低可能性等級。

（4）車輛使用頻次

如果風險評估範圍內的車輛使用頻次超過正常車輛，危險事件或情形發生的可能性將會增加，例如出租車、公共汽車、載貨車等，可提高可能性等級。

（5）車輛運行環境

對於長期在山地、高寒、高熱等特殊氣候環境以及路面狀況差、含水量、含鹽量過大等道路環境下運行的車輛，如果上述運行環境能夠加快危險事件或情形的發生，可提高可能性等級。

（6）已引發危險事故案例

獲知已引發危及人身、財產安全的事故案例時，可提高可能性等級，尤其已獲知導致人員死亡事故案例，可將可能性等級提高到較高或高兩個等級。

（7）同一故障/失效引發多種危險事件或情形

因同一故障/失效引發多種危險事件或情形，以主要危險事件或情形發生的可能性進行評估，結合考慮其他次要危險事件或情形，可提高可能性等級。

除了上述結果修正因素外，在進行可能性等級修正時，可根據已知的故障或失效率、已知案例發生的情形、車輛現場查看情況以及缺陷工程分析試驗等因素，進行綜合分析後修正。

多因素同時出現時，導致可能性等級的多次調整，取調整中的最大可能性等級。因此，採用最大危險原則進行可能性評價。

2.7 確定汽車缺陷的綜合風險水準等級

在危險事件或情形的嚴重性等級和危險事件或情形發生的可能性等級確認的基礎上，通過查詢風險評估矩陣確定風險水準等級。風險評估矩陣如表 2-19 所示。

表 2-19　　　　　　　　　　風險評估矩陣

可能性	嚴重性				
	低	較低	中	較高	高
低	1	2	2	3	3
較低	2	2	3	3	4
中	2	3	3	4	4
較高	3	3	4	4	5
高	3	3	4	5	5

在《指南》中，國家標準將汽車產品安全風險水準等級分為五級：高（第 5 級）、較高（4 級）、中（第 3 級）、較低（第 2 級）、低（第 1 級）。矩陣中的元素值就是缺陷危險的風險等級。

風險矩陣一般是二維的，對於每一種被識別的危險，為每個參數選擇一個等級。矩陣單元是兩個參數相對應的行和列的交叉點，其內容給出了對被識別危險狀態的風險水準的評估。該評估為一個指標值，即風險指數 R。令 S 表示嚴重性，P 表示可能性，則：

$$R = S \times P \tag{2-7}$$

為了便於風險評估的量化，把危險的嚴重性按 Ⅰ、Ⅱ、Ⅲ、Ⅳ、Ⅴ 五類，對應 S 取值 5、4、3、2、1；危險的可能性按 A、B、C、D、E 五類，對應 P 取值 5、4、3、2、1。

可以根據表 2-19 的風險評估矩陣確定汽車缺陷風險等級。對於專門的部件需要專門的風險評估矩陣和風險等級，在表 2-20 中，系統缺陷風險水準等級分為五級：高（第 5 級，R 的值為 15~25）、較高（4 級，R 的值為 9~12）、中（第 3 級，R 的值為 6~8）、較低（第 2 級，R 的值為 3~5）、低（第 1 級，R 的值為 1~2）。第 1 級可接受，第 2 級需要評審才能接受，第 3 級一般不接

受，第 4 級和第 5 級不接受。

在表 2-21 中，汽車轉向缺陷風險矩陣為 5×5 的對稱陣，汽車轉向系統缺陷風險等級劃分參照表 2-20。

表 2-20　　　　　　　　　系統缺陷風險矩陣表

可能性 P	風險指數 R				
	S = 1	S = 2	S = 3	S = 4	S = 5
1	1	2	3	4	5
2	2	4	6	8	10
3	3	6	9	12	15
4	4	8	12	16	20
5	5	10	15	20	25

表 2-21　　　　　　　　汽車轉向系統缺陷風險等級劃分

風險指數 R	對人身財產和車輛行駛安全的影響	評價準則
15~25	嚴重	不可接受
9~12	重大	不可接受
6~8	中等	不希望（一般不接受）
3~5	較小	可接受（但需要評審）
1~2	小	可接受

對於某種已被識別的危險狀態，已知其嚴重性和可能性，在風險矩陣中找到對應的行和列，二者相交的矩陣單元內容即風險水準的評估。在修正環節，需要評估次要危險的嚴重性和可能性，以確定如何對風險評估結果進行修正。如果其他危險的風險水準遠低於主要危險的風險水準，則危險評估結果沒有修正的必要。

在缺陷調查的工作研判、專家研判和集中研判 3 個主要階段都可以給出汽車產品缺陷風險的嚴重性等級和可能性等級。因此，也需要分階段對風險等級進行重新評估，以便於為後續的召回工作及時提供依據。

2.8　本章小結

　　本章根據《汽車產品安全風險評估與風險控制指南》，並且在相關文獻研究的基礎上，提出了汽車產品的缺陷風險評估方法。本章介紹了汽車風險評估原理，分析了汽車缺陷和汽車召回的關係，討論了汽車缺陷事故風險因素，在此基礎上分別提出了缺陷嚴重性和風險可能性的評估方法，最後根據風險矩陣確定汽車缺陷的綜合風險等級。缺陷嚴重性和風險可能性的評估都要經過初步分析、初步評估和評估結果修正三個階段才能得出最終的評估結果。本章提供了評分法和等級評價法兩種評估方法，評估需要經過工作研判、技術研判和調查研判等階段得到的數據、證據、結果和結論等資料，由相關領域的專家和工作人員進行缺陷評估，可以採用集體研究和獨立評分相結合的方式進行評估。

3　汽車製造商的召回主動度分析

練嵐香、高利和胡春松等人通過動態博弈分析了汽車製造商召回主動度的影響因素，並給出企業主動度的評價指標體系、相關因素的模糊隸屬度函數、從豐田公司作為案例的算例分析[1]。

本章通過分析汽車製造商的召回主動程度，瞭解企業召回的意願，從而為政府的缺陷調查和召回策略決策提供重要參考。要進行召回主動度分析，政府需要確定汽車缺陷風險的嚴重性等級。缺陷風險的嚴重性評估需要經過工作研判、專家研判和集中研判等多個階段得出最終結論。召回主動度分析可以在缺陷風險分析的工作研判、專家研判和集中研判的任何一個階段完成後進行。通過中間過程得到的結果，可以進行召回主動度的階段分析。由於汽車缺陷調查非常耗時，需要經歷數月，有時需要一兩年，有些調查甚至經歷幾年。因此，汽車產品缺陷調查的時間成本和費用成本都非常高。如果通過分析得出企業的召回主動度高，就可以關閉或者暫停缺陷調查，啓動約談，盡量鼓勵企業主動召回，從而減少缺陷調查的時間、費用，提高召回效率和效益。

3.1　汽車召回主動度

召回主動度，即主動召回的概率。汽車製造商召回主動度是指汽車製造商在發現汽車存在缺陷的情況下，主動進行汽車召回的可能性。汽車召回分為主動召回和責令召回兩種。主動召回是指汽車製造商發現汽車缺陷，主動向缺陷產品管理中心匯報並對消費者實行免費維修、更換和收回等措施來消除安全隱患。責令召回是指由缺陷產品管理中心發現缺陷，通知汽車製造商進行召回，但汽車製造商沒有執行召回決定，缺陷產品管理中心組織專家進行論證和取

---

[1]　練嵐香，高利，胡春松．中國汽車召回的管理決策分析[M]．北京：北京理工大學出版社，2014．

證，強制汽車製造商進行召回。

汽車製造商在召回行動中的召回主動度，直接決定了博弈方政府的召回決策：等待製造商主動召回，或者責令製造商發起召回。

汽車製造商受召回成本、市場佔有率、信譽、信用等級等因素影響，來決策發起或不發起召回，因此召回主動度的大小必將由以上因素決定。目前，對汽車製造商的召回影響因素的研究已有學者涉及，Nicholas[1] 和冷韶華[2]都對汽車製造商的主動影響因素進行了分析，冷韶華還利用層次分析法對各影響因素進行了進一步的分析。本章在冷韶華的研究基礎上對汽車製造商的影響因素重新分析，再利用模糊多屬性評價方法對汽車製造商召回主動度進行定量評價。

Rupp 利用六大汽車公司（通用、福特、克萊斯勒、本田、豐田、日產）2019 年的汽車召回數據，證明了政府傾向發起大型、車型老、危險度較低且經濟實力弱的汽車召回，而汽車製造商則發起召回花費小、危險度高的召回[3]。鄭國輝則分析了汽車製造商和政府發起召回的概率[4]。

Rupp 在研究製造商召回主動性的問題時，先把召回看作一個具有兩個時期的多階段的不完整信息的博弈。政府、製造商和消費者參與了博弈，建立了汽車召回的過程模型。在建立了汽車召回過程模型之後，Rupp 認為汽車製造商會對最危險的缺陷汽車產品進行召回。當召回中所負擔的維修成本小於或等於責任成本時，汽車製造商對召回具有主動性。當責任成本等於維修成本時，汽車製造商選擇召回；當責任成本小於維修成本時，汽車製造商選擇不召回；只有當責任成本大於維修成本時，汽車製造商選擇召回。而召回的發生點隨著單次維修成本增加而增加，隨著汽車製造商不破產概率的增加而減少。

學者通過分析得出，對危險性較大、車型較新、缺陷車數量少，且自身財政狀況較好的公司，由汽車製造商自主發起召回的概率大；而涉及危險小、車型較老、缺陷車數量眾多、自身財政狀況較差的公司，則由政府發起召回的概率大。

Rupp 通過建立召回模型和利用累積函數進行求導以獲取邊際收益的分析方法來分析汽車製造商對各參數的敏感程度和變化趨勢，為進行汽車製造商主

---

[1] NICHOLAS G RUPP. The attribute of a costly recall: evidence from the automative industry [J]. Review of Industrial Organization, 2004 (25): 21-44.

[2] 冷韶華. 缺陷汽車主動召回效果評價體系與決策技術研究 [D]. 北京：北京理工大學, 2010.

[3] RUPP NICHOLAS G. Essays in Automative Safety Recalls [D]. New York: Texas A&M University, 2000.

[4] 鄭國輝. 缺陷汽車產品召回中各主體策略選擇的博弈 [J]. 同濟大學學報（自然科學版），2005, 8 (33): 1127-1132.

動召回的分析提供了參考方法。

在 Rupp 基礎上，鄭國輝進行了召回模型分析，認為政府和製造商的博弈為不完全信息下的靜態博弈。

綜上所述，Rupp 和鄭國輝都對汽車召回主動性進行了相關研究，並且提供了研究方法。

練嵐香利用模糊多屬性的汽車召回主動度評價方法建立汽車召回主動度模型，為汽車製造商的召回主動度的研究提供了另一種思路[①]。

3.2 汽車召回主動度的影響因素

從汽車製造商的召回成本分析中可以得知，汽車製造商的召回願望依託在汽車製造商進行召回的收益大於召回的成本之上，因此，這就取決於召回成本、事故率、缺陷數量、對事故的賠償等因素。根據 Rupp 的分析，影響汽車製造商的召回成本的主要因素來自缺陷本身的一些屬性：召回汽車的使用年限、召回汽車的涉及數量、汽車缺陷的嚴重性等級、召回所涉及零部件的更換成本。這些因素都直接影響召回的收益和成本。

3.2.1 製造商召回主動度的客觀影響因素分析

（1）汽車使用年限的影響分析

汽車缺陷發現越早，所引發的召回成本就越低，製造商獲得的利益越大。所以，汽車的使用年限和汽車召回主動度的關係是：汽車使用年限越短，則相對的汽車召回主動度就越大；汽車使用年限越長，則相對的汽車召回主動度就越小。通過分析美國的汽車召回數據，可以得知發起召回的平均值是 1 年。汽車製造商前 7 年的召回量占總召回量的 95%，使用年限為 -1 年、0 年、1 年和 2 年的，占所有召回年限的 91.3%。這個集中優勢表明，汽車主動召回的年限是一個很重要的因素。年限越短，則召回慾望越大，特別是在 -1 到 1 年時，占 84%，但政府沒有明顯的傾向。這裡的 -1 年的含義是指預售期的車，比如計劃明年上市，今年首推、預售的產品或者試銷的汽車產品，則汽車的使用年限即為 -1 年。還有一個 0 年表示發行當年年款的汽車，已經大量投產，經過不到 1 年的運行就發現缺陷而被召回。

---

① 練嵐香. 缺陷汽車產品召回決策支持模型及系統研究 [D]. 北京：北京理工大學，2012.

（2）汽車召回涉及數量的影響分析

召回的車輛數量級別越大，召回的次數越少；召回的車輛數量越小，召回的次數越多。特別是製造商對大數量級缺陷車進行召回時，所占百分比很小，政府是大級別召回的主力軍；而在小級別（10萬元以下汽車的召回）召回中，製造商則變成了主力軍。從分析可知，召回的數量對製造商召回主動性有很大影響。

（3）汽車缺陷嚴重性等級的影響分析

汽車製造商是逐利的，以追求利益最大化為目的，在判斷是否進行主動召回時，驅動力不會是人民的生命和財產安全。然而有時汽車缺陷越嚴重，可能遭遇的事故賠償責任就越大，且賠償金額也越大，不進行主動召回的成本也就越大。因此，汽車嚴重性等級是促進汽車製造商主動召回的一個重要因素。

對於高危險性的召回，製造商比政府更加重視，占了61%。高危險缺陷的汽車製造商更願意主動發起召回。召回年限短，召回數量小，則召回嚴重級別比較高的製造商召回的概率高；而召回年限長，召回數量大，召回的嚴重級別一般的製造商召回的概率小，由政府發起召回的概率比較大。

（4）汽車更換零部件成本的影響分析

汽車召回的更換零部件成本是汽車召回的直接影響成本。當單件更換成本很高時，意味著製造商需要在每輛車上付出的單位成本更高，這樣，同一召回數量下的更換成本將更多。此外，更換零部件的成本包括更換的難度和時間，如果更換的難度大，時間長，則同樣會影響汽車的召回成本。

3.2.2 製造商召回主動度的主觀影響因素分析

冷韶華進行了汽車主動召回行為主體「四位一體」模式分析，因此，在汽車召回系統中建立了行為主體（製造商、政府、消費者即車主和社會環境）「四位一體」的模式[1][2]，如圖3-1所示。在進行汽車召回效果評價和決策研究時，需考慮「四位一體」模式的影響。

---

[1] 高利，冷韶華. 汽車主動召回行為主體「四位一體」模式分析 [J]. 江蘇大學學報，2010 (6)：35-37.

[2] 練嵐香，高利，胡春松. 中國汽車召回的管理決策分析 [M]. 北京：北京理工大學出版社，2014.

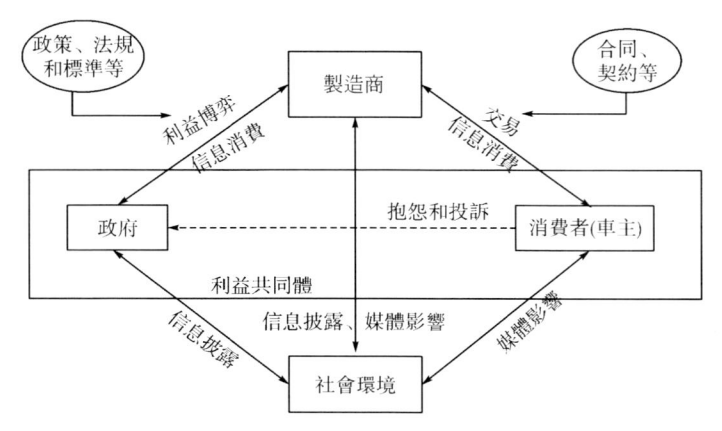

圖 3-1　汽車主動召回「四位一體」模式圖

把「四位一體」模式應用於汽車製造商召回主動度的影響分析中，並對召回主動度進行影響因素的剖析，如圖 3-2 所示。

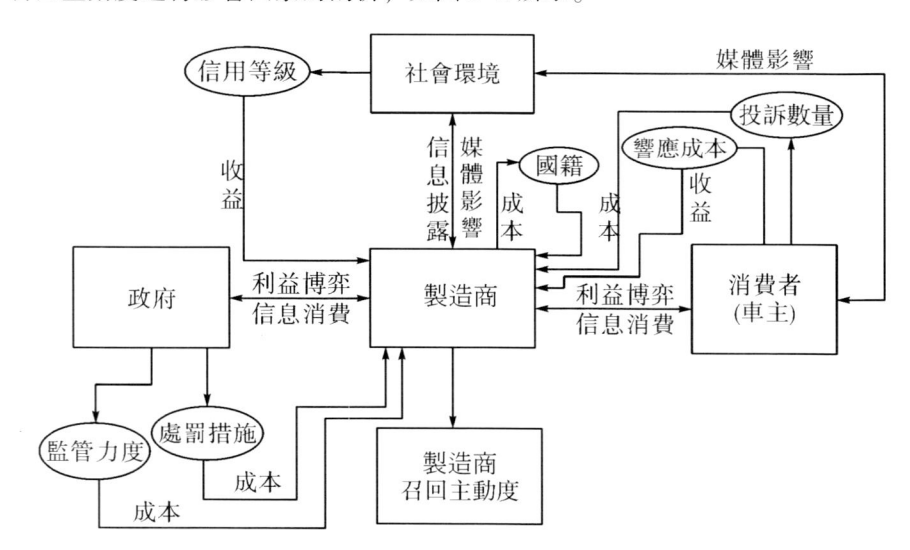

圖 3-2　「四位一體」模式下的汽車製造商召回主動度影響因素分析圖

由圖 3-2 可知，汽車製造商和政府在進行汽車召回博弈時，不僅要考慮汽車缺陷發生時汽車的使用年限、缺陷汽車的涉及數量、缺陷嚴重性、缺陷的更換成本所引起的召回直接成本，還要考慮「四位一體」模式中各個方面的影響，比如製造商本身因素、消費者方面和政府方面等的影響，因為四位一體的各方面影響都可能產生間接的成本和效益，對汽車製造商的召回主動度有影響。下面從

製造商、消費者和政府三個方面對汽車製造商的召回主動度的影響進行分析。

(1) 製造商方面的影響分析

製造商的國籍對汽車製造商召回主動度是有影響的。國外的製造商一旦要進行召回，所有的配件都要從國外進口，物流成本要比國內製造商高很多。此外，國內的汽車製造商可能會有比較多的4S店分佈在不同城市或同一城市的不同地方，而國外的汽車製造商在4S店的選址上會選擇大中城市或者人口比較集中的地區。由於國內汽車品牌的4S店分佈比較多，在進行汽車召回時，消費者可以就近選擇4S店，所產生的成本較4S店分佈比較分散的國外汽車品牌要低。

此外，製造商的國籍的影響因子對製造商主動度模型的影響不同。在健全的召回體制下，國內的製造商比國外的汽車廠商的召回主動度更大，而在中國的文化背景下，國內的汽車廠商特別是一些自主品牌的汽車廠商的召回主動度更小。對國外召回來說，國內製造商比國外製造商對汽車召回的主動度更大，因為，在同等情況下，國內製造商在召回中所付出的物流成本較少，4S店分佈較多，所付出的總成本小於國外製造商的召回成本。在中國，有其他因素影響國內外製造商在中國的汽車召回主動度的大小。中國的召回制度不完善，因此，國內合資製造商的召回意識不強，其召回主動度明顯小於國外製造商，自主品牌汽車企業的召回主動度較小。當然，近年來，國產品牌召回意願也在增強。因此，需要調整汽車製造商主動度的參數，如表3-1所示。評價的級別包括五級：極大、大、中等、小、極小，評語論域為｛極大，大，中等，小，極小｝，對應的分值為V=｛A，B，C，D，E｝。

表 3-1　　　　　　　　汽車製造商主動度參數的調整

調整前後對比	召回主動度				
	A	B	C	D	E
調整前	國內	國內	國外	國外	國外
調整後	國外	國外	合資	合資	自主品牌

汽車製造商的信用等級對召回主動度有影響。汽車製造商的信譽通過信息披露和媒體報導的影響形成一定的信譽等級。汽車製造商的信用等級越高，越注重品牌效應，因此產生的效益也越大，汽車製造商維護信譽的慾望也越強。汽車製造商的信用等級越高，在很大程度上越有財力，召回成本所佔資產的份額越小，對其影響也越小，因此召回的主動度越大。

(2) 政府方面的影響分析

政府對汽車召回的監督和處罰力度也是影響汽車製造商主動召回的因素。政府對汽車製造商的監督力度越大，汽車製造商的主動召回度就越大；政府對違規汽車製造商的處罰力度越大，製造商的召回主動度就越大。這兩點可以根據政府對違規製造商的處罰金額來衡量。違規處罰金額越大，對製造商的約束越大，因此對其進行主動召回的影響力也越大。但是，目前中國的處罰金額很小，對製造商的約束不大。

（3）消費者方面的影響分析

消費者在受到缺陷所導致的失效或事故傷害時會進行投訴。投訴的數量累積到一定程度就會引起注意，通過媒體的報導產生一定的社會影響，從而影響汽車製造商的信用等級，進而將影響汽車製造商的效益。此外，消費者的投訴數量越多，則預示著進行召回的情況下所付出的成本也越高。

消費者的回應召回成本決定消費者對汽車召回時發生回應的積極性。Rupp的研究結果顯示，消費者的召回回應率影響汽車製造商主動召回的概率，因此，消費者召回回應率會影響汽車製造商的召回成本。

（4）社會環境方面的影響分析

但是，在分析汽車召回的影響因素時，研究關於文化因素對汽車召回影響的文章卻很少。然而，某種程度上的文化因素，不僅影響著汽車召回的興起和發展歷程，也影響著製造商召回策略選擇和汽車召回中政府的行為或消費者的行為。中華民族受幾千年封建思想的影響，人們的維權意識普遍薄弱；中國的汽車企業起步比較晚，整體水準落後於國際社會的汽車發展水準，因此，國內的一些車企缺乏召回的理念和認識；汽車行業在中國的很多地方都是當地的支柱產業，政府對汽車企業有一定偏袒；中國汽車召回的法律缺位，造成對違規汽車企業的懲罰力度比較輕微；中國政府權力分散，造成收集汽車召回的有效數據相當困難。這些特點都是中國文化在汽車召回上所體現出來的。

文化因素對缺陷汽車召回產生的影響，主要體現在以下幾個方面：

①中國汽車消費者的維權意識薄弱，中國政府的功能機構分散。

中國消費者的維權意識薄弱，加上中國的召回法律不完善，中國消費者的投訴成本很高，造成消費者缺乏投訴的自主意識。在中國特殊的文化影響下，在汽車召回的博弈中，消費者不僅要考慮時間的成本，還要考慮其他成本，比如由於投訴程序繁瑣而引起成本增加。隨著汽車用戶考慮因素的增加和投訴環節繁瑣程度的加大，回應召回所附加的成本也隨著增加，會使車輛的缺陷故障概率的容忍度加大，使汽車召回概率的回應標準提高。

此外，中國政府的功能機構分散，分管汽車產品質量的部門是質量監督

局，有些汽車的缺陷信息被投訴到中國消費者協會，有些被投訴到汽車缺陷產品中心；在汽車出現事故後，事故信息由公安部門掌握。因此，跨部門形成信息「孤島」，汽車的缺陷信息不易得到，汽車運行狀況得不到及時的反應，造成收集到的汽車缺陷信息延遲。

②中國的法律體系發展不甚完善，汽車召回的相關法律至今不完善。

由於對違規汽車製造商懲罰的力度較小，中國汽車缺陷管理部門執行力度較弱，一些汽車製造商無視中國的召回法規，不召回中國市場的缺陷汽車。2010年被媒體稱為「汽車召回年」，然而全球汽車市場進行大規模召回時，多數不涉及中國市場，即使召回也採取不同的召回措施，實行區別對待。

③中國汽車行業起步比較晚，在技術上以引進國外技術為主，自主品牌的汽車只占較小的份額。

目前，中國汽車行業很大程度上是引進國外的研發技術或者和外商合資建廠，自主品牌的汽車只占近30%的市場份額，且集中在微型車或者低檔次市場，其生產技術水準一般，屬於成長期。自主品牌汽車製造商的經濟實力比較弱，一旦進行召回，對其衝擊力是很大的，有些甚至造成倒閉的後果。中國的消費市場蘊含巨大的潛力，有些汽車製造商只追求效益而忽略了汽車質量，因此，汽車的質量就失去了可靠的保證。這兩個矛盾的存在，使得中國汽車召回出現異常情況，即自主品牌的汽車很少進行汽車召回。

④地方政府過分保護汽車生產企業，迫使汽車召回運動的運行軌跡不正常。

一些汽車企業是當地的支柱產業，因此地方政府對汽車企業會採取一些保護措施，這些保護措施會使得一些汽車企業對汽車缺陷視若無睹，這將影響到汽車的使用安全，同時對公共安全帶來很大的威脅。

⑤中國汽車召回的發展處於起步階段，中國社會對汽車召回的認識有偏差或重視度不夠。

國家對汽車召回的支持力度不夠。中國對汽車召回的財政支持是幾千萬元，美國是幾十億美元。財政撥款的多少決定了汽車召回的執行力度的大小，也限制了政府對汽車召回的能力。中國社會對汽車召回的認識還不夠，尤其是對運載兒童的汽車的配件對兒童成員的重要性沒有足夠的重視。2011年11月16日發生在甘肅省正寧縣的幼兒園校車的特大交通事故就說明了這一點。美國對兒童類用車如校車的標準是最高的，對兒童座椅等兒童車上的配件也非常重視，甚至作為一種召回類型，與汽車、輪胎等類型平齊。其次，中國廣大消費者沒有認識到汽車缺陷產生的不可避免性，認為進行汽車召回就是汽車質量差的表現，甚至一些汽車企業認為如果進行汽車召回，將對企業的聲譽帶來很

大負面的影響，因此大大降低其汽車製造商召回的主動度。

另外，媒體對於召回的影響非常大，例如：著名的大眾 DSG 事件，此前數年都不願意召回，卻在中央電視臺 3/15 晚會發布的第二天向國家質檢總局主動提出召回。目前，文獻對這個方面的研究很少，中國可以考慮政府的強勢影響力和媒體的作用，需要適當調整評價指標體系及政府影響力的權重。

3.3　評價指標和召回影響因素的影響權重

根據本章 3.1 所述，分析汽車召回主動度的影響因素是一個多目標、多層次的決策分析過程，由於這些因素極其複雜且存在交叉影響，為了能定量地調查各因素對汽車製造商主動召回的影響，採用層次分析法進行分析。影響汽車製造商主動召回的因素很多，因此對評價指標的選取非常重要，科學合理的指標體系決定了結果的合理性。

練嵐香等人[①]根據以上分析，得到汽車製造商主動召回度的評價指標體系，影響汽車召回主動性的因素為 4 個一級指標和 10 個二級指標，如表 3-2 所示。

表 3-2　　　　汽車製造商主動召回度的評價指標體系

決策目標	一級指標	二級指標
汽車製造商主動召回某款車的概率（A）	汽車本身（B1）	汽車使用年限（C11）
		危險等級（C12）
		涉及車輛數（C13）
		缺陷零部件更換成本占整車價格的比例（C14）
	消費者（B2）	投訴數量（C21）
		回應召回的成本（C22）
	製造商（B3）	製造商國籍（C31）
		製造商信用等級（C32）
	政府（B4）	懲罰金額（C41）
		執法強度（C42）

得出了製造商主動召回的影響因素之後，需定出這些因素的影響權重。對汽車製造商的召回主動度影響因素的權重，利用層次分析法來進行分析。經過

---

① 練嵐香，高利，胡春松. 中國汽車召回的管理決策分析 [M]. 北京：北京理工大學出版社，2014.

分析與計算得到表3-3至表3-7分別是一級指標與各二級指標的權重以及最終各因素對總目標權重的計算結果。

利用如圖3-3所示的分佈層次圖進行汽車製造商召回主動度各層指標的影響因素分析，可以得到各指標的影響權重。首先得到一級評價指標的權重，如表3-3所示。

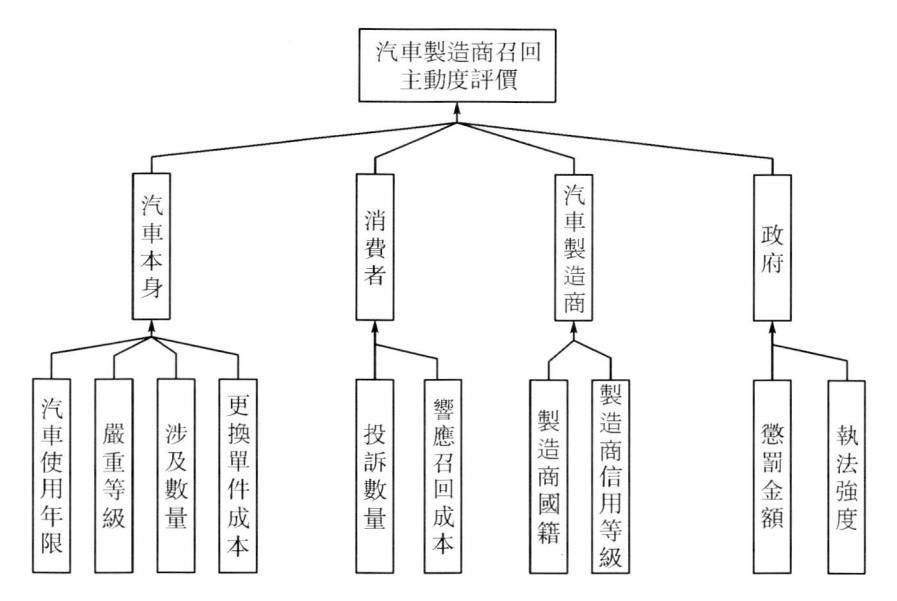

圖 3-3　汽車製造商召回主動度指標層次分佈

表 3-3　　　　　汽車製造商主動召回度各指標的影響權重

決策目標	一級指標	二級指標	權重
汽車製造商主動召回某款車的概率（A）	汽車本身（B1）	汽車使用年限（C11）	0.066,6
		危險等級（C12）	0.042,5
		涉及車輛數（C13）	0.104,4
		缺陷零部件更換成本占整車價格的比例（C14）	0.029,9
	消費者（B2）	投訴數量（C21）	0.048,5
		回應召回的成本（C22）	0.032,5
	製造商（B3）	製造商國籍（C31）	0.048,5
		製造商信用等級（C32）	0.161,0
	政府（B4）	懲罰金額（C41）	0.358,3
		執法強度（C42）	0.107,9

再進行二級指標權重的確定，結果見表 3-4 至表 3-7。

表 3-4　　　　　　　　　汽車本身影響指標的權重

一級指標	二級指標/決策因素	權重
汽車本身（B1）	汽車使用年限（C11）	0.273,6
	危險等級（C12）	0.174,4
	涉及車輛數（C13）	0.429,1
	缺陷零部件更換成本占整車價格的比例（C14）	0.122,9

表 3-5　　　　　　　　　消費者影響指標的權重

一級指標	二級指標/決策因素	權重
消費者（B2）	投訴數量（C21）	0.598,7
	回應召回的成本（C22）	0.401,3

表 3-6　　　　　　　　　製造商影響指標的權重

一級指標	二級指標/決策因素	權重
製造商（B3）	製造商國籍（C31）	0.231,5
	製造商信用等級（C32）	0.768,5

表 3-7　　　　　　　　　政府影響指標的權重

一級指標	二級指標/決策因素	權重
政府（B4）	懲罰金額（C41）	0.768,5
	執法強度（C42）	0.231,5

由表 3-3 至表 3-7 的結果可知，政府管理機構的懲罰金額和執法強度的大小對汽車製造商召回的影響最大，汽車缺陷本身屬性的影響次之，汽車製造商的國籍和信用等級對召回主動度的影響較小，而來自消費者方面因素的影響最弱。

3.4　基於模糊多屬性召回主動度的評價建模

練嵐香等人利用模糊多屬性綜合評價理論建立汽車製造商主動度評價

模型。

3.4.1 影響因素模糊量的確定

汽車製造商的召回主動度是一個模糊概念，無法用精確數字來表示，可以用模糊語言進行評價，比如極小、小、一般、大、極大五級表示。汽車召回主動度的影響因子是區間數，部分是確定的數值，而有些則沒有明確的界限。因此，利用模糊數來表示這些屬性，建立這些屬性的模糊隸屬度之後，再利用模糊多屬性的決策方法來完成汽車製造商召回主動度的評價。

要進行評價，首先要建立各決策因素的模糊隸屬度函數，進而利用評價模型，得出汽車製造商召回主動度數值。

根據歷史數據和經驗值，綜合分析來自汽車缺陷本身屬性、汽車製造商、消費者和政府方面的因素對汽車製造商主動召回的影響。分析了諸因素對召回主動度的影響關係之後，再對這些因素進行專家評分，最後確定每個因素的隸屬函數。

製造商的國籍對汽車製造商召回主動度的影響是，由於物流成本、4S店的覆蓋面等原因，國外的汽車製造商的召回成本高於國內製造商的召回成本，因此，國外製造商召回主動度低於國內製造商的召回主動度。但是目前中國的汽車召回制度不完善，國外製造商、國外同類產品也會受缺陷風險的影響，因此會召回中國境內的缺陷汽車。然而，中國境內的汽車製造商在管理和經濟上都不太能應對召回產生的影響，因此對汽車召回的慾望較低。這裡，沒有給出隸屬函數。

信譽等級與汽車製造商召回主動度呈正比的關係。汽車製造商的信譽等級越高，則對品牌的聲譽越看重，且召回的實力也越強；信譽等級越低的汽車製造商，應對召回的能力越低，因此主動召回的慾望也越低。這裡，沒有給出隸屬函數。

汽車使用年限與汽車製造商召回主動度呈反比的關係。汽車使用年限越長，則製造商的主動召回慾望越低，使用年限越短，汽車製造商的主動召回慾望越強。

使用年限的隸屬函數如圖3-4所示。

图 3-4 使用年限的隶属函数

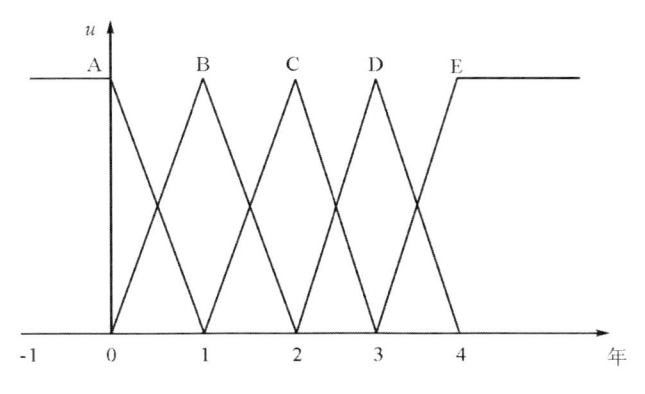

使用年限的隶属函数如下：

$$\mu(A) = \begin{cases} 1, & x \leq 0 \\ 1-x, & 0 < x \leq 1 \\ 0, & 其他 \end{cases} \quad \mu(B) = \begin{cases} x, & 0 < x \leq 1 \\ 2-x, & 1 < x \leq 2 \\ 0, & 其他 \end{cases}$$

$$\mu(C) = \begin{cases} x-1, & 1 < x \leq 2 \\ 3-x, & 2 < x \leq 3 \\ 0, & 其他 \end{cases} \quad \mu(D) = \begin{cases} x-2, & 2 < x \leq 3 \\ 4-x, & 3 < x \leq 4 \\ 0, & 其他 \end{cases}$$

$$\mu(E) = \begin{cases} 0, & 其他 \\ x-3, & 3 < x \leq 4 \\ 1, & x > 4 \end{cases}$$

汽车的严重等级与汽车制造商召回主动度呈正比的关系。汽车的严重等级越大，汽车制造商的主动召回欲望越大。

缺陷危险的隶属函数如下：

$$\mu(A) = \begin{cases} 1, & x \geq 9 \\ \dfrac{x-7}{2}, & 7 \leq x < 9 \\ 0, & x < 7 \end{cases} \quad \mu(B) = \begin{cases} \dfrac{x-5}{2}, & 5 \leq x \leq 7 \\ \dfrac{9-x}{2}, & 7 < x < 9 \\ 0, & x < 5 \end{cases}$$

$$\mu(C) = \begin{cases} \dfrac{x-3}{2}, & 3 \leq x < 5 \\ \dfrac{7-x}{2}, & 5 \leq x < 7 \\ 0, & x < 3 \end{cases} \quad \mu(D) = \begin{cases} \dfrac{x-1}{2}, & 1 \leq x \leq 3 \\ \dfrac{5-x}{2}, & 3 < x \leq 5 \\ 0, & 其他 \end{cases}$$

$$\mu(E) = \begin{cases} 0, & x \geq 3 \\ \dfrac{3-x}{2}, & 1 < x < 3 \\ 1, & x \leq 1 \end{cases}$$

缺陷危險的隸屬函數如圖 3-5 所示。

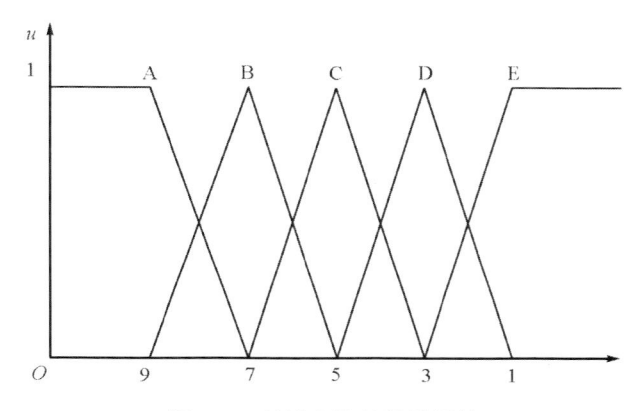

圖 3-5 缺陷危險的隸屬函數

汽車的召回數量與汽車製造商召回主動度呈反比的關係。汽車召回數量越大，則製造商明顯缺乏主動召回的積極性；數量越少，則召回的主動度越大。

召回涉及車輛數的隸屬函數如下：

$$\mu(A) = \begin{cases} 1, & x < 500 \\ \dfrac{1,000 - x}{500}, & 500 \leq x < 1,000 \\ 0, & 其他 \end{cases} \quad \mu(B) = \begin{cases} \dfrac{x - 500}{500}, & 500 < x \leq 100 \\ \dfrac{5,000 - x}{3,000}, & 2,000 \leq x \leq 5,000 \\ 1, & 1,000 \leq x < 2,000 \\ 0, & 其他 \end{cases}$$

3　汽車製造商的召回主動度分析 | 83

$$\mu(C) = \begin{cases} \dfrac{x-2,000}{3,000}, & 2,000 \leq x \leq 5,000 \\ \dfrac{10,000-x}{2,000}, & 8,000 < x < 10,000 \\ 1, & 5,000 \leq x < 8,000 \\ 0, & 其他 \end{cases}$$

$$\mu(D) = \begin{cases} \dfrac{x-8,000}{2,000}, & 8,000 \leq x \leq 10,000 \\ \dfrac{100,000-x}{5,000}, & 50,000 \leq x < 100,000 \\ 1, & 10,000 \leq x < 50,000 \\ 0, & 其他 \end{cases}$$

$$\mu(E) = \begin{cases} 0, & 其他 \\ \dfrac{x-50,000}{50,000}, & 50,000 < x < 100,000 \\ 1, & x \geq 500,000 \end{cases}$$

召回涉及車輛數的隸屬函數如圖 3-6 所示。

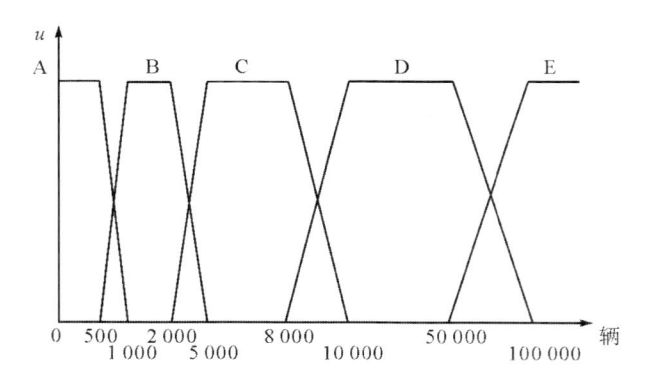

圖 3-6 召回涉及車輛數的隸屬函數

更換單件成本與汽車製造商召回主動度呈反比的關係。汽車缺陷部件的單件更換成本越大，則製造商的召回主動性就越小；而缺陷部件的單件更換成本越小，製造商的召回主動性越大。

更換單件零部件成本占整車比的隸屬函數如下：

$$\mu(A) = \begin{cases} 1, & x \leq 0.1\% \\ \dfrac{1\% - x}{0.9\%}, & 0.1\% < x \leq 1\% \\ 0, & 其他 \end{cases} \quad \mu(B) = \begin{cases} \dfrac{x - 0.1\%}{0.9\%}, & 0.1\% < x \leq 1\% \\ \dfrac{2\% - x}{1\%}, & 1\% < x \leq 2\% \\ 0, & 其他 \end{cases}$$

$$\mu(C) = \begin{cases} \dfrac{x - 1\%}{1\%}, & 1\% \leq x \leq 2\% \\ \dfrac{5\% - x}{3\%}, & 2\% < x \leq 5\% \\ 0, & 其他 \end{cases} \quad \mu(D) = \begin{cases} \dfrac{x - 2\%}{3\%}, & 2\% < x \leq 5\% \\ \dfrac{10\% - x}{5\%}, & 5\% < x \leq 10\% \\ 0, & 其他 \end{cases}$$

$$\mu(E) = \begin{cases} 0, & 其他 \\ \dfrac{x - 5\%}{5\%}, & 5\% < x \leq 10\% \\ 1, & x > 10\% \end{cases}$$

更換單件零部件成本占整車比的隸屬函數如圖 3-7 所示。

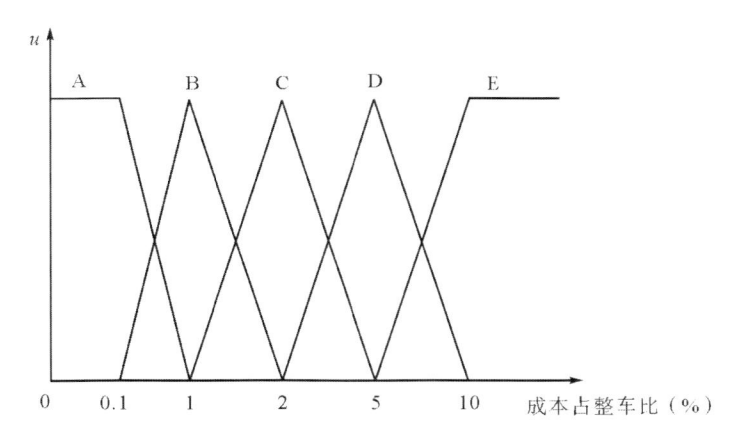

圖 3-7　更換單件零部件成本占整車比的隸屬函數

汽車投訴數量與汽車製造商召回主動度成正比的關係。汽車缺陷的投訴數量越大，預示著缺陷的發生概率就越大，或者缺陷的發生條件越容易滿足，且因為投訴數量越多，在社會上產生的效應也越大，製造商綜合考慮這些因素，更願意進行主動召回；而投訴量比較少時，汽車製造商可能會採取沉默方式來解決，因此主動召回的慾望也越低。

投訴數量的隸屬函數如下：

$$\mu(A) = \begin{cases} 0, \text{其他} \\ \dfrac{x-80}{72}, 80 \leq x < 152 \\ 1, x \geq 152 \end{cases} \quad \mu(B) = \begin{cases} \dfrac{x-50}{30}, 50 \leq x \leq 80 \\ \dfrac{152-x}{72}, 80 < x \leq 152 \\ 0, \text{其他} \end{cases}$$

$$\mu(C) = \begin{cases} \dfrac{x-34}{16}, 34 \leq x \leq 50 \\ \dfrac{80-x}{30}, 50 < x \leq 80 \\ 0, \text{其他} \end{cases} \quad \mu(D) = \begin{cases} \dfrac{x-10}{24}, 10 \leq x \leq 34 \\ \dfrac{50-x}{16}, 34 < x < 50 \\ 0, \text{其他} \end{cases}$$

$$\mu(E) = \begin{cases} 1, x \leq 10 \\ \dfrac{10-x}{24}, 10 < x \leq 34 \\ 0, \text{其他} \end{cases}$$

投訴數量的隸屬函數如圖 3-8 所示。

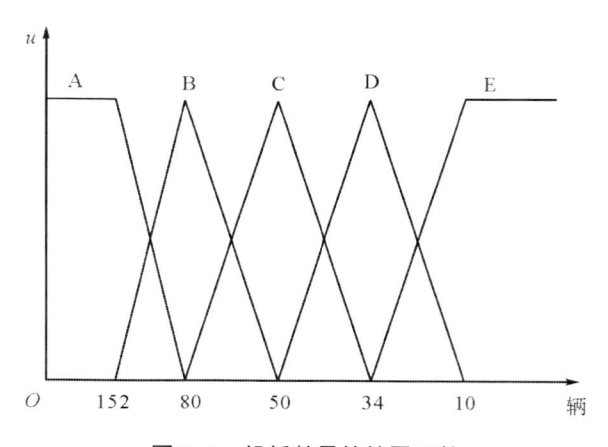

圖 3-8 投訴數量的隸屬函數

汽車召回的回應成本與汽車製造商召回主動度呈正比的關係。汽車消費者的汽車召回回應成本越高，汽車消費者則會在產生的收益和成本之間衡量，因此會降低召回回應率，召回的回應車輛少了，製造商的成本就會在一定程度上降低，主動召回的慾望就會提高。如果召回的回應成本低，則汽車製造商的付出成本高，主動召回的慾望自然就降低了。

回應召回的隸屬函數如下：

$$\mu(A) = \begin{cases} 1, & x \leq 1 \\ 2-x, & 1 < x \leq 2 \\ 0, & 其他 \end{cases} \quad \mu(B) = \begin{cases} x-1, & 1 \leq x \leq 2 \\ \dfrac{5-x}{3}, & 2 < x \leq 5 \\ 0, & 其他 \end{cases}$$

$$\mu(C) = \begin{cases} \dfrac{x-2}{3}, & 2 \leq x \leq 5 \\ \dfrac{10-x}{5}, & 5 < x \leq 10 \\ 0, & 其他 \end{cases} \quad \mu(D) = \begin{cases} \dfrac{x-5}{5}, & 5 \leq x \leq 10 \\ \dfrac{30-x}{20}, & 10 < x \leq 30 \\ 0, & 其他 \end{cases}$$

$$\mu(E) = \begin{cases} \dfrac{x-10}{20}, & 10 \leq x < 30 \\ 1, & x \geq 30 \\ 0, & 其他 \end{cases}$$

回應召回的隸屬函數如圖 3-9 所示。

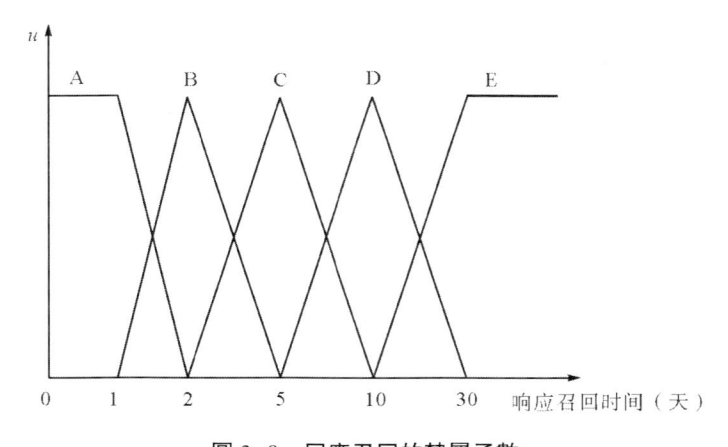

圖 3-9 回應召回的隸屬函數

懲罰金額與汽車製造商召回主動度呈正比的關係。政府對違規汽車製造商實行一定的懲罰措施，懲罰力度越大，汽車製造商的違規成本越高，所付出的代價就越大，因此召回的主動度就越大。當政府對違規汽車製造商的懲罰金額很低時，對於財力相對雄厚的汽車企業來說，猶如九牛一毛，相對於龐大的召回成本來說，更是微不足道，因此其召回的主動度相對就更低。

懲罰金額的隸屬函數如下：

$$\mu(A) = \begin{cases} 0, \text{其他} \\ \dfrac{x-100}{900}, 100 \leq x < 1{,}000 \\ 1, x \geq 1{,}000 \end{cases} \quad \mu(B) = \begin{cases} \dfrac{x-50}{50}, 50 \leq x \leq 100 \\ \dfrac{1{,}000-x}{900}, 100 < x \leq 1{,}000 \\ 0, \text{其他} \end{cases}$$

$$\mu(C) = \begin{cases} \dfrac{x-10}{40}, 10 \leq x \leq 50 \\ \dfrac{100-x}{50}, 50 < x \leq 100 \\ 0, \text{其他} \end{cases} \quad \mu(D) = \begin{cases} \dfrac{x-5}{5}, 5 \leq x \leq 10 \\ \dfrac{50-x}{40}, 10 < x < 50 \\ 0, \text{其他} \end{cases}$$

$$\mu(E) = \begin{cases} 1, x \leq 5 \\ \dfrac{10-x}{5}, 5 < x \leq 10 \\ 0, \text{其他} \end{cases}$$

懲罰金額的隸屬函數如圖 3-10 所示。

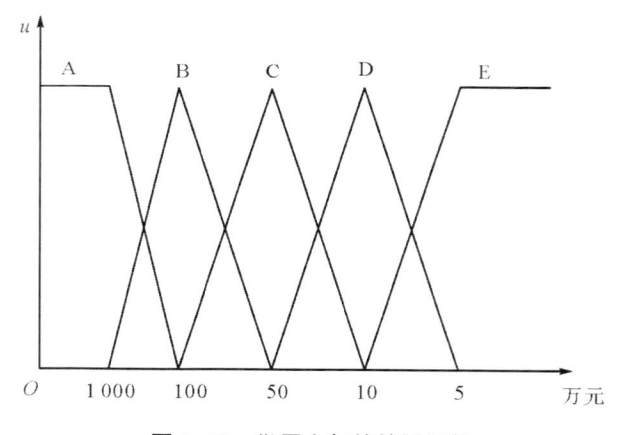

圖 3-10　懲罰金額的隸屬函數

　　執法強度與汽車製造商召回主動度呈正比的關係。政府對汽車製造商從行業標準、商業標準進行法律約束，且法律的懲罰力度越大，對汽車製造商的約束力就越大，因此主動召回的慾望也就越大，反之，汽車製造商的主動召回慾望就越低。執法強度的隸屬函數如圖 3-11 所示。

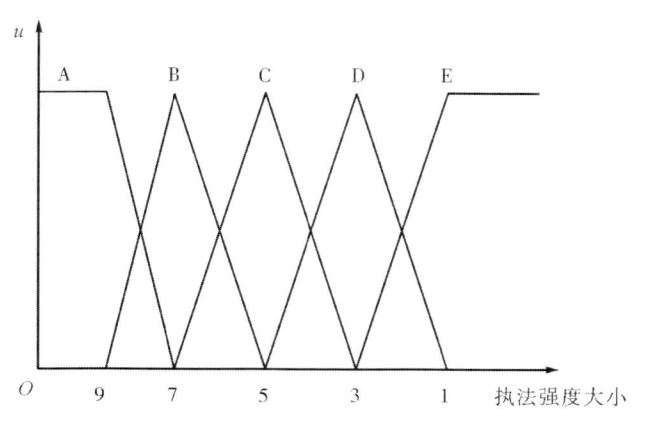

圖 3-11　執法強度的隸屬函數

3.4.2　基於模糊多屬性汽車製造商召回主動度的評價模型

在設定了各屬性的隸屬度函數後，對這些隸屬函數進行汽車製造商召回主動度的量化評價。在對汽車製造商召回主動度進行評價時，確定評價對象為缺陷汽車的製造商的召回主動度，評價因子的隸屬函數前面已經給出。

評價目標為：汽車召回主動度。評價的級別為五級：極大、大、中等、小、極小，評語論域為 {極大，大，中等，小，極小}，對應的分值為 V = {A，B，C，D，E}。這些模糊隸屬度的取值根據指標對召回主動度的影響來進行。

汽車製造商召回主動度的影響因素是兩級因素，因此，這是一個多層次的模糊多屬性評價的問題，得到汽車製造商召回主動度的評價模型如下：

$$B_i = C_i \cdot R_{2i} \quad (3-1)$$
$$A = B \cdot R_i \quad (3-2)$$

根據式（3-1）和式（3-2）進行汽車製造商的主動度的評價。其中，C_i 為第一級中第 i 個因子的下屬各因子的權重分配，R_{2i} 為第 i 個單因素矩陣，B 為目標評價層的影響因子的權重分配，$R_1 = [B_1 \quad B_2 \quad B_3 \quad B_4]$ 是一個轉置矩陣。

汽車製造商召回主動度的二級評價的模糊多屬性評價的框架如圖 3-12 所示。

利用所建立的汽車製造商召回主動度的二級評價模型可以進行汽車製造商召回主動度的量化評價，為預測汽車製造商召回主動度提供了參考。

图 3-12 二級評價模型

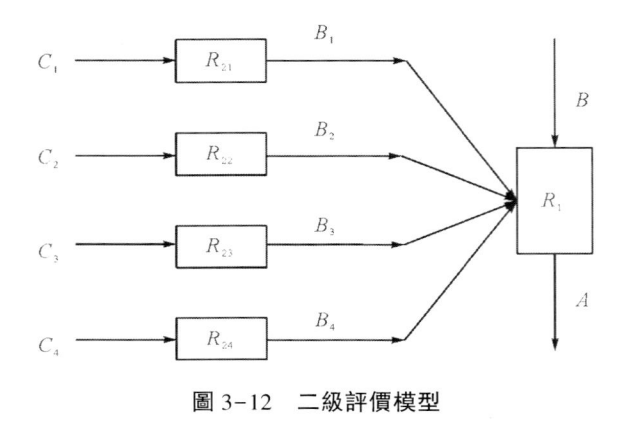

3.5 主動度評價模型在召回事件分析中的應用實例

練嵐香等人[①]以日本豐田公司的「加速腳踏門事件」來進行分析，對日本豐田公司這次事故的召回主動度進行評價。日本在 2005 年左右發現了豐田的部分車出現了加速腳踏板粘滯現象，直到 2009 年 1 月才真正開始對加速腳踏板設計缺陷車進行召回。此次召回的缺陷汽車，在高速行駛時，車輛失控，造成多起交通事故，涉及車輛達到 800 多萬輛。如果進行加速腳踏板的更換，每輛車成本在 1,000 元左右，加上人力成本，為 2,000 元左右，因此，更換缺陷部件的單件成本為整車價格的 1%左右。投訴數量為 1,800 多起。日本的車企，對美國和中國來說都是國外的企業。日本豐田公司的信譽等級由 A+變為 A 級。在美國的處罰金額為 46 億美元，而在中國只有 3 萬元人民幣。美國的執法強度極高，而中國的執法強度為極弱。

對豐田公司就加速腳踏板事件的汽車召回主動度進行評價，如表 3-8 所示。

---

① 練嵐香，高利，胡春松. 中國汽車召回的管理決策分析 [M]. 北京：北京理工大學出版社，2014.

表 3-8　　汽車製造商召回主動度影響因素等級分類表

因素	等級				
	A	B	C	D	E
使用年限（D11）	0	0	0	0	1
危險等級（D12）	1	0	0	0	0
召回數量（D13）	0	0	0	0	1
更換成本（D14）	0	1	0	0	0
投訴數量（D21）	0	0	0	0	1
回應成本（D22）	0	1	0	0	0
國籍（D31）	1	0	0	0	0
信用等級（D32）	0	0	0	1	0
懲罰金額（D41）	1	0	0	0	0
執法強度（D42）	1	0	0	0	0

召回主動度計算如下：

$$B_1 = C_1 \times R_{21}$$

$$= (0.273,6,\ 0.174,4,\ 0.429,1,\ 0.122,9) \times \begin{bmatrix} 0 & 0 & 0 & 0 & 1 \\ 1 & 0 & 0 & 0 & 0 \\ 0 & 0 & 0 & 0 & 1 \\ 0 & 0 & 0 & 1 & 0 \end{bmatrix}$$

$$= (0.174,4\quad 0\quad 0\quad 0.122,9\quad 0.429,1)$$

$$B_2 = C_2 \times R_{22}$$

$$= (0.598,7,\ 0.401,3) \times \begin{bmatrix} 0 & 0 & 0 & 0 & 1 \\ 0 & 1 & 0 & 0 & 0 \end{bmatrix}$$

$$= (0\quad 0.401,3\quad 0\quad 0\quad 0.598,7)$$

$$B_3 = C_3 \times R_{23}$$

$$= (0.231,5,\ 0.768,5) \times \begin{bmatrix} 1 & 0 & 0 & 0 & 0 \\ 0 & 0 & 0 & 1 & 0 \end{bmatrix}$$

$$= (0.231,5\quad 0\quad 0\quad 0.768,5\quad 0)$$

$$B_4 = C_4 \times R_{24}$$

$$= (0.768,5,\ 0.231,5) \times \begin{bmatrix} 1 & 0 & 0 & 0 & 0 \\ 1 & 0 & 0 & 0 & 0 \end{bmatrix}$$

$$= (0.768,5 \quad 0 \quad 0 \quad 0 \quad 0)$$
$$A = B \times R_1$$
$$= (0.243,4 \quad 0.081,9 \quad 0.209,5 \quad 0.466,2) \times \begin{pmatrix} 0.174,4 & 0 & 0 & 0.122,9 & 0.429,1 \\ 0 & 0.401,3 & 0 & 0 & 0.598,7 \\ 0.235,1 & 0 & 0 & 0.768,5 & 0 \\ 0.768,5 & 0 & 0 & 0 & 0 \end{pmatrix}$$
$$= (0.466,2 \quad 0.081,9 \quad 0 \quad 0.209,5 \quad 0.243,4)$$

因此，在美國，豐田汽車召回主動度為 A 級，即召回主動度最大，表示豐田汽車在美國對加速腳踏板缺陷汽車的召回慾望很強。

政府對汽車製造商違規的處罰金和製造商的召回概率有很大關係，當處罰金越大，召回概率就越大；如果處罰金太小，則在實際中就表現為製造商主動召回惰性很大，寧可承受不召回所造成的違規成本，也不願意主動召回。懲罰成本在一定程度上決定了汽車製造商的策略選擇。美國、日本以及歐洲用法律形式對汽車召回進行了約束，如果汽車製造商不對缺陷汽車推行召回，將面臨高額的罰款，甚至還要面臨更加嚴重的處罰，如禁售或退市。2004 年才開始進行汽車召回制度，對汽車製造商進行約束的《缺陷汽車召回產品召回管理條例》於 2013 年 1 月 1 日才開始實行，中國對違規車企的懲罰力度不夠，金額僅為 1 萬~3 萬元。中國汽車召回的違規成本低，導致外國車企在召回時，屢屢忽略中國汽車市場。

中國政府對汽車製造商的懲罰金額非常小，對於財力雄厚的汽車製造企業來說如九牛一毛，中國政府的執法力度很弱，這使得在同等情況下，汽車製造商的召回主動度在不同的國家會呈現出完全不同的級別，這也就解釋了為什麼同一起國際召回事件，國內外會有不同的召回措施，中國往往被當作特例，以「不召回」的形式來處理。

同樣，以豐田的加速腳踏門事件為例，其他條件一樣，只是政府對製造商的違規懲罰金額極小，執法很弱，體現在矩陣上，其計算結果有些不同，如下所示：

$$B_4 = C_4 \times R_{24}$$
$$= (0.768,5, \ 0.231,5) \times \begin{pmatrix} 0 & 0 & 0 & 0 & 1 \\ 0 & 0 & 0 & 0 & 1 \end{pmatrix}$$
$$= (0 \quad 0 \quad 0 \quad 0 \quad 0.768,5)$$

因此，最好的召回主動度的評價結果為
$$A = B \times R_1$$

$$= (0.243,4 \quad 0.081,9 \quad 0.209,5 \quad 0.466,2) \times \begin{pmatrix} 0.174,4 & 0 & 0 & 0.122,9 & 0.429,1 \\ 0 & 0.401,3 & 0 & 0 & 0.598,7 \\ 0.235,1 & 0 & 0 & 0.768,5 & 0 \\ 0 & 0 & 0 & 0 & 0.768,5 \end{pmatrix}$$

$$= (0 \quad 0.081,9 \quad 0 \quad 0.209,5 \quad 0.466,2)$$

由以上可見，召回的主動度為 E 級，召回的主動度很小，即汽車製造商召回的慾望很低。這個結果跟前面的結果進行比較，可見，政府的懲罰金額和執行力度小的時候，對汽車製造商的召回主動度影響很大，可能會改變最終的評價結果。當然，考慮到中國的情況，官方媒體力量非常強大，如果考慮到以上因素，這個結論就不一定成立。政府執法力度和媒體力量在召回過程中的作用需要進一步進行研究。

3.6 本章小結

本章通過分析汽車製造商的召回主動程度，瞭解企業召回的意願，從而為政府的缺陷調查和召回策略決策提供重要參考信息。如果通過分析得出企業的召回主動度高，就可以關閉或者暫停缺陷調查，從而減少缺陷的調查時間，降低缺陷的調查費用，提高召回效率和效益。本章給出了汽車製造企業召回主動度的概念，分析影響汽車召回主動度的因素，在此基礎上給出了評價指標體系和模糊評價模型，最後進行了案例分析。

第 4 章 缺陷汽車產品召回預期效益評估體系

4.1 指標設計原則

　　缺陷汽車產品召回通常涉及的是重大的召回事件，涉及面廣，影響工作面大，社會影響大，涉及產品數量多，銷售時間長，價格高，產品危害大，容易造成重特大交通事故，產生嚴重的人身傷害和重大的財產損失，也容易造成很大的輿論影響。因此，國家對於缺陷汽車產品召回特別重視，由國家質檢總局出面在國家層面建立了專門的汽車缺陷產品召回制度和管理機構，由國家直接管理和省局配合的方式進行召回管理。而消費品是由各省局進行召回，只需向國家質檢總局備案。同時，由於汽車是家庭的重要家產，國家有嚴格的汽車保險等嚴格的管理制度，產品通常在銷售時都是實名登記客戶信息，企業掌握了客戶聯繫方式及分佈等詳細信息，在召回過程中容易準確通知到每個客戶。

　　缺陷汽車召回前的綜合效益，就是政府預期的收益，包括經濟效益和社會效益。經濟效益主要從可能避免的消費者損失角度進行評價，社會效益主要是消除對消費者的人身和財產的潛在危害因素，消除社會的不良輿論影響，減少和降低消費者對汽車產品的不滿。當然，還包括提高產品質量和群眾對政府的滿意度。但是，後面這一點在單個召回事件中不好量化。因此，本章對此不予以考慮。

　　缺陷產品召回是政府監管產品安全和調節市場經濟活動的重要方式，召回效果評價需要從政府監管視角出發，提出一套適用於政府評價缺陷產品召回效果的科學評價體系，能為政府監管部門評估召回效果和做出決策提供借鑑和參考。

梁新元等人提出了作為召回效果評價指標設計的原則[①]：第一，評價指標設計的主體是政府，不能將主體和客體混淆。當站在企業角度來決定是否進行召回以及如何進行召回時，需要考慮企業的召回成本、信譽度、消費者購買意願等方面的影響。評價指標應該考慮消費者的損失和滿意度。第二，指標體系的設計不能太宏觀，不能只有召回率指標，也不能太微觀，造成工作量巨大。第三，召回效果評價對象要清楚，到底是考核政府的召回業績還是單個召回事件的效果；如果是考慮政府績效，可以考慮挽回經濟損失、召回數量、批次、社會誠信度、消費者幸福度、政府監管能力、消費者缺陷判斷能力等指標；如果考慮單個召回事件，主要針對企業作為召回主體的單個召回事件中召回實施效果的評價，這樣會有很好的可操作性，既便於監管又便於執行評價。第四，指標的設計要按照定性和定量相結合的原則，定性與定量要相輔相成。不能全是定性指標，也不能全是定量指標，可以考慮大部分指標設計為定量指標，少部分指標為定性指標。第五，既要考慮科學性，又要考慮可操作性。因此，指標不適宜設計過多、過細，也不適宜設計過粗。設計的指標要容易量化，指標需要的數據要比較容易獲得。第六，指標的設計既要考慮經濟效益，又要考慮社會效益。既要考慮召回挽回的損失和企業的召回成本，又要考慮召迴避免的人身和財產傷害。指標設計要堅持公平原則和公共利益原則。

4.2 指標體系

根據召回效果評價指標設計的原則，預期效益評估從政府和消費者兩個角度進行評價，不從企業角度進行評價。

根據以上分析，得到缺陷汽車產品召回前綜合效益評估的評價指標體系，如表4-1所示。

[①] 梁新元，王洪建，陳雄，等. 缺陷消費品召回效果評估的研究綜述［J］. 現代管理，2018，8（6）：673-680.

表 4-1　　缺陷汽車產品召回前綜合效益評估的評價指標

目標層：缺陷汽車產品召回前的綜合效益（A）

準則層	方案層	指標層（編碼）	指標類型
政府角度（B1）	缺陷危險的風險等級（C1）	缺陷危險的嚴重性等級（D11）	定性
		缺陷危險的可能性等級（D12）	定性
	召回前網路輿情情況（C2）	網路信息總數（D21）	定量
		監控網站覆蓋率（D22）	定量
		態度傾向（D23）	定性
		時間延續（D24）	定量
消費者角度（B2）	召回的經濟性（C3）	維修成本（D31）	定量
		因人身財產傷害的經濟損失（D32）	定量
		因潛在危害造成的經濟損失（D33）	定量
	消費者投訴量（C4）	電話投訴量（D41）	定量
		網站投訴量（D42）	定量
		信件投訴量（D43）	定量

　　現在給出缺陷汽車產品召回前綜合效益評估的評價指標體系中的指標權重，如表 4-2 所示。表中最右邊的指標權重表示指標層在整個評價體系中的權重，例如，維修成本（D31）對整個評估的影響權重是 0.168,0。各指標的下級指標權重之和為 100%，例如，C2 的各個下級指標 D21、D22、D23 和 D24 在 C2 指標內部的權重分別是 30%、30%、20%、20%，這些指標的權重之和為 100%；C2 在上級指標 B1 中的權重是 40%。

表 4-2　　缺陷汽車產品召回前綜合效益評估中各指標的影響權重

目標層：缺陷汽車產品召回前的綜合效益（A）

準則層	方案層	指標層（權重）	權重
政府角度（60%）	缺陷危險的風險等級（60%）	缺陷危險的嚴重性等級（50%）	0.180,0
		缺陷危險的可能性等級（50%）	0.180,0
	召回前網路輿情情況（40%）	網路信息總數（30%）	0.072,0
		監控網站覆蓋率（30%）	0.072,0
		態度傾向（20%）	0.048,0
		時間延續（20%）	0.048,0

表4-2(續)

準則層	方案層	指標層（權重）	權重
消費者角度（40%）	召回的經濟性（70%）	維修成本（60%）	0.168,0
		因人身財產傷害的經濟損失（10%）	0.028,0
		因潛在危害造成的經濟損失（30%）	0.084,0
	消費者投訴量（30%）	電話投訴量（40%）	0.048,0
		網站投訴量（40%）	0.048,0
		信件投訴量（20%）	0.024,0

4.3 指標含義與計算方法

由於召回產品的主體是企業，評價召回前的綜合效益是從政府和消費者兩個角度進行評價，因此將政府角度（B1）和消費者角度（B2）作為指標體系的一級指標，即準則層。政府角度就是政府關注的社會效益，主要是消除缺陷的危害和讓社會滿意。消費者角度就是站在消費者立場，主要關注經濟效益和服務的不滿意程度（投訴情況）。

方案層，就是二級指標，政府角度（B1）包括缺陷危險的風險等級（C1）和召回前網路輿情情況（C2）共2個二級指標。消費者角度（B2）包括召回的經濟性（C3）和消費者的投訴（C4）共2個二級指標。

接下來，主要解釋三級指標的含義及其計算方法。為了便於理解，所有的三級指標都盡量按百分制打分。

4.3.1 缺陷危險的風險等級

缺陷危險的風險等級（C1）主要評價產品缺陷危險程度，主要從缺陷危險的嚴重性等級（D11）和缺陷危險的可能性等級（D12）共2個三級指標進行評價。風險評估矩陣如表4-3所示。

表 4-3　　　　　　　　　　　　　風險評估矩陣

可能性	嚴重性				
	低	較低	中	較高	高
低	1	2	2	3	3
較低	2	2	3	3	4
中	2	3	3	4	4
較高	3	3	4	4	5
高	3	3	4	5	5

　　缺陷危險的風險是表示汽車產品缺陷對消費者人身和財產安全的威脅程度，通常採用5個等級來表示，分別從嚴重性和可能性兩個方面進行評價。風險水準通常是在確定缺陷風險的嚴重性等級和可能性等級的基礎上，通過查詢風險評估矩陣確定風險水準等級。風險矩陣一般是二維的，對於每一種被識別的危險，為每個參數選擇一個等級。矩陣單元是兩個參數相對應的行和列的交叉點，其內容給出了對被識別危險狀態的風險水準的評價。風險水準等級分為五級：高（第5級）、較高（4級）、中（第3級）、較低（第2級）、低（第1級）。矩陣中的元素值就是缺陷危險的風險等級。

　　缺陷危險的風險等級（C1）、缺陷危險的嚴重性等級（D11）和缺陷危險的可能性等級（D12）這3個指標在風險評估部分實現評估，因此這部分直接使用第2章給出的風險評估結論。在缺陷調查的工作研判、專家研判和集中研判3個主要階段都可以給出汽車產品缺陷風險的嚴重性等級、可能性等級和風險等級。因此，這三個階段都可以採用本章的評價體系對預期的召回效益進行分階段評價，尤其是各缺陷調查的3個主要階段的汽車產品缺陷風險等級差異較大時，是非常有必要進行分階段評價的。當然，如果差異很小，甚至基本相同時，就只需要在其中一個階段進行綜合評價。但是最好能在工作研判階段進行評價，以便於為下一步的召回工作提供指導。事實上，如果在3個缺陷調查階段中，本評價表中任何指標涉及影響數據有較大變化，都有必要重新進行評估。

　　表4-4中給出了嚴重性等級和可能性等級對應的評分標準。缺陷危險的嚴重性等級（D11）和缺陷危險的可能性等級（D12）這2個指標的評分依據表4-4進行。計算出這兩指標的評分後，就能得到缺陷危險的風險等級（C1）的評分。

表 4-4　　　　　　　　　缺陷風險項目評分標準

風險項目	等級（評分）				
	I	II	III	IV	V
缺陷危險的嚴重性等級（D11）	0~20 分	20~40 分	40~60 分	60~80 分	80~100 分
缺陷危險的可能性等級（D12）	0~20 分	20~40 分	40~60 分	60~80 分	80~100 分
缺陷危險的風險等級（C1）	0~20 分	20~40 分	40~60 分	60~80 分	80~100 分

4.3.2　召回前的網路輿情情況

輿情是社會人群對社會現象、問題，表達自己態度、意見、情緒、觀念等表現的綜合反應。在缺陷汽車產品召回前的預期社會效益評估中，輿情發揮著非常重要的作用。輿情發揮的作用包括：①輿情傳播越廣越能加快信息在消費者中的傳遞速度，表示民眾對產品的召回關注人數越多，關注程度越高；②輿情信息中，消費者對召回事件的態度可以幫助政府和生產者瞭解產品存在的問題，即通過調查召回前輿情的語義傾向性可判斷召回前的消費者態度；③輿情信息持續的時間長短可以反應出事件持續發酵的程度。

政府通過輿情態勢把握召回事件的社會影響是非常有價值的。總體上，產品缺陷的召回事件對社會影響越大，說明召回的預期社會效益越大，召回的必要性也越大，召回的緊迫性也越強。但輿情對預期召回效益的影響很難用簡單的好或不好來進行概括，它含有多種屬性，這些屬性分別從不同的角度反應了主體，又帶有一定程度的模糊性，因此採用模糊數學的方法進行綜合評價，將更接近於主體的真實情況。在缺陷產品召回的預期社會效益的網路輿情調查中，我們可以通過搜索輿情監測系統的關鍵字（如「具體產品名稱」「召回」等）來實現對所需輿情數據的採集工作。關於如何刻畫輿情數據與缺陷產品召回預期效益之間的關係，我們則需要借助於模糊數學對事物進行綜合評判。

召回前網路輿情情況（C2）主要評估召回前網路對於汽車失效、故障等的反應，主要通過網路信息總數（D21）、監控網站覆蓋率（D22）、態度傾向（D23）和時間延續（D24）共 4 個三級指標來反應。由於汽車產品召回通常是影響很大的召回事件，因此研究者用了 4 個指標來評價網路輿情情況。監控網站覆蓋率、網路信息總數、時間延續這三個二級指標直接通過網路數據採集後統計計算得到。態度傾向性則需要對輿情信息所持觀點進行判斷分類。因選

取的指標數較少（數量小於9），準則層不做分層處理，應構建層次結構模型。

召回實施前，網路輿情量化的最終目的在於，通過量化值對輿情的態勢做出準確評價。為了能合理反應網路輿情的安全態勢並清晰地區分各個等級，本章將召回實施前的網路輿情信息分為五個等級，具體如表4-5所示。召回前的網路輿情情況（C2）值越大表示輿情對汽車失效或故障事件的影響越大，社會對於召回事件的關注度越高，社會影響越大，實施召回的預期社會效益越大，召回的必要性越大，召回的緊迫性越強。反之，輿情評分越低，等級越低，召回的必要性越低，召回的緊迫性越弱。

表4-5　　　　　　　　　　網路輿情信息評判等級

安全等級	評語	賦值（分）
1	安全	0~20
2	較安全	21~40
3	臨界	41~60
4	較危險	61~80
5	危險	81~100

（1）網路信息總數

網路信息總數（D21）表示所有輿情的信息總數、累計網路信息條數，包括貼吧、博客、微博、微信、轉發、跟帖等。信息數量越多，說明關注的人越多，社會影響越大，實施召回的預期社會效益越好，召回的必要性越大。

接下來，對網路信息總數（D21）進行評分，採用分段線性函數進行計算。為了便於進行以下討論，設定一個網路信息總數的基準值，這個基準值對應的評分為100分。考慮到輿情對社會風險的影響，設定一個網路信息總數的最大值作為警戒值，一旦超出警戒值就要啟動專家研判或相應的應急預案，就不是僅僅進行評分而已。設定一個網路信息總數的最小值作為報警值，一旦超出報警值就要啟動缺陷評估的研判工作，進行本部分的預期效益評估，對輿情情況進行監控。因此這個值可以被稱為啟動值或者最小值。為了便於輿情監控，需要確定網路信息總數的一些關鍵控制值，如表4-6所示。考慮到汽車召回影響很大，確定一個網路信息總數的基準值，比如20,000條，標準分為100分，超過這個基準值就是100分；確定一個最大網路信息總數，例如100,000條，超過這個最大值就報警；確定一個最小網路信息總數，例如13,000條，超過這個最小值就啟動召回評估。當然，這些值需要經過對歷史召回數據進行

統計分析才能得出科學的數據值，才能在召回實踐中應用。

表 4-6　　　　　　　　　網路信息總數的關鍵控制值

值的類別	基準值	最大值/報警值	最小值/啟動值
網路信息總數（條）	20,000	100,000	13,000
處理策略	評 100 分	啟動報警	啟動召回評估

為了便於工作人員選擇，這裡提供 3 種方法進行評分：2 段線性函數、3 段線性函數和多段線性函數。工作人員可以根據召回實際情況選擇相應的方法，甚至調整相應的參數值。

①2 段線性函數

採用 2 段線性函數來實現對網路信息總數（D21）的評分。2 段線性函數最簡單，工作人員容易理解，計算方便，操作簡潔，信息系統也容易實現。

網路信息總數為 0~20,000 條的評分為 0~100 分，計算公式為：評分 = 100×網路信息總數/網路信息總數的基準值，即評分 = 100×網路信息總數/20,000，其中網路信息總數大於或等於 20,000 條評 100 分。也就是說，網路信息總數（D21）的評分方法採用公式（4-1）進行。

$$d_{21} = \begin{cases} 100 \times \dfrac{x}{20,000}, & x < 20,000 \\ 100, & x \geq 20,000 \end{cases} \quad (4-1)$$

其中，x 表示網路信息總數，單位是條數。

②3 段線性函數

採用 3 段線性函數來實現對網路信息總數（D21）的評分。3 段線性函數相對於 2 段線性函數的優點是能夠更加準確地刻畫網路信息總數（D21）的分段表現，能更加準確地實現評分；缺點是計算更複雜一些，信息系統的實現更困難一些。

假設設定網路信息總數 13,000 條為網路信息總數的啟動值，評 60 分即標準分，當然也可以設定其他網路信息總數評分為 60 分。網路信息總數為 0~13,000 條的評分為 0~60 分，計算公式為：評分 = 標準分×網路信息總數/網路信息總數的基準值，即評分 = 60×網路信息總數/13,000。網路信息總數 13,000~20,000 條的評分為 60~100 分，計算公式為：評分 = 標準分 +（100-標準分）×（網路信息總數-網路信息總數的啟動值）/（網路信息總數的基準值-網路信息總數的啟動值），即評分 = 60+40×（網路信息總數-10,000）/（20,000-13,000），其中網路信息總數大於或等於 20,000 條評 100 分。總之，

網路信息總數（D21）的評分方法採用公式（4-2）進行。

$$d_{21} = \begin{cases} 60 \times \dfrac{x}{13,000}, & x \leq 13,000 \\ 60 + \dfrac{40 \times (x - 13,000)}{20,000 - 13,000}, & 13,000 < x < 20,000 \\ 100, & x \geq 20,000 \end{cases} \quad (4\text{-}2)$$

其中，x 表示網路信息總數，單位是條數。

③多段線性函數

採用多段線性函數來實現對網路信息總數（D21）的評分。多段線性函數相對於 3 段線性函數的優點是能夠更加準確地刻畫網路信息總數（D21）的分段表現，能更加準確地實現評分；缺點是計算更複雜一些，信息系統的實現更困難一些。下面以 4 段線性函數為例進行說明。

假設設定網路信息總數為 0~9,000 條的評分為 0~30 分，計算公式為：評分 = 30×網路信息總數/9,000。網路信息總數 9,000~15,000 條的評分為 30~70 分，計算公式為：評分 = 30+40×（網路信息總數-9,000）/（15,000-9,000）。網路信息總數 15,000~20,000 條的評分為 70~100 分，計算公式為：評分 = 70+30×（網路信息總數-15,000）/（20,000-15,000）。網路信息總數大於或等於 20,000 條的評 100 分。將以上描述簡要地列為公式（4-3）和表 4-7。因此，網路信息總數（D21）的評分方法採用公式（4-3）進行。

$$d_{21} = \begin{cases} \dfrac{30 \times x}{9,000}, & x \leq 9,000 \\ 30 + \dfrac{40 \times (x - 9,000)}{15,000 - 9,000}, & 9,000 < x \leq 15,000 \\ 70 + \dfrac{30 \times (x - 15,000)}{20,000 - 15,000}, & 15,000 < x \leq 20,000 \\ 100, & x \geq 20,000 \end{cases} \quad (4\text{-}3)$$

其中，x 表示網路信息總數，單位是條數。

表 4-7　　　　　　　　網路信息總數的評分標準

網路信息總數（條）	0~9,000	9,000~15,000	15,000~20,000	≥20,000
網路信息總數 D21 評分（分）	0~30	30~70	70~100	100

（2）監控網站覆蓋率

監控網站覆蓋率（D22）主要描述出現相關輿情的數據源占總監控數據源

的比重，反應輿情的熱點程度，所占比重越大，召回事件成為熱點的熱度越大，關注的人越多。這裡的監控網站包括主流的有影響力的媒體網站，既包括新媒體（如新浪網等）網站，又包括傳統媒體，如重慶衛視、重慶晚報等。這裡所指的較有影響力的新聞媒體主要包括：華龍網、重慶晨報數字報、中央電視臺、新浪網、搜狐網、網易新聞、新浪教育、網易教育、網易財經、新浪財經等市一級以上的主流媒體。

學者根據新華社「輿論引導有效性和影響力研究」課題組的研究成果，提出了判斷主流媒體的標準，課題組認為目前中國的主流媒體主要如下：

①以《人民日報》、新華社、中央電視臺、中央人民廣播電臺、《求是》雜誌、以《光明日報》《經濟日報》為代表的中央級新聞媒體；

②以各省（自治區、直轄市）黨報、電臺和電視臺的新聞綜合頻道為代表的區域性媒體；

③以各大中城市黨報、電臺和電視臺的新聞綜合頻道為代表的城市媒體；

④以新華網、人民網等為代表的國家重點扶持的大型新聞網站。

⑤一些晚報、都市報，以及經濟類、娛樂休閒類、信息服務類媒體，其發行量較大或收聽率、收視率較高，在一些地區佔有一定的市場份額，具有一定的品牌價值和影響力，是對主流媒體的某些功能進行的拓展、延伸和補充。

主流新聞媒體報導次數是指較有影響力的新聞媒體對某缺陷產品發生危害而報導的次數。報導次數包括各媒體轉載的相關報導，即只要是關於這一缺陷產品的相關報導，不論是哪一個媒體報導出來的，都算作報導次數，如關於家電產品的某一缺陷問題，華龍網報導過 1 次，搜狐網也報導過 1 次，則此事件的報導次數為 2 次。報導次數越多，說明社會各界對這一缺陷產品越關注，相應的輿情影響程度也就越大。設主要監控的主流媒體數 $n=20$，當主流新聞媒體報導個數超過 12 個或者有中央媒體報導，即達到其警戒值，需啟動專家評判或者應急預案。主流新聞媒體報導次數可從相關新聞中心、報社等平臺獲取。評分的計算方法：評分 =100×報導召回事件的媒體數／主要監控的主流媒體數。表示為公式如下：

$$d_{22} = \frac{100 \times x}{n} \qquad (4\text{-}4)$$

其中，x 表示報導召回事件的媒體數或報導次數，n 表示主要監控的主流媒體數。另外，因中央級媒體（如央視）影響很大，所以中央級媒體報導 1 次及以上，則可直接評 100 分；也可以採用中央媒體報導一次相當於地方媒體報導 5 次的方式進行計算。

表 4-8　　　　　　　　監控網站覆蓋率的關鍵控制值

值的類別	基準值	最大值/報警值	最小值/啓動值
監控網站覆蓋率	100%	60%或有中央媒體報導	20%
處理策略	評 100 分	啓動報警	啓動召回評估

（3）態度傾向

態度傾向（D23）主要分析網路用戶對於召回事件的態度傾向性。因此需要對興情信息所持觀點進行判斷、分類，判斷結果包括三類：好評、中立、差評。將這三種判斷結果分別賦值為 1、0、-1，採取的主要方法為面向篇章的傾向性分析分類算法[①]。分值計算方法包括：態度傾向得分 = 好評帖子數×1+中立帖子數×0+（-1）×差評帖子數。如果態度傾向得正分，表示網路用戶對於召回事件持肯定態度，且消費者對產品故障持包容態度，因此召回的必要性很低，對態度傾向指標的評分為 0~40 分；如果得負分，表示網路用戶對於召回事件的態度持否定態度，表示消費者對產品故障的態度持否定態度，因此召回的必要性很高，對態度傾向指標的評分為 70~100 分；如果得 0 分，表示網路用戶對於召回事件持中立態度，對態度傾向指標的評分為 40~70 分。

表 4-9　　　　　　　態度傾向評分標準及關鍵控制值

值的類別	基準值	最大值/報警值	最小值/啓動值
態度傾向	全差評	70 分	40 分
處理策略	評 100 分	啓動報警	啓動召回評估

（4）時間延續

時間延續（D24）反應召回事件興情持續時間的延續性，計算方式是最後一條興情信息出現的時間與第一條興情信息之間的時間差。時間延續越長，召回事件關注度越高，評價得分越高。此時，需要確定一個時間延續的基準值，例如將時間定為 12 個月，但是，媒體的時效性很強，熱點容易轉換，很難持續 12 個月之久，因此將時間延續的基準值定為 3~6 個月；考慮到汽車是影響很大的召回事件，可以將基準值定為 6 個月。因此，時間延續的評分標準也要根據產品類別來進行。

時間延續（D24）的評分公式為：評分 = 100×時間延續/時間延續的基準

---

① 張培凡. 基於分級評估指標體系的網路興情指數計算研究［D］. 上海：上海交通大學，2013.

值。超過時間延續的標準值的召回事件評分為 100 分。表示為公式如下：

$$d_{24} = \begin{cases} \dfrac{100 \times x}{n}, & x < n \\ 100, & x \geq n \end{cases} \quad (4-5)$$

其中，x 表示時間延續，n 表示時間延續的基準值，建議以天為單位，則汽車召回事件中 $n = 180$ 天。

4.3.3 召回的經濟性

召回的經濟性（C3）主要評價產品召回為消費者挽回經濟損失，考慮到汽車容易造成嚴重的人身和財產傷害，這裡提供了維修成本（D31）、因人身財產傷害造成的經濟損失（D32）和因潛在危害造成的經濟損失（D33）共 3 項三級指標。召回的經濟性（C3）是消費者角度（B2）的最重要的二級指標，占比最大。召回的經濟性（C3）評估召回的預期經濟效益，它的 3 個指標都是衡量經濟損失金額。顯然，損失金額值越大，召回的預期經濟效益越大。

（1）維修成本

維修成本（D31）表示維修或者更換缺陷零部件的總花費。由於目前缺陷產品的召回一般都是更換或者維修零部件，因此汽車製造企業召回的主要是維修成本，當然還有物流成本、更換的人工費用、倉儲成本等。從消費者角度來看，消費者造成的損失是由於產品缺陷造成的零部件更換帶來的零部件更換或維修費用。維修成本（D31）採用缺陷車輛數與單個產品或者產品配件的單價的乘積表示，計算方法採用公式（4-6）進行，單位是萬元。

$$x = n \times P \quad (4-6)$$

其中，x 表示維修成本（D31），n 表示缺陷車輛數，P 表示單個產品或者產品配件的單價。

缺陷車輛數表示該批次中缺陷汽車產品的數量，需要通過缺陷調查和企業報告得到。在缺陷的工作研判階段，由於這個階段可能還沒有接到企業報告的車輛數量，因此可能需要通過相關部門或者專門的調查來取得車輛的缺陷數量。這時得到的值可能並不準確，通常是企業掌握準確的缺陷數量值。單個產品或者產品配件的單價是單個汽車零部件的單價，這個數據相對比較容易獲得，可以通過查詢多款同類的零部件價格得到。

下面討論維修成本（D31）的評分標準和評分方法。由於每次缺陷汽車產品召回事件中車輛數量和價格不同，維修成本的總價值差異很大，因維修或者

更換缺陷零部件造成的經濟損失額度不能統一衡量產品召回的預期效益。

接下來，對維修成本（D31）進行評分，採用分段線性函數進行計算。為了便於以下討論，設定一個維修成本的基準值，這個基準值對應的評分為100分。考慮到維修成本對社會福利的負面影響，設定一個維修成本的最大值作為警戒值，一旦超出警戒值就要啟動專家研判或相應的應急預案，就不是僅僅進行評分而已。設定一個維修成本的最小值作為報警值，一旦超出報警值就要啟動缺陷評估的研判工作，進行本部分的預期效益評估，對維修成本情況進行監控。因此這個值可以被稱為啟動值或者最小值。為了便於預期效益監控，需要確定維修成本的一些關鍵控制值，如表4-10所示。

表4-10　　　　　　　　　　維修成本的關鍵控制值

類別	基準值	最大值/報警值	最小值/啟動值
維修成本（萬元）	2,000	10,000	1,000
處理策略	評100分	啟動報警	啟動召回評估

考慮到汽車召回影響很大，確定一個維修成本的基準值，比如2,000萬元，標準分為100分，超過這個基準值就是100分；確定一個最大維修成本，例如10,000萬元，超過這個最大值就報警；確定一個最小維修成本，例如1,000萬元，超過這個最小值就啟動召回評估。當然，這些值需要通過對歷史召回數據進行統計分析得出科學的數據值，才能在召回實踐中應用。

為了便於工作人員選擇，這裡提供3種方法進行評分：2段線性函數、3段線性函數和多段線性函數。工作人員可以根據召回實際情況選擇相應的方法，甚至調整相應的參數值。

①2段線性函數

採用2段線性函數來實現對維修成本（D31）的評分。2段線性函數最簡單，工作人員容易理解，計算方便，操作簡潔，信息系統也容易實現。

維修成本為0~2,000萬元的評分為0~100分，計算公式為：評分＝100×維修成本/維修成本的基準值，即評分＝100×維修成本/2,000，其中維修成本大於或等於2,000萬元評100分。也就是說，維修成本（D31）的評分依據公式（4-7）進行。

$$d_{31} = \begin{cases} \dfrac{100 \times x}{2,000}, & x < 2,000 \\ 100, & x \geq 2,000 \end{cases} \quad (4-7)$$

其中，x表示維修成本，由公式（4-6）計算得到，單位是萬元。

②3 段線性函數

採用 3 段線性函數來實現對維修成本（D31）的評分。

設定維修成本 1,000 萬元為維修成本的啓動值，評 60 分即標準分，當然也可以設定其他維修成本評分為 60 分。維修成本為 0~1,000 萬元的評分為 0~60 分，計算公式為：評分＝標準分×維修成本/維修成本的基準值，即評分＝60×維修成本/1,000。維修成本 1,000~2,000 萬元的評分為 60~100 分，計算公式為：評分＝標準分＋（100-標準分）×（維修成本-維修成本的啓動值）/（維修成本的基準值-維修成本的啓動值），即評分＝60+40×（維修成本-1,000）/（2,000-1,000）。維修成本大於或等於 2,000 萬元評 100 分。總之，維修成本（D31）的評分方法採用公式（4-8）進行。

$$d_{31} = \begin{cases} 60 \times \dfrac{x}{1,000}, & x \leq 1,000 \\ 60 + \dfrac{40 \times (x - 1,000)}{2,000 - 1,000}, & 1,000 < x < 2,000 \\ 1,000, & x \geq 2,000 \end{cases} \quad (4-8)$$

其中，x 表示維修成本，單位是萬元。

3 段線性函數相對於 2 段線性函數的優點是能夠更加準確地刻畫維修成本（D31）的分段表現，能更加準確地實現評分；缺點是計算更複雜一些，信息系統的實現更困難一些。

③多段線性函數

採用多段線性函數來實現對維修成本（D31）的評分。多段線性函數相對於 3 段線性函數的優點是能夠更加準確的刻畫維修成本（D31）的分段表現，能更加準確地實現評分；缺點是計算更複雜一些，信息系統的實現更困難一些。下面以 4 段線性函數為例進行說明。

假設設定維修成本為 0~900 萬元的評分為 0~30 分，計算公式為：評分＝30×維修成本/900。維修成本 900~1,500 萬元的評分為 30~70 分，計算公式為：評分＝30+40×（維修成本-900）/（1,500-900）。維修成本 1,500~2,000 萬元的評分為 70~100 分，計算公式為：評分＝70+30×（維修成本-1,500）/（2,000-1,500）。維修成本大於或等於 2,000 萬元評 100 分。將以上描述簡要地列為表 4-11 和公式（4-9）。因此，維修成本（D31）的評分方法採用公式（4-9）進行。

表 4-11　　　　　　　　　維修成本的評分標準

維修成本（萬元）	0~900	900~1,500	1,500~2,000	≥2,000
維修成本評分（分）	0~30	30~70	70~100	100

$$d_{31} = \begin{cases} \dfrac{30 \times x}{900}, & x \leq 900 \\ 30 + \dfrac{40 \times (x - 900)}{1,500 - 900}, & 900 < x \leq 1,500 \\ 70 + \dfrac{30 \times (x - 1,500)}{2,000 - 1,500}, & 1,500 < x \leq 2,000 \\ 100, & x \geq 2,000 \end{cases} \quad (4-9)$$

其中，x 表示維修成本，單位是萬元。

（2）因人身財產傷害造成的經濟損失

因人身財產傷害造成的經濟損失（D32）表示事故對消費者實際造成的人身傷害和財產損失。很顯然，造成的損失金額越多，缺陷問題越嚴重，消費者越需要得到保護，召回的經濟效益越大，召回的必要性也越大，召回的緊迫性越強。這部分數據可以通過消費者投訴、交通局、法院、醫院、新聞報導、律師和企業提供的數據綜合得到實際發生的損失總額和應該得到的賠償總額。實際發生的損失總額表示消費者因人身、財產損失應該得到的賠償總額，包括後續的治療、護理等費用，可以參考法院的判決文書和調解文書、統計數據等資料。

下面討論因人身財產傷害造成的經濟損失（D32）的評分標準和評分方法。由於每次缺陷汽車產品召回事件中事故數量和危害程度不同，因人身財產傷害造成的經濟損失的總價值差異很大，因此造成的經濟損失額度不好統一衡量產品召回的預期效益。

接下來，對因人身財產傷害造成的經濟損失（D32）進行評分，採用分段線性函數進行計算。為了便於以下討論，設定一個因人身財產傷害造成的經濟損失的基準值，這個基準值對應的評分為 100 分。考慮到經濟損失對社會福利的負面影響，設定一個因人身財產傷害造成的經濟損失的最大值作為警戒值，一旦超出警戒值就要啓動專家研判或相應的應急預案，就不是僅僅進行評分而已。設定一個因人身財產傷害造成的經濟損失的最小值作為報警值，一旦超出報警值就要啓動缺陷評估的研判工作，進行本部分的預期效益評估，對經濟損失情況進行監控。因此這個值可以被稱為啓動值或者最小值。為了便於預期效

益監控，需要確定因人身財產傷害造成的經濟損失的一些關鍵控制值，如表4-12所示。

表4-12　　　　因人身財產傷害的經濟損失的關鍵控制值

類別	基準值	最大值/報警值	最小值/啓動值
因人身財產傷害的經濟損失（萬元）	500	2,500	200
處理策略	評100分	啓動報警	啓動召回評估

考慮到汽車召回影響很大，確定一個因人身財產傷害造成的經濟損失的基準值，比如500萬元，標準分為100分，超過這個基準值就是100分；確定一個因人身財產傷害造成的最大經濟損失，例如2,500萬元，超過這個最大值就報警；確定一個因人身財產傷害造成的最小經濟損失，例如200萬元，超過這個最小值就啓動召回評估。當然，這些值需要對歷史召回數據進行統計分析才能得出科學的數據值，才能在召回實踐中應用。

為了便於工作人員選擇，這裡提供3種方法進行評分：2段線性函數、3段線性函數和多段線性函數。工作人員可以根據召回實際情況選擇相應的方法，甚至調整相應的參數值。

①2 段線性函數

採用2段線性函數來實現對因人身財產傷害造成的經濟損失（D32）的評分。2段線性函數最簡單，工作人員容易理解，計算方便，操作簡潔，信息系統也容易實現。

因人身財產傷害造成的經濟損失為0~500萬元的評分為0~100分，計算公式為：d_{32} = 100×因人身財產傷害造成的經濟損失/因人身財產傷害造成的經濟損失的基準值，即d_{32} = 100×因人身財產傷害造成的經濟損失/500。因人身財產傷害造成的經濟損失大於或等於500萬元評100分。也就是說，因人身財產傷害造成的經濟損失（D32）的評分方法採用公式（4-10）進行。

$$d_{32} = \begin{cases} \dfrac{100 \times x}{500}, & x < 500 \\ 100, & x \geq 500 \end{cases} \quad (4-10)$$

其中，x表示因人身財產傷害造成的經濟損失，單位是萬元。

②3 段線性函數

採用3段線性函數來實現對因人身財產傷害造成的經濟損失（D32）的評分。3段線性函數相對於2段線性函數的優點是能夠更加準確地刻畫因人身財

產傷害造成的經濟損失（D32）的分段表現，能更加準確地實現評分；缺點是計算更複雜，信息系統的實現更困難。

假設設定因人身財產傷害造成的經濟損失 200 萬元為因人身財產傷害造成的經濟損失的啓動值，評 60 分即標準分，當然也可以設定其他因人身財產傷害造成的經濟損失評分為 60 分。因人身財產傷害造成的經濟損失為 0~200 萬元的評分為 0~60 分，計算公式為：d_{32}＝標準分×因人身財產傷害造成的經濟損失/因人身財產傷害造成的經濟損失的基準值，即 d_{32}＝60×因人身財產傷害造成的經濟損失/200。因人身財產傷害造成的經濟損失 200 萬~500 萬元的評分為 60~100 分，計算公式為：d_{32}＝標準分+（100-標準分）×（因人身財產傷害造成的經濟損失-因人身財產傷害造成的經濟損失的啓動值）/（因人身財產傷害造成的經濟損失的基準值-因人身財產傷害造成的經濟損失的啓動值），即 d_{32}＝60+40×（因人身財產傷害造成的經濟損失-200）/（500-200）；因人身財產傷害造成的經濟損失大於或等於 500 萬元的評 100 分。總之，因人身財產傷害造成的經濟損失（D32）的評分依據式（4-11）進行。

$$d_{32} = \begin{cases} 60 \times \dfrac{x}{200}, & x \leq 200 \\ 60 + \dfrac{40 \times (x-200)}{500-200}, & 200 < x < 500 \\ 100, & x \geq 500 \end{cases} \quad (4\text{-}11)$$

其中，x 表示因人身財產傷害造成的經濟損失，單位是萬元。

③多段線性函數

採用多段線性函數來實現對因人身財產傷害造成的經濟損失（D32）的評分。下面以 4 段線性函數為例進行說明。

假設設定因人身財產傷害造成的經濟損失為 0~100 萬元的評分為 0~30 分，計算公式為：d_{32}＝30×因人身財產傷害的經濟損失/100。因人身財產傷害造成的經濟損失 100 萬~300 萬元的評分為 30~70 分，計算公式為：d_{32}＝30+40×（因人身財產傷害的經濟損失-100）/（300-100）。因人身財產傷害造成經濟損失 300 萬~500 萬元的評分為 70~100 分，計算公式為：d_{32}＝70+30×（因人身財產傷害的經濟損失-300）/（500-300）；因人身財產傷害的經濟損失大於或等於 500 萬元的評 100 分。將以上描述列為表 4-13 和公式（4-12）。因此，因人身財產傷害造成的經濟損失（D32）的評分方法採用公式（4-12）進行。

表 4-13　　　因人身財產傷害的經濟損失的評分標準

因人身財產傷害造成的經濟損失 x（萬元）	0~100	100~300	300~500	≥500
因人身財產傷害造成的經濟損失 D32 評分（分）	0~30	30~70	70~100	100

$$d_{32} = \begin{cases} \dfrac{30 \times x}{100}, & x \leq 100 \\ 30 + \dfrac{40 \times (x - 100)}{300 - 100}, & 100 < x \leq 300 \\ 70 + \dfrac{30 \times (x - 300)}{500 - 300}, & 300 < x < 500 \\ 100, & x \geq 500 \end{cases} \quad (4-12)$$

其中，x 表示因人身財產傷害的經濟損失，單位是萬元。

多段線性函數相對於 3 段線性函數的優點是能夠更加準確地刻畫因人身財產傷害造成的經濟損失（D32）的分段表現，能更加準確地實現評分；缺點是計算更複雜一些，信息系統的實現更困難一些。

（3）因潛在危害造成的經濟損失

因潛在危害造成的經濟損失（D33）主要從經濟損失的角度評價可能對消費者造成的危害程度、對消費者可能造成的經濟損失、評估召回的預期經濟效益。因潛在危害造成的經濟損失（D33）通過缺陷車輛數、車輛事故平均損失和事故發生的可能性這 3 個參數的乘積得到，如式（4-13）所示。車輛事故平均損失表示車輛事故造成人身傷害和財產損失的平均損失，可以參考同類缺陷統計數據等資料，得到單個車輛事故造成人身傷害和財產損失的平均損失。

$$x = n \times L \times P \quad (4-13)$$

其中，x 表示因潛在危害造成的經濟損失（D33），n 表示缺陷車輛數，L 表示車輛事故平均損失，P 表示事故發生的可能性。

事故發生的可能性可通過缺陷危險的可能性等級的相關數據來判斷，也可以通過同類事故發生的可能性大小來進行計算。判斷評價數據可獲取的容易程度時，不考慮由於事故給消費者帶來的其他損失，比如誤工費、交通費、燃油費等，只考慮每個車輛事故對財產造成的損失和對人身造成傷害的醫療費，包括後續的治療、護理等費用。很顯然，計算得到的可能損失的金額越多，缺陷問題越嚴重，消費者越需要得到保護，召回的經濟效益越大，召回的必要性也越大，召回的緊迫性越強。

下面討論因潛在危害造成的經濟損失（D33）的評分標準和評分方法。由於每次缺陷汽車產品召回事件中的車輛數量和價格不同，潛在危害造成的經濟損失的總價值差異很大，因此不能作為統一造成的經濟損失額度衡量產品召回預期效益的依據。

接下來，研究者對因潛在危害造成的經濟損失（D33）進行評分，採用分段線性函數進行計算。為了便於以下討論，設定一個因潛在危害造成的經濟損失的基準值，這個基準值對應的評分為 100 分。考慮到經濟損失對社會福利的負面影響，設定一個因潛在危害造成的經濟損失的最大值作為警戒值，一旦超出警戒值就要啓動專家研判或相應的應急預案，就不是僅僅進行評分而已。設定一個因潛在危害造成的經濟損失的最小值作為報警值，一旦超出報警值就要啓動缺陷評估的研判工作，進行本部分的預期效益評估，對經濟損失情況進行監控。因此這個值可以稱為啓動值或者最小值。為了便於預期效益監控，需要確定因潛在危害造成的經濟損失的一些關鍵控制值，如表 4-14 所示。考慮到汽車召回影響很大，確定一個因潛在危害造成的經濟損失的基準值，比如 1,500 萬元，標準分為 100 分，超過這個基準值就是 100 分；確定一個因潛在危害造成的最大經濟損失，例如 7,500 萬元，超過這個最大值就報警；確定一個因潛在危害造成的最小經濟損失，例如 600 萬元，超過這個最小值就啓動召回評估。當然，這些值需要對歷史召回數據進行統計分析才能得出科學的數據值，才能在召回實踐中應用。

表 4-14　　　　因潛在危害造成的經濟損失的關鍵控制值

類別	基準值	最大值/報警值	最小值/啓動值
因潛在危害造成的經濟損失（萬元）	1,500	7,500	600
處理策略	評 100 分	啓動報警	啓動召回評估

為了便於工作人員選擇，這裡提供 3 種方法進行評分：2 段線性函數、3 段線性函數和多段線性函數。工作人員可以根據召回實際情況選擇相應的方法，甚至調整相應的參數值。

① 2 段線性函數

採用 2 段線性函數來實現對因潛在危害造成的經濟損失（D33）的評分。2 段線性函數最簡單，工作人員容易理解，計算方便，操作簡潔，信息系統也容易實現。

因潛在危害造成的經濟損失為 0~1,500 萬元的評分為 0~100 分，計算公

式為：d_{33} = 100×因潛在危害造成的經濟損失/因潛在危害造成的經濟損失的基準值，即 d_{33} = 100×因潛在危害造成的經濟損失/1,500。因潛在危害造成的經濟損失大於或等於1,500萬元的評100分。也就是說，因潛在危害造成的經濟損失（D33）的評分依據式（4-14）進行。

$$d_{33} = \begin{cases} \dfrac{100 \times x}{1,500}, & x < 1,500 \\ 100, & x \geq 1,500 \end{cases} \quad (4\text{-}14)$$

其中，x 表示因潛在危害造成的經濟損失，由公式（4-13）計算得到，單位是萬元。

②3段線性函數

採用3段線性函數來實現對因潛在危害造成的經濟損失（D33）的評分。3段線性函數相對於2段線性函數的優點是能夠更加準確地刻畫因潛在危害造成的經濟損失（D33）的分段表現，能更加準確地實現評分；缺點是計算更複雜，信息系統的實現更困難。

假設設定因潛在危害造成的經濟損失600萬元為因潛在危害造成的經濟損失的啓動值，評60分即標準分，當然也可以設定其他因潛在危害損失評分為60分。因潛在危害造成的經濟損失為0~600萬元的評分為0~60分，計算公式為：d_{33} = 標準分×因潛在危害造成的經濟損失/因潛在危害造成的經濟損失的基準值，即 d_{33} = 60×因潛在危害造成的經濟損失/600。因潛在危害造成的經濟損失為600萬~1,500萬元的評分為60~100分，計算公式為：d_{33} = 標準分+（100-標準分）×（因潛在危害造成的經濟損失-因潛在危害造成的經濟損失的啓動值）/（因潛在危害造成的經濟損失的基準值-因潛在危害造成的經濟損失的啓動值），即 d_{33} = 60+40×（因潛在危害造成的經濟損失-600）/（1,500-600）。因潛在危害造成的經濟損失大於或等於1,500萬元的評100分。總之，因潛在危害造成的經濟損失（D33）的評分方法如式（4-15）所示。

$$d_{33} = \begin{cases} 60 \times \dfrac{x}{600}, & x \leq 600 \\ 60 + \dfrac{40 \times (x - 600)}{1,500 - 600}, & 600 < x < 1,500 \\ 100, & x \geq 1,500 \end{cases} \quad (4\text{-}15)$$

其中，x 表示因潛在危害造成的經濟損失，單位是萬元。

③多段線性函數

採用多段線性函數來實現對因潛在危害造成的經濟損失（D33）的評分。

多段線性函數相對於 3 段線性函數的優點是能夠更加準確地刻畫因潛在危害造成的經濟損失（D33）的分段表現，能更加準確地實現評分；缺點是計算更複雜，信息系統的實現更困難。下面以 4 段線性函數為例進行說明。

假設設定因潛在危害造成的經濟損失為 0~300 萬元的評分為 0~30 分，計算公式為：d_{33} = 30×因潛在危害造成的經濟損失/300。因潛在危害造成的經濟損失為 300 萬~900 萬元的評分為 30~70 分，計算公式為：d_{33} = 30+40×（因潛在危害造成的經濟損失-300）/（900-300）。因潛在危害造成的經濟損失 900 萬~1,500 萬元的評分為 70~100 分，計算公式為：評分 = 70+30×（因潛在危害造成的經濟損失-900）/（1,500-900）。因潛在危害造成的經濟損失大於或等於 1,500 萬元的評 100 分。將以上描述簡要地列為表 4-15 和式（4-16）。因此，因潛在危害造成的經濟損失（D33）的評分方法採用式（4-16）進行。

表 4-15　　因潛在危害造成的經濟損失的評分標準

因潛在危害造成的經濟損失 x	0~300	300~900	900~1,500	≥1,500
因潛在危害造成的經濟損失（D33）評分（分）	0~30	30~70	70~100	100

$$d_{33} = \begin{cases} \dfrac{30 \times x}{300}, & x \leq 300 \\ 30 + \dfrac{40 \times (x - 100)}{900 - 300}, & 300 < x \leq 900 \\ 70 + \dfrac{30 \times (x - 900)}{1,500 - 900}, & 900 < x < 1,500 \\ 100, & x \geq 1,500 \end{cases} \quad (4\text{-}16)$$

其中，x 表示因潛在危害造成的經濟損失，單位是萬元。

4.3.4　消費者投訴量

消費者投訴量（C4）主要反應該缺陷產品對消費者的影響程度，是根據消費者投訴數量的多少進行打分，主要用電話投訴量（D41）、網站投訴量（D42）和信件投訴量（D43）共 3 個三級指標來衡量。因科學技術的不斷提高，生活水準不斷上升，現在消費者使用電話和網站的投訴量要稍微多一些，所以占比比信件投訴要大一點。

電話投訴量（D41）是從相關監管部門、企業等收到的關於某一缺陷產品的電話投訴。其計算方法如式（4-17）所示：

$$d_{41} = \begin{cases} x, & 0 \leq x < 100 \\ 100, & x \geq 100 \end{cases} \qquad (4-17)$$

其中$f(x)$為電話投訴數量，d_{41}為評分分數。當電話投訴量超過 200 個，即達到其警戒值，需啓動專家評判。電話投訴量（D41）可從相關政府監管部門、企業等處獲得。

網站投訴量（D42）是從相關監管部門網站、企業官網等收到的關於某一缺陷產品的網站投訴。其計算方法如式（4-18）所示：

$$d_{42} = \begin{cases} x, & 0 \leq x < 100 \\ 100, & x \geq 100 \end{cases} \qquad (4-18)$$

其中，$f(x)$為網站投訴數量，d_{42}為評分分數。當網站投訴量超過 200 個，即達到其警戒值，需啓動專家評判。網站投訴量（D42）可從相關監管部門網站、企業官網等處獲得。

信件投訴量（D43）是從相關監管部門的投訴信箱、企業的投訴信箱等處收到的關於某一缺陷產品的信件投訴。其計算方法如式（4-19）所示：

$$d_{43} = \begin{cases} x, & 0 \leq x < 100 \\ 100, & x \geq 100 \end{cases} \qquad (4-19)$$

其中，$f(x)$為信件投訴數量，d_{43}為評分分數。當信件投訴量超過 200 個，即達到其警戒值，需啓動專家評判。信件投訴量（D43）可從相關監管部門的投訴信箱、企業的投訴信箱處獲得。

4.4　本章小結

本章構建了缺陷汽車召回前的預期效益評估體系，分別從政府和消費者角度進行評價，為缺陷產品召回決策提供評估依據。給出了指標權重和量化方法，大部分指標分別給出了最小值、基準值、最大值和線性評價函數。最小值即啓動值，表示達到這個條件就啓動召回評估；基準值表示評 100 分的值；最大值即報警值，表示達到這個條件就啓動報警。為了滿足多樣化的需求和實際情況，線性評價函數提供了 2 段、3 段和多段線性函數的數學公式、評分表和文字說明。

5 缺陷汽車產品的召回決策

本章主要是從政府工作人員的角度對缺陷汽車產品的召回決策進行討論。利用第 2 章的方法可以對缺陷汽車產品進行風險評估,可以得出缺陷的風險等級。第 3 章對汽車製造企業召回主動度進行分析,確定企業的召回意願。第 4 章對召回的預期經濟效益和社會效益進行綜合分析。本章將在練嵐香等人①的研究基礎上,對第 2、3、4 章的內容進行召回的決策分析。本章首先對召回博弈進行分析,主要分析政府和企業這兩個主體在召回博弈中的行為,以此為基礎,為政府召回決策提供政策建議,為召回策略提供依據。本章確定政府的召回策略和執法手段的策略。

5.1 召回博弈分析

對製造商而言,召回活動的影響是多方面的,既有收益又有成本。召迴避免了因質量缺陷所產生的安全事故的賠償費用,並且為製造商樹立了重視產品質量的聲譽;召回要耗費高額成本,特別是召回活動的維修費用高且數量多。作為以追求收益最大化為首要目標的製造商,必然會衡量召回活動的預期收益和成本。當預期收益大於成本時,選擇主動召回;反之,就缺乏召回的積極性。由於技術檢測要消耗一定的檢測費用,因此製造商期望政府部門承擔這部分費用,即由政府管理機構組織技術檢測,確認產品缺陷後再實施召回。關於產品質量,製造商相對政府管理機構具備一定的信息優勢(對自身產品更瞭解,更容易確定產品是否存在缺陷)。因此,為了逃避政府主管部門的監管,製造商可能會利用政府管理機構資源有限的弱點,減少召回的數量,縮小召

---

① 練嵐香,高利,胡春松. 中國汽車召回的管理決策分析 [M]. 北京:北京理工大學出版社,2014.

範圍，降低產品缺陷危害標準，甚至逃避召回，最終降低召回成本①。

對政府管理機構而言，缺陷產品召回的理想目標是對所有存在缺陷可能性的產品都進行深入調查和檢測，及時發現並清除潛在問題，將缺陷產品對社會公眾造成的危害降到最低程度。但現實中，汽車產品召回管理部門的資源是有限的，其資金預算和人員編製受政府總體預算的約束，而缺陷產品的檢測和認定過程冗長，要消耗大量的人力和財力。例如，2015年國家質檢總局耗時一年調查的新速騰斷軸門調查結果公布，該調查國內沒有先例，70多位工程師參與，工作量大、技術性難度大②。第一，工作量大表現為：自2014年8月14日啟動對一汽大眾新速騰汽車後軸縱臂斷裂問題缺陷調查以來，截至2015年8月31日，國家質檢總局缺陷產品管理中心先後組織70餘位專家和工程師，歷時1年，共收集到車主投訴信息11,586例，整理並分析有效投訴信息4,468例，短信抽樣回訪已實施召回車主3萬餘名，電話回訪車主463名，現場勘查故障車輛22輛，收集分析未加裝襯板故障案例457例（其中，縱臂變形案例382例、斷裂案例75例），以及加裝襯板後的故障案例37例（其中，縱臂變形案例34例、斷裂案例3例），組織專家和生產者進行技術交流21次，開展了47項143次缺陷工程分析試驗。第二，調查難度大、技術複雜度高表現為：一汽大眾新速騰後軸縱臂斷裂問題的調查涉及車輛使用情況、故障信息核實、材料分析、懸架受力及失效分析等多個方面，需開展大量的缺陷工程試驗和分析論證。為深入推進缺陷調查工作，國家質檢總局缺陷產品管理中心成立了由相關領域權威專家組成的缺陷工程分析專家組，下設缺陷原因分析試驗、召回效果評估、缺陷技術分析3個工作組。主要試驗內容包括：探傷與材料失效分析、後軸結構強度分析、整車後軸碰撞試驗、後軸臺架試驗、後軸縱臂斷裂瞬間車輛行駛穩定性試驗等，共計47項143次缺陷工程分析試驗。上述大部分試驗都是非標試驗，國內沒有先例，技術難度大，試驗週期長。

2013年3月15日，央視「3/15」晚會曝光大眾汽車DSG存在的問題，速騰、邁騰、高爾夫、尚酷、CC、斯柯達等大眾汽車均存在DSG故障，可致汽車在行駛過程中突然失速或加速③。本次召回活動是在質檢總局缺陷調查影響

---

① HOFFER G E, James W A. Consumer responses to auto recalls [J]. Journal of Consumer Affairs, 1975, 9 (2): 212-218.
② 佚名. 質檢總局回應：新速騰汽車缺陷調查為何持續一年 [EB/OL]. [2015-9-11]. http://news.163.com/15/0911/20/B38OSI2D00014JB5.html.
③ 佚名. 315晚會：大眾變速器故障頻發 禍從天降 [EB/OL]. [2013-3-15]. http://auto.china.com/specia/vwdsg/news/11121179/20130315/17731163.html.

下開展的。2012 年 3 月以來，國家質檢總局一直對大眾 DSG 變速器動力中斷故障問題進行跟蹤調查。在開展缺陷調查和多次約談督促下，2012 年 5 月，大眾公司將 DSG 變速器質量擔保期延長到 10 年。同時，國家質檢總局重點對動力中斷問題開展了缺陷調查，先後徵集故障信息 1 萬餘條，回訪用戶 3,000 多名，開展現場調查 12 次，並對掌握的 DSG 故障件進行缺陷工程分析，組織專家論證 7 次，基本認定 DSG 變速器存在缺陷，導致動力中斷，產生安全隱患。2013 年 2 月 27 日，國家質檢總局再次約見大眾公司，要求大眾公司採取召回措施，盡快解決 DSG 故障問題。3 月 16 日，國家質檢總局依法通知大眾公司就 DSG 變速器動力中斷故障問題實施召回[1]。有限的資源和獲取產品質量信息的高成本這一矛盾，決定了管理機構無法對所有關於產品質量的投訴都進行調查和檢測，因此不能獲取所有的相關信息，無力發起所有的召回活動，只能合理地分配有限的資源，有選擇地發起召回。由於製造商在一定條件下有主動召回產品的願望，但過分依賴製造商「自報告」又可能造成信息失真，所以管理機構只有把強制召回與鼓勵自願召回結合起來，在二者間尋找一個平衡點，使產品召回制度產生最佳效果。

從以上分析可以看出，政府管理機構和製造商之間關於產品召回存在著博弈。雙方根據自身及對方的利益和約束條件決定由誰發起召回，是由製造商進行技術檢測主動發起召回還是由管理機構組織檢測並強制製造商召回缺陷產品；同時，雙方對召回活動的內容和性質進行博弈，製造商根據政府的政策選擇完全召回、不完全召回以及不召回等策略，而政府管理機構對製造商的主動召回選擇監督還是不監督。以下通過構造博弈模型，分析主體在召回博弈中的行為選擇以及這些行為的影響因素。製造商和政府管理機構（以下簡稱政府）是召回博弈活動中的兩個主體，有著各自的效用函數，要在博弈過程中選擇相應的行為，使自身的期望效用最大化，[2] 具體如下：

（1）政府的召回博弈分析

政府發起和監督召回活動的目標是減少和消除汽車產品質量缺陷問題，保障公眾利益。其收益表現為產品質量的提高和由產品缺陷導致的交通事故的減少，以及政府部門的聲譽。量化的形式為存在質量缺陷的車輛被召回所避免的損失（產品質量的提高和政府聲譽難以量化，但對模型結果影響不大，故不

---

[1] 佚名. 大眾DSG召回事件 [EB/OL]. [2013-5-16]. https://wiki.mbalib.com/wiki/%E5%A4%A7%E4%BC%97DSG%E5%8F%AC%E5%9B%9E%E4%BA%8B%E4%BB%B6.

[2] 鄭國輝. 缺陷汽車產品召回中各主體策略選擇的博弈 [J]. 同濟大學學報（自然科學版），2005, 8 (33): 1127-1132.

考慮）。其成本是召回活動的監督成本，包括技術檢測、召回活動的監督、召回效果的評估等環節產生的費用，以及維持管理機構正常運作的管理費用。這裡主要考慮政府組織技術檢測的費用。

（2）製造商的召回博弈分析

製造商在召回活動中的收益是避免因質量缺陷所產生的賠償費用，而承擔的成本是召回的各種費用，包括技術檢測、通知、維修費用等。除直接的收益、成本外，間接影響包括市場聲譽和市場份額，以及對證券市場的影響。這些因素的行銷效果一般是不確定的，這裡暫不考慮。當製造商選擇不召回時，其必須承擔因此而導致的所有相關賠償義務，包括受害者的醫療救治費、康復費用、誤工補償、喪失部分或全部勞動及生活能力的補償，對受損車輛及相關財物的賠償等。

Rupp 在研究製造商召回主動性的問題時，先把召回看作一個具有兩時期、多階段的不完整信息的博弈。政府、製造商和消費者參與了博弈，建立了汽車召回的過程模型。在建立了汽車召回過程模型之後，Rupp 認為汽車製造商會對最危險的缺陷汽車產品進行召回。當召回中所負擔的維修成本≤責任成本時，汽車製造商對召回具有主動性。當責任成本＝維修成本時，汽車製造商選擇召回；當責任成本<維修成本時，汽車製造商選擇不召回；只有當責任成本>維修成本時，汽車製造商選擇召回。而召回的發生點隨著單次維修成本增加而增加，隨著汽車製造商不破產的概率增加而減少。[1]

進而通過分析得出，對危險性較大、車型較新、缺陷車數量少，且自身財政狀況較好的公司，由汽車製造商自主發起召回的概率大；而涉及危險小、車型較老、缺陷車數量眾多、自身財政狀況較差的公司，則由政府發起召回的概率大。Rupp 通過建立召回模型和利用累積函數進行求導以獲取邊際收益的分析方法來分析汽車製造商對各參數的敏感程度和變化趨勢，為進行汽車製造商主動召回的分析提供了參考方法。

在 Rupp 的基礎上，鄭國輝進行了召回模型分析，認為政府和製造商的博弈為不完全信息下的靜態博弈。鄭國輝通過構造政府管理機構和製造商之間關於由誰發起缺陷汽車產品召回的靜態博弈模型，剖析了影響雙方策略選擇的因素：召回產品質量缺陷嚴重性、召回產品的數量、召回產品的維修費用以及召回產品投入市場時間的長短，鄭國輝還指出在這些因素作用下，政府管理機構

---

[1] RUPP NICHOLAS G. Essays in Automative Safety Recalls [D]. New York：Texas A&M University，2000.

和製造商發起的召回活動存在差異性,認為政府部門應從監督、鼓勵製造商主動召回和適度提高質量事故的賠償標準兩方面來提高製造商發起召回活動的積極性。鄭國輝研究了當產品的質量狀況、認證費用、召回成本等信息在企業與政府之間被嚴格保密時,製造商和政府之間的不安全信息靜態博弈過程,並對混合策略的納什均衡結果進行了分析。分析表明:製造商傾向於主動召回質量缺陷嚴重、缺陷規模較小、維修費用較低以及投入市場時間較短的產品,結論與 Rupp、Taylor（1999）的實證結果基本吻合,也符合一般的經驗判斷[1]。

因此,得出了政府和製造商發起召回的具體差異性表現如下:

①召回產品質量缺陷的嚴重性。製造商自發調查的具有嚴重安全事故記錄的產品,總體上存在質量缺陷的概率較政府更高;而具有「邊際」預期後果的召回活動更多地由政府發起。

②召回產品的數量。製造商傾向於發起規模較小的召回活動,在這種情況下,規模較大的由政府承擔;另一個可能的因素是相比小規模的召回活動規模較大,消費者投訴量也較大,這使政府的檢測更容易,成本也更低。

③召回產品的維修費用。製造商的預期收益越小,越傾向於發起預期維修成本較低的召回活動,而對成本較高的召回缺乏動力,這部分召回通常由政府發起。

④召回產品投放市場的時間。對召回產品的使用時間,二者有不同的傾向:製造商更願意針對投入市場時間不長的新車,而政府則更多地針對舊車。原因之一是新車的質量狀況在製造商和政府之間存在著信息不對稱,擁有信息優勢的製造商在新車剛出現質量問題時就能迅速開展調查;而政府,只有當消費者的投訴累積到一定量時,才會介入調查,反應在召回產品上,一般是投放市場一段時間後的舊車。另一個原因是車輛本身有一定的使用壽命,超過期限的質量問題不屬於召回範圍。中國的缺陷汽車產品召回期限為自交付第一個車主起至明示的安全使用期止;未明示的,或明示使用期不滿 10 年的,自銷售商將汽車交付第一個車主之日起 10 年為止。

綜上所述,Rupp 和鄭國輝都對汽車召回主動性進行了相關研究,並且提供了研究方法。

R. J. Reilly 等人認為實施召回制度的目的實質上是通過政府的介入,迫使製造商承擔這部分理應由其承擔的成本,這樣,製造商的邊際成本增加,而

---

[1] 鄭國輝. 缺陷汽車產品召回中各主體策略選擇的博弈 [J]. 同濟大學學報（自然科學版）, 2005, 8 (33): 1127-1132.

消費者所支付的成本減少。也就是說，用生產者剩餘的減少換回消費者剩餘的增加，保護了處於弱勢地位的消費者的福利。①②

鄭國輝以微觀經濟學理論為基礎，分析產品質量缺陷產生的根源和對社會福利的不利影響，認為通過汽車缺陷產品的召回，可以實現社會福利的帕雷托最優，實現社會福利的改進。在缺陷汽車產品召回制度缺失的情況下，市場的失靈決定了製造商提供的產品質量未達到社會福利的帕累托最優。而在召回制度的約束下，製造商有關注產品質量水準的動力，會更加重視產品質量，在質量管理和控制與其他因素如市場競爭、產品投放時間之間權衡，並給予質量因素更多的重視。從社會的角度看，實施召回制度使產品質量缺陷帶來的潛在危害得到了及時的消除；從長遠看，產品質量水準的提升有效地降低了因質量缺陷導致的人員和財產損失。產品召回制度實現了社會福利的帕累托改進，而這一改進不僅需要經濟管理制度上的支持，更需要法律機制的配套實施。只有這樣，才能從根本上保證缺陷汽車產品召回制度的良性循環和有效實施。③

陶娟運用博弈工具分別對自願認證強制召回和強制認證自願召回這兩種召回制度管理模式展開了分析，發現只有對存在嚴重系統性缺陷的產品進行召回才能實現社會總體福利最大，特別是在產品責任制度規定的懲罰性不足時建立強硬的產品召回制度作為產品損害制度體系的補充格外重要④。

政府作為產品召回的監督管理者和消費者的保護者，能夠對廠商的缺陷產品召回決策產生影響。魏嫺闡述缺陷產品召回制度及其實施的必要性後，借助信號博弈模型描述了召回事件中廠商和政府的一個博弈互動關係，最後通過豐田汽車召回實例說明政府監管程度差異對廠商召回策略的不同影響⑤。全球汽車行業的龍頭老大——豐田，在中美兩個同樣重要的市場上，採取了截然不同的召回處理方式。①召回時差。2010 年 1 月 21 日，在美國宣布召回油門踏板缺陷車型；對於同樣存在油門缺陷的 RAV4 車型，豐田直到一週後（1 月 28 日）才向國家質檢總局提交召回報告，並決定一個月後再開始實施召回。

---

① REILLY R J, HOFFER G E. Will retardingtheinformationflowon automobile recalls affect consumer demand [J]. Economic Inquiry, 1983, 21: 444.

② Mc CATHY P S. Consumer demand for vehicle Safety: an empirical analysis [J]. Economic Inquiry, 1990, 27: 530.

③ 鄭國輝. 缺陷汽車產品召回機制的研究 [J]. 同濟大學學報（自然科學版），2006, 9 (10): 1350-1354.

④ 陶娟. 缺陷產品召回制度的法經濟學分析 [D]. 濟南：山東大學，2011.

⑤ 魏嫺. 產品召回制度：基於互動博弈的政府監管策略分析——以汽車產業為例 [J]. 商業經濟，2013 (7): 15-18.

②召回方式。豐田對美國消費者提供上門召回、代步車等服務；中國的車主只能自己開車到4S店門口，並通知其過期不候。③賠償方式。2012年年底，豐田在美國接受了庭外和解，若將相關訴訟以及和解費用包含在內，此次召回實際花費達11億美元。而在中國，經過多次談判，豐田只願意向浙江RAV4的251名車主提供300元的賠償，其他地方的車主都只得到「只道歉、不賠償」的待遇。豐田之所以實施這種差別性待遇，原因在於中美政府監管的差別。當時，中國對拒不召回廠商的罰款額度僅為1萬～3萬元。外界沒有給定足夠的處罰力度，廠商為何要花大成本來主動召回已經銷售出去並且還未出現事故的產品呢？相反，豐田公司在美國的召回行動不得不謹慎地遵循美國的法律來進行，否則豐田面對的可是萬丈深淵般的罰金支出。例如，美國聯邦法律規定，廠商如果確認產品存在缺陷，必須在5日內報告美國國家公路交通安全局並迅速採取召回行動。儘管豐田在美國採取召回措施要比在中國早7天，但仍被認為未能及時報告並採取召回，僅此一項，美國國家公路交通安全局就對豐田開出高達1,640萬美元的民事罰款。我們再來看，2010年，浙江是中國省級行政區中唯一一個將汽車列入三包名下的省份。因此，浙江也成為國內唯一一個豐田率先同意進行相關交通費用和基本經濟補償的省份。在歷經長達9個月的博弈交涉後，豐田迫於壓力才開始陸續在其他省份實施「浙江待遇」。上述豐田事例說明，政府在產品召回監管中必須施以足夠的監管力度，將涉及缺陷產品的廠商置於可信的法律環境中，使其一旦發現自己的產品有缺陷時，能夠主動採取召回決策，從而真正達到產品召回制度有效保護消費者權益和公共安全的目的。

5.2　召回管理決策支持模型的建立

5.2.1　汽車召回決策目標和約束條件

在汽車召回過程中，政府的缺陷產品管理中心負責汽車召回的管理和監督，承擔保障社會公共安全的責任。因此，政府的缺陷產品管理中心應盡早發現所有汽車的缺陷，並監督汽車製造商進行缺陷汽車召回，以消除汽車的缺陷。但是政府資源的有限性卻限制了這一目標的實現。政府在有限資源的條件下，難以調查和檢測所有存在缺陷的汽車，發起所有的召回活動。

根據政府有關部門的職責，我們確定其決策的目標是：最大範圍地發現汽車缺陷，並監督汽車製造商進行缺陷汽車的召回，同時，盡可能消除缺陷。而

决策的限定条件是政府的资源有限。因此，可以确定政府决策的内容为：在有限的资源条件下消除尽可能多的汽车缺陷，降低或者清除由缺陷引起的交通事故的损失，使政府有限资源所产生的效益最大化。

要达到政府的决策目标——政府的资源边际效益最大化，可以从两个方面来进行控制和协调。首先，在已知汽车缺陷发生概率的情况下进行策略选择；其次，在已知汽车制造商的召回主动度的情况下进行政府策略选择。

汽车召回决策的约束条件是汽车召回的财政拨款和人员配备。中国的汽车召回率很低，有很多具有缺陷的汽车没有被召回，因为中国国家财政对汽车召回的拨款很少，人员配备也很少，汽车召回管理部门无力发起所有的汽车故障的检测。在如此多的汽车可能需要被召回的情况下，政府部门捉襟见肘。因此，政府有限资源的最有效利用的分配方案就显得尤为重要。当政府的资源达到边际效用时，在有限财政拨款和人员配备的条件下，政府监督职能发挥了最有效作用，最大限度地提高了汽车质量，最大范围地消除了汽车缺陷，保证了人们的安全。

缺陷汽车的产品召回是一个随机决策问题，政府对汽车召回的决策选择主要体现为如何进行决策选择才能使政府的边际效益最大化。而根据政府和制造商的博弈来看，政府的效益主要体现在为发现更多的缺陷，控制更多的事故，降低更多的伤亡和损失。对于政府的决策行为，可以先分析不同条件下的决策行为，求取此条件下的边际效益，进而综合多属性来求解，同时满足两个条件下的政府行为决策。

5.2.2 已知事故和投诉情况的策略选择

利用第2章缺陷风险评估的工作研判、专家研判和集中研判，可以对缺陷汽车产品进行风险评估，可以得出缺陷的风险等级。事故风险等级高则召回概率大，从表5-3可以看出召回概率与风险等级的关系。

已知缺陷事故量数据（死亡人数、受伤人数、失火起数、碰撞次数）和投诉数量的情况下，如果还没有专家和检测数据，可以利用表5-1和表5-2进行简单的风险评估，根据表5-3的结论大概估算召回概率。这种方法简单、快速，尤其有利于工作人员在工作研判阶段快速、简单地进行决定，可以作为启动缺陷调查的依据。简单地说，本节提供启动缺陷调查的依据和召回概率的估算方法。如果风险等级达到3级，可以进行缺陷评估和调查。

当然最好采用科学的分析与预测方法，例如采用练岚香等人提供的模糊神

經網路方法進行分析[①]。

表5-1　　　　　　　　缺陷事故後果因素等級劃分

因素	等級				
	1	2	3	4	5
死亡人數（人）	<1	0~2	1~3	2~8	>8
受傷人數（人）	<1	0~3	2~11	10~20	>20
失火次數（次）	<1	0~3	2~8	7~16	>16
碰撞次數（次）	<1	0~3	2~9	8~46	>46

表5-2　　　　　　　　潛在事故的因素等級劃分

因素等級	很少/不嚴重	少/不太嚴重	一般/嚴重	多/很嚴重	很多/極嚴重
投訴數量（次）	<10	10~34	35~80	80~122	>123
缺陷嚴重程度	1	2	3	4	5

利用汽車召回歷史數據，建立召回累計概率和缺陷潛在事故 $R_1(x)$ 以及事故後果嚴重等級 $R_2(x)$ 之間的函數關係，如式（5-1）所示：

$$P = f[R_1(x), R_2(x)] \tag{5-1}$$

首先，對召回概率進行模糊化，如式（5-2）所示：

$$P = \begin{cases} 5[R_1(x) > 80\%, R_2(x) \text{可能性極大}] \\ 4[R_1(x) \leq 80\%, R_2(x) \text{可能性大}] \\ 3[R_1(x) \leq 60\%, R_2(x) \text{可能性中}] \\ 2[R_1(x) \leq 40\%, R_2(x) \text{可能性小}] \\ 1[R_1(x) \geq 10\%, R_2(x) \text{可能性極小}] \end{cases} \tag{5-2}$$

按照式（5-2）概率進行處理，結果如表5-3所示。

表5-3　　　　　　　　事故風險等級和召回概率的關係表

序號	潛在事故風險等級	事故後果風險等級	召回概率（%）	召回概率等級
1	5	5	90~100	5

---

① 練嵐香，高利，胡春松．中國汽車召回的管理決策分析［M］．北京：北京理工大學出版社，2014．

表5-3(續)

序號	潛在事故風險等級	事故後果風險等級	召回概率（％）	召回概率等級
2	5	4	90~100	5
3	5	3	90~100	5
4	5	2	90~100	5
5	5	1	85~100	5
6	4	5	85~95	5
7	4	4	80~90	5
8	4	3	75~80	4
9	4	2	60~80	4
10	4	1	30~60	3
11	3	5	80~90	5
12	3	4	65~80	4
13	3	3	30~60	3
14	3	2	10~30	2
15	3	1	10~30	2
16	2	5	60~80	4
17	2	4	30~50	3
18	2	3	10~30	2
19	2	2	<10	1
20	2	1	<10	1
21	1	5	0	—
22	1	4	10~30	2
23	1	3	<10	2
24	1	2	<10	1
25	1	1	<10	1

建立雙輸入單輸出的模糊神經網路模型，即基於潛在事故風險和事故後果風險進行召回概率的預測的模糊神經網路模型的學習，通過學習得到表5-3的24條模糊規則。把得到的模糊規則輸入「連接輸入/輸出」的模糊規則

表中。

輸入模糊關聯規則和設置了輸入輸出後,汽車召回概率和事故風險的神經網路模型就建立起來了,進一步把汽車召回的歷史數據輸入網路進行網路學習和驗證。

5.2.3 預警值下的策略選擇

第2章缺陷風險評估中,利用缺陷事故量數據(死亡人數、受傷人數、失火起數、碰撞次數)和投訴數量可以進行風險評估,其實這些數據可以提供一些風險的預警值。第4章預期召回效益評估中也有一些預警值的設計。本節考慮這些值的設計和使用方式。

(1)風險預警

在只掌握缺陷事故數據(死亡人數、受傷人數、失火起數、碰撞次數)和投訴數量的情況下,如果風險等級達到2級,可以進行缺陷評估和調查,達到4級應該進行風險預警,如表5-4所示。其中,專家研判可能需要進行技術分析。啟動應急預案是指需要報告市局、重慶市政府或者國家質檢總局,啟動快速的應急處理措施;還包括執法手段的策略,例如罰款、吊銷營業執照、停止銷售、停止進口、停止生產、媒體曝光等措施,甚至包括其他的行政措施、財政措施、稅收措施、環保措施和司法措施等。

表 5-4　　　　　　　　缺陷風險等級及政府策略

因素等級	很少/不嚴重	少/不太嚴重	一般/嚴重	多/很嚴重	很多/極嚴重
風險等級	1	2	3	4	5
政府策略	不關注	關注	啟動調查和預警	專家研判	啟動應急預案

在第2章的風險評估中,得到缺陷危險的嚴重性等級、缺陷危險的可能性等級和缺陷危險的風險等級後,也按表5-4進行處理。

(2)輿情預警

召回前,網路輿情情況(C2)主要評估召回前網路對於汽車失效、故障等的反應,主要通過網路信息總數(D21)、監控網站覆蓋率(D22)、態度傾向(D23)和時間延續(D24)共4個三級指標來反應。詳見表5-5、表5-6。

表 5-5　　　　　　　　　　網路輿情信息評判等級

安全等級	評語	賦值（分）	政府策略
1	安全	0~20	不關注
2	較安全	21~40	關注
3	臨界	41~60	啟動調查和預警
4	較危險	61~80	專家研判
5	危險	81~100	啟動應急預案

表 5-6　　　　　　　　　　輿情的關鍵控制值

值的類別	基準值	最大值/報警值	最小值/啟動值
網路信息總數（條）	20,000	100,000	13,000
監控網站覆蓋率	100%	60%或有中央媒體報導	20%
態度傾向（分）	全差評	70	40
時間延續（分）	一個月	70	40
處理策略	評100分	啟動預警或應急預案	啟動召回評估

（3）經濟預警

召回經濟性的關鍵控制值如表 5-7 所示。

表 5-7　　　　　　召回經濟性的關鍵控制值　　　　　　單位：萬元

類別	基準值	最大值/報警值	最小值/啟動值
維修成本	2,000	10,000	1,000
因人身財產傷害的經濟損失	500	2,500	200
因潛在危害造成的經濟損失	1,500	7,500	600
處理策略	評100分	啟動預警或應急預案	啟動召回評估

（4）投訴預警

消費者投訴量（C4）主要反應該缺陷產品對消費者的影響程度，主要用電話投訴量（D41）、網站投訴量（D42）和信件投訴量（D43）共 3 個三級指標來衡量。

當投訴量超過 200 個，即達到其警戒值，需啟動預警和專家評判；超過

1,000個，則啓動應急預案。

5.2.4　已知汽車召回發生概率的策略選擇

為了使政府的資源效益最大化，在財政撥款和人員等有限資源的限制下，面對市場上所有可能出現的汽車缺陷，應合理分配人員和資金，使政府所產生的效益最大，就是盡可能地消除缺陷，減少交通事故帶來的人民生命和財產的損失，最大限度地保證社會公共安全。

汽車的召回概率越大，造成的交通事故的嚴重性或已經發生事故的嚴重性越大，如果不進行召回，所帶來的交通事故的數量或者嚴重程度，以及造成的損失必將很大；如果進行召回，所消除的交通事故的風險就越大，意味著交通事故的發生率和事故的嚴重性也越大。召回將減少交通事故的發生數量，降低事故的嚴重程度。這些都是政府資源為維護公共安全所得到的效益。因此，可以推斷出結論，當汽車的召回概率越大時，所消除的汽車缺陷的事故風險值就越大，政府有限資源的效益也越大。因此，政府有限資源效益是召回概率的正相關函數。汽車召回的概率越大，每次召回的平均檢測成本就越小，平均收益就越大，政府有限資源的總效益也就越大。

在已知召回概率的條件下，政府有限資源的效益最大化的原則為：將所有缺陷汽車的召回概率進行從大到小的順序排列，選擇召回概率排名前幾的缺陷汽車進行召回。

5.2.5　已知汽車製造商的召回主動度的策略選擇

在汽車召回的博弈中，政府和汽車製造商是不完全信息的動態博弈。當市場失靈時，政府進行干預。政府資源的有限性決定了政府只能在汽車商選擇召回行動之後，再進行召回的策略選擇。政府在瞭解了汽車製造商的行動意向後，根據汽車製造商的行動意向做出相應的反應。政府的決策行為應該和汽車製造商的行為互為相反數。即汽車製造商召回主動度大，政府的投入資源相對較小；汽車製造商的召回主動度小，政府的投入資源相對較大。

5.3　汽車召回決策支持模型建模及模型求解

前面分析了政府有限資源效益分別在已知召回概率情況下的政府決策策略和已知製造商召回主動度情況下的決策策略。綜合這兩個條件，政府的決策行

為又如何呢？政府的缺陷汽車召回的決策效益分為兩個部分：自由決策下的效益和考慮製造商主動召回下的效益。缺陷的召回概率和汽車製造商的召回主動度分別對應兩種情況下的政府決策的影響因素。從博弈模型的分析可知，當製造商願意發起召回時，政府不用付出檢測成本；對於製造商不願意發起的召回，政府才需要付出檢測成本來對汽車缺陷進行檢測，等確認產品缺陷風險大於一定值時，政府才通知製造商對缺陷汽車進行召回。

設集合 A 是按照召回概率降序排列的 n 個缺陷產品，集合 B 是按照製造商召回主動度降序排列的 m 個缺陷產品。根據政府有限資源效益最大化的決策策略，已知缺陷汽車召回概率時，政府資源最大效益產生於集合 A 中的缺陷車數量。如果政府考慮製造商召回主動度的策略選擇（即集合 B），當召回概率大，並且汽車製造商召回主動度也很大時（即交集 AB），政府可以把這部分的缺陷從政府的檢測和召回範圍中除去。當製造商召回主動度不大，對召回概率次之的缺陷進行檢測（即集合 C）時，把包含 AB 交集中的汽車缺陷數量轉移到 C 中。這樣，政府有限資源效益由原來的 A 集合，變為 A−B+C，即 A−AB+C。政府進行檢測的缺陷總數量沒有變（仍為 n），政府有限資源效益在無形中增加了集合 C 部分的效益，同時省去了集合 B 的檢測費用。

政府的決策是一個動態規劃的問題：首先，根據政府資源來確定同一時期內可以進行檢測的缺陷數量，根據缺陷數量和缺陷嚴重程度確定召回概率，並從大到小排序形成集合 A；其次，判斷汽車缺陷發生時的汽車製造商召回主動度，根據製造商召回主動度的大小，判斷是否要進行關注和調整關注的級別，綜合召回概率、製造商的召回主動度和預期召回效益，獲取政府對缺陷的關注度等級。

5.4 汽車召回決策

政府有限資源效益最大化的決策的原則為：

（1）召回概率很低時，不管製造商召回主動度如何，都將政府的關注度設置為低等級。當召回主動度很低時，政府的關注度等級等於召回概率的等級。

（2）同一級的召回概率越大，製造商的召回主動度越小，關注度的等級越高。

因此，對缺陷的決策是：召回概率很大、召回主動度最小的，關注度最

大；召回概率次大、召回主動度一般的，關注度次之；召回概率一般、召回主動度大的，關注度最小。

根據決策原則，同時按照召回概率，可把決策定為三級：A、B和C級。其中A級表示需要給予大的關注，進行缺陷監測；B級表示需給予一般的關注，繼續觀察數據的變化趨勢和投訴的累積情況或給予一定的監督；C級表示給予較小的關注，不需要投入資金和人員進行檢測或監督。

決策關注度的級別確定著綜合缺陷的召回概率和製造商召回主動度。根據決策原則，可得到決策策略表，如表5-8所示。

表5-8　　　　　　　　　政府決策表

召回可能性	製造商召回主動度	政府關注度等級
A	E	A
A	D	A
A	C	A
B	E	A
B	D	A
A	B	B
B	C	B
C	E	B
C	D	B
C	C	B
B	B	B
C	B	C
A	A	C
B	A	C
C	A	C
D	—	C
E	—	C

由表5-8可知，當缺陷召回可能性為A和B，且汽車製造商的召回主動度為D和E時，決策的關注度為A級，即召回概率很大時，製造商的召回主動度較小，需對缺陷進行檢測；當缺陷召回概率為C級時，製造商召回主動度不

管是什麼，決策的關注度都是 C。

另外，政府還需要考慮預期的召回效益，對綜合效益好的優先進行關注，優先實行召回。因此，可以按照綜合效益從大到小進行排序。

5.5 政策與對策建議

召回產品質量缺陷嚴重性、召回產品的數量、召回產品的維修費用以及召回產品投入市場時間的長短等因素，導致了製造商和政府管理機構在發起召回活動上的差異性。

政府部門應從督促、鼓勵製造商和適度提高質量事故的賠償標準兩方面來提高製造商發起召回活動的積極性。

政府管理機構採取鼓勵製造商發起召回和監督並舉的方式，投入必要的監督預算，提升對製造商是否完全召回的鑑別能力，以及對違規行為實施更嚴厲的處罰，能有效地遏制製造商採取不完全召回的積極性。

召回制度是一項系統工程，涉及法律、技術、公共管理體制、信息機制等各方面因素，要順利實施，取得預期效果，必須依靠這些配套政策的支持。

5.5.1 製造商的策略選擇

由於缺陷產品的調查和技術檢測要經歷一個較長的過程，製造商可能利用其自身的信息優勢提前掌握關於產品質量的狀況；當他獲知被查產品使得政府部門強制召回時，理性的選擇是主動召回，以樹立重視質量的聲譽，獲得消費者和政府的信賴。另一個重要因素是製造商在召回後，政府會停止針對該產品的技術檢測，前者可以利用自身與政府和消費者之間的信息不對稱選擇不完全召回，從而降低召回成本，提高預期收益。

製造商可以選擇的且影響收益的因素有：維修一輛召回汽車的平均費用、質量缺陷的概率和銷售車輛數量。如果政府的信息完備，製造商無法改變這些因素；而在信息不對稱的前提下，這些因素成為變量：製造商宣稱其質量缺陷較低，有效地使每件產品的維修費降低。這樣，製造商主動召回，但不完全召回。在不完全召回後的剩餘缺陷導致安全事故和被召回的可能性足夠小，製造商會採取不完全召回的策略，從而降低召回成本。但從政府和消費者看來，這種不完全召回沒有完全消除質量隱患，沒有達到理想效果。

5.5.2 政府提高廠商主動召回概率的對策

（1）督促、鼓勵製造商發起召回活動

受自身資源的制約，政府應首先督促和鼓勵製造商發起召回活動。主管部門應建立缺陷汽車產品召回信息管理系統，收集、匯總、分析處理有關缺陷汽車產品的信息，必要時可將相關缺陷的信息以書面形式通知生產商，並要求生產商在指定的時間內確認其產品是否存在缺陷以及是否需要召回。只有當生產商在其論證報告中不能提供充分的證明材料或提供的證明材料不足以證明其汽車產品不存在缺陷，又不主動實施召回的，主管部門才會組織調查、鑒定，並在認為必要時，委託國家認可的汽車質量檢驗機構對相關汽車產品進行檢驗。在這種情況下，政府關於製造商發起召回積極性的信息更充分，針對性更強：一方面減少了雙方同時進行某項產品質量問題的技術檢測而造成資源浪費的可能性，在一定程度上節約了有限的資源；另一方面，政府有能力在製造商不願召回時，降低博弈雙方都不檢測的產品中出現質量缺陷的概率，使存在缺陷可能性的產品被檢測的覆蓋率進一步提高。

（2）適度提高產品質量事故的賠償標準

由於製造商主動發起召回的概率與向消費者支付的賠償呈正相關，而賠償是製造商在混合策略中選擇召回策略的重要影響因素。因此，政府通過適當地改變賠償值來影響製造商的選擇。加重對因質量缺陷而導致的交通事故的處罰，或提高製造商對消費者的賠償，增加其支出，使其提高召回的預期收益，提高召回的可能性。賠償是影響製造商召回策略的關鍵因素，因此賠償影響召回概率，適度提高賠償值將使召回概率的結果改變，製造商可能會放棄堅持不召回的純策略，轉而選擇混合策略。

（3）鼓勵製造商主動召回和監督並舉

要扼制製造商不完全召回的慾望，政府必須進行必要的事後監督，跟蹤製造商的自發召回過程和結果，評估召回後的效果，抽檢經召回處理的產品，必要時可以深入檢測，以確定產品缺陷是否被有效地消除。一旦發現製造商利用主動召回程序，規避主管部門監督，故意隱瞞缺陷的嚴重性，應加大處罰力度：不僅責令其限期召回，還要追加處罰，尤其是損害再度發生的。政府是否事後監督與製造商是否完全召回的策略選擇，在實際上也構成一個不完全信息的靜態博弈。相應地，製造商可選擇不完全召回，並且隨政府對製造商違規行為處罰力度的加大，不完全召回的概率有效地降低了。因此政府管理部門應進行必要的監督預算，打擊製造商的不召回行為，使召回能達到一個理想的

效果。

(4) 提高政府在信息獲取中的優勢地位

製造商在產品質量信息方面具有一定的信息優勢，因此應給予政府獲取信息方面的特權。如製造商必須在決定召回的同時，在規定的期限內向主管機構備案，提供相關材料。政府有權根據實際需要，向製造商索取有關的技術資料和信息，包括產品的設計、製造、質量管理和控制等各個環節，杜絕製造商利用信息優勢隱瞞質量缺陷的行為。還要求企業提交階段總結報告和最後總結報告。

(5) 要求生產者建立召回追溯系統

面對缺陷產品召回這種信息流動量大、操作複雜的危機事件，產品召回追溯信息系統對於縮短召回時間、提高召回效率以及預測召回結果均起到了至關重要的作用，也將成為生產者進行召回管理的基礎。

(6) 政府監管部門應考慮對生產者採取召回激勵政策

政府在對產品安全進行監管時不僅要揭示質量安全信息和減少信息不對稱，還要對政策中的利益相關者給予行為激勵。生產者在召回過程中面臨著巨大的召回成本，存在行為懈怠是可以理解的，但應盡量避免。政府監管部門可以通過開展針對誠信企業的表彰活動，對在召回過程中表現突出的企業進行獎勵，並通過媒體向消費者宣傳，以提高企業的知名度和美譽度。例如，上海貝因美濕巾及時召回就被媒體正面報導，企業形象反而得到消費者的認可。

(7) 政府監管部門要加大缺陷消費品召回活動的宣傳力度

現階段，消費者和生產者對缺陷消費品召回制度這個新鮮事物仍感到陌生，政府監管部門可通過定期到學校、社會團體單位進行宣傳，通過地鐵宣傳欄、微信公眾號、報紙等宣傳方式加深消費者以及生產商對召回活動的瞭解，引導消費者和生產者正確理解、把握召回活動的精神和實質，促進消費品行業企業產品的安全健康發展。

(8) 綜合運用多種手段對拒絕召回的行為進行有效遏制，尤其是充分運用媒體手段

這些手段包括罰款、吊銷營業執照、停止銷售、停止進口、停止生產、媒體曝光、紅黑榜等措施，甚至包括其他的行政措施、財政措施、稅收措施、環保措施和司法措施等。現階段大幅度提高罰款，還無法在短時間內通過相關法律實現，但是可以充分利用各種手段，尤其是新聞媒體。典型的事件有大眾DSG召回事件、豐田召回事件、三星手機爆炸門事件、宜家奪命抽屜櫃事件，這些企業都是在政府多次約談的情況下拒絕召回。但是經過央視等媒體曝光

後，企業立即改變態度，宣布進行召回。因此，可以說企業不怕上法院，但是怕被媒體曝光。一旦損失市場份額，企業的預期收益就完全不同了。國家媒體是黨和政府的喉舌，政府可以充分運用媒體的作用，改變企業的預期收益。

（9）提供必要的技術指導，提高企業的召回管理能力和質量管控能力

由於中國建立召回制度的時間短，大量企業對於召回的認識還不足，企業內部缺乏召回的應急預案和管理措施。政府可以指導企業開展召回工作，建立相應的召回應急預案和管理措施，提高企業的召回管理能力，尤其是要使企業樹立質量管控意識，提高質量管控能力。

5.6　本章小結

本章根據風險評估、汽車製造企業召回主動度和召回預期效益等結果進行汽車召回決策。本章建立了召回決策模型，討論了汽車召回決策目標和約束條件，目的是提高汽車召回的效益和效率。分別討論了已知事故和投訴情況的策略選擇、預警值下的策略選擇、已知汽車召回發生概率的策略選擇和已知汽車製造商的召回主動度的策略選擇。在此基礎上，研究者提出了汽車召回政策和建議。

6 家用電器產品缺陷風險和預期召回效益評估

本章主要從家用電器缺陷產品召回背景、風險評估和召回特點這三個方面進行分析，依據《缺陷消費品召回管理辦法》《消費者權益保護法》《家用電器安全使用年限細則》《職業衛生安全術語》等從消費者和政府角度確定缺陷家用電器產品召回評價指標，對各指標的評價準則進行詳細的描述，再運用綜合指標評估計算方法，對家用電器產品缺陷風險和預期召回效益進行評估，確定缺陷家用電器產品召回決策方案，對缺陷家用電器產品是否召回提供指導意見，最後進行算例分析。

6.1 背景

家用電器是指人們在日常生活中使用的，在住宅或住宅周圍使用的電器，如電冰箱、洗衣機、電視機、收錄機、音響、錄像機、電子計算器、電子手錶、電扇和電熱器具等電器。家用電器又稱民用電器、日用電器。家用電器使人們從繁重、瑣碎、費時的家務勞動中解放出來，為人類創造了更為舒適、優美、有利於身心健康的生活和工作環境，提供了豐富多彩的文化娛樂條件，已成為現代家庭生活的必需品。

當今社會，科技的迅猛發展推動了家用電器產品的更新換代，企業為取得競爭優勢，加快新產品的研發和生產工作，以期在最短的時間內占領市場，這使得家用電器缺陷產品出現的概率大大增加。因此，為保證家電產品的使用安全，推進家用電器缺陷產品召回管理工作，完善產品質量監管執法機制，本章根據《缺陷消費品召回管理辦法》《中華人民共和國消費者權益保護法》《家用電器安全使用年限細則》《職業衛生安全術語》等規定，採用綜合指標評估計算方法，設計了家用電器產品缺陷風險和預期召回效益的評估指標，並對各

指標的權重和計算方法進行了討論，最後得出缺陷家用電器產品召回的決策方案。

6.1.1 家用電器產品發展歷史及現狀

(1) 家用電器產品的發展歷史

家用電器是指在家庭及類似場所中所使用的各種電器，又稱民用電器、日用電器。家用電器問世已百年，美國被認為是家用電器的發源地。1879年，美國的愛迪生發明白熾燈，開啓了家庭用電時代。1882年，美國首次出現了商品化的電風扇，這種只有兩片扇葉的家用電器設備，是紐約的克羅卡卡奇斯發動機廠的主任技師休伊霍伊拉發明的。1889年，瑞士薩瑪登的貝爾尼納旅館安裝的電烤爐，是世界上最早的電烤爐。1891年，美國明尼蘇達州聖陵爾的卡彭塔電器加熱製造品廠，在世界上最早使電烤爐商品並批量生產。

美國電力工業的發展，為家用電器的發展創造了有利條件。20世紀初，美國的E.理查森發明的電熨門投放到市場，受到人們普遍歡迎。電熨門的廣泛使用改變了當時僅在夜間供電的傳統並促使其他家用電器相繼問世。因此，人們認為電熨門拉開了美國家用電器工業的發展序幕。1907年，具有現代產品雛形的吸塵器問世。1910年，電動洗衣機和壓縮機式家用電冰箱相繼問世。1914年，電竈問世。1930年，房間空氣調節器問世。1937年，全自動洗衣機研製成功。從此，電氣類產品的產量迅速增長，品種不斷增加和更新。

19世紀末，愛迪生效應的發現和驗證電磁波存在的實驗，為電子學的誕生創造了條件。1895年，義大利的馬爾可尼發明無線電報，無線電話和無線電廣播相繼問世。1904年，英國的弗萊明發明了二極電子管。1906年，美國的福雷斯特發明具有放大能力的三極電子管。此後，四極管、五極管、更多極的電子管和複合管相繼問世。電子管作為第一代的電子器件，在晶體管發明以前的近半個世紀裡，起到過非常重要的作用。1919年，超外差式接收機問世，為收音機的發展創造了條件。同年，第一個定時播發語言和音樂的無線電廣播電臺在英國建成，次年，在美國的匹茲堡又建成一座無線電廣播電臺。1923年和1924年，美國的茲沃雷金相繼發明了攝像管和顯像管；1931年，他組裝成世界上第一個全電子電視系統。約在20世紀30年代末，英國、美國先後開始了試驗性的電視廣播，第二次世界大戰後，電視廣播便在各國逐漸普及。1954年，美國採用NTSC（National Television Standard Commitee）制，正式開始彩色電視廣播。1963年和1966年，聯邦德國、法國分別確定了兼容的逐行倒相、按順序傳送色彩與存儲的電視系統。1898年，丹麥人發明了磁性（鋼

絲）錄音機。1935 年，德國通用電氣公司製成了磁帶錄音機。1963 年，荷蘭飛利浦公司發明了盒式磁帶，從此，盒式磁帶錄音機很快普及。

20 世紀 50 年代，電子工業和塑料工業興起，促進了家用電器的迅速發展。晶體管的發明應用，尤其是集成電路的發明，使電子技術進入微電子技術時代，出現了巨大的飛躍，使家用電器提高到一個新的水準。20 世紀 70 年代，微型計算機的問世，推動著家用電器向自動化和智能化方向發展，一批高技術型的家用電器相繼出現①。

目前，世界家電業可以分為 5 個系別，即美國系、歐洲系、日本系、韓國系、中國系。美國系包括：惠而浦、通用電器。歐洲系包括：西門子、伊萊克斯。日本系包括：松下、索尼、三洋。韓國系為三星。

（2）中國家電發展歷程

中國家電發展主要經歷四個階段。

第一階段是 20 世紀 50 至 70 年代家電萌芽期。

1955 年，天津醫療器械廠試製出第一臺使用封閉式壓縮機的冰箱。

1956 年，瀋陽、天津、北京、上海等地相繼開始生產冰箱，供醫院及科研單位使用，並試產了集團用洗衣機。

1958 年，中國第一臺黑白電視機誕生。天津 712 廠生產出新中國第一臺自主研發、製造的顯像管電視機——北京牌 14 英吋黑白電視機，標誌著當時中國電視機研製技術與日本基本處在同一水準。

1962 年，瀋陽日用電器研究所試製出中國第一臺洗衣機。

1965 年，上海空調機廠生產出中國第一臺三相窗式空調器。

1970 年 12 月 26 日，中國第一臺彩色電視機同樣在天津 712 廠誕生，拉開了中國彩電生產的大幕，但生產規模、產量、性能、質量等方面與同期已進入高速發展的日本相比差距明顯。

1976 年，廣州家用電器總廠試製成功噴流式洗衣機；隨後，波輪式套桶洗衣機在無錫洗衣機廠試製成功。

第二階段是 20 世紀 80 年代，中國家電出現消費六大件。這六大件主要包括電視、冰箱、空調、洗衣機、電風扇和照相機。這期間，中國家電開始迅速發展，經歷了從無到有，再到掌握自主尖端技術的幾次飛躍。

第三階段是 20 世紀 90 年代的家電消費爆棚期。20 世紀 80 年代，家電部分產品如電視、洗衣機等已經開始大量在老百姓的家中普及，家電產品與我們

---

① 張震坤. 消費類電子電氣產品安全評價及檢測技術［M］. 北京：化學工業出版社，2015.

的日常生活息息相關。20世紀90年代初開始突破定點生產，迎來家電業發展的爆發期，這期間，家電爆發式地發展，新款式冰箱、音響、淨水器、空調等開始普及。

第四階段是21世紀消費升級促使家電升級。進入21世紀，家電消費成了一種典型的品質消費。特別是在城市消費中，價格高低不再是消費者購買家電的決定性因素，品牌意識、品質、環保、節能、精神文化和時尚的外觀造型等消費升級因素，已經成為影響消費者購物導向的重要參考指標，成為消費的熱點①。

（2）中國家電產品發展現狀

隨著科學技術的不斷發展，家電產品的更新速度也在不斷加快。滾筒洗衣機、高新技術液晶電視、節能環保空調、廚電一體化等智能家電層出不窮。同時，中國家電協會數據顯示，截至2016年，中國空調器、微波爐、空調壓縮機的產量分別占全球的80%、80%、75%；電冰箱、洗衣機、冰箱壓縮機生產規模均占全球的40%。中國家電已出口到了80多個國家和地區，從中國走向了世界各地。

6.1.2　國內外家用電器缺陷產品召回制度

（1）國外家用電器缺陷產品召回制度

在美國，產品責任的責任主體範圍比較廣泛，一般包括製造者和銷售者兩大類。美國消費品安全管理委員會家用電器上市後，判斷其是否安全的主要市場監管部門，是電器產品召回制度中的監管主體。

對包括家用電器在內的一般消費品進行監管的法律依據是《消費品安全法案》（CPSA，Consumer Prodnct Safety Act），《消費品安全法案》確立並規定了CPSC（Consumer Product Safety Committee，即消費品安全協會）的基本職責——保護大眾免受消費品可能帶來的危害。

另外，專門針對家用電器安全保護的還有1970年開始實施的《危險品包裝法案》，它要求某些家用電器有兒童保護包裝，能避免兒童受傷。該法案要求產品的設計既能在一定時間內防止5歲以下的兒童打開產品，又能方便成人正常開啟。另一相關法案是1956年開始執行的冰箱安全法案（RSA，Refrigerator Safty Act）。該法案要求當兒童玩耍時爬入已廢棄或沒有被小心保管

---

① 肖莉. 30年回顧：中國家用電器行業發展歷程 [EB/OL]. [2018-9-19]. http://www.abi.com.cn/news/htmfiles/2008-9/77259.shtml.

的冰箱內，該產品的機械結構應該能夠保證冰箱門可以從裡面打開。美國消費品安全委員會每年都要抽檢一定數量的消費品，對消費品造成的傷害事件進行調查，並在官方網站公示產品安全性問題的投訴電話、電子郵件地址，鼓勵公民參與監督消費品質量，同時也鼓勵企業對自己的產品進行監控。一旦發現有潛在傷害性或已造成傷害的產品，經調查確認，即與製造商或經銷商聯合發布「召回」公告[1]。

德國對於召回責任主體的規定主要側重於對生產者的規定，一般並不包括批發商和零售商，只有在不能確定產品的生產者時，產品的提供者才被視為生產者而承擔責任。德國的《產品責任法》第四條第三款規定：「在產品的生產者不能確認的情況下，供應者應當被視為生產者。除非他在接到要求的一個月內將產品生產者的身分或向其供應產品的人或機構告知受害者。在進口產品的情況下，如果產品能表明上述第二款第45條規定的人員（即進口商）的身分，即使產品有生產者的名字，產品的供應者仍應當被視為生產者。」

英國的《消費者保護法》中關於產品召回責任承擔主體與德國的規定基本相同，除了要求生產者承擔責任，當產品的生產者無法確認或者銷售者在合理期限內未能向受害人提供生產者信息的情況下，還要求銷售者承擔產品召回責任。

澳大利亞的產品召回制度在美國的基礎上又使用了「產品提供者」的概念，在一定程度上擴大了承擔缺陷產品召回責任的主體範圍。

日本電子電器產品的召回主要依據《電氣用品安全法》(Electrical Appliance and Material Safety Law，簡稱電安法或 DENAN 法)。《電氣用品安全法》所管制的產品一共有454種，分為A、B兩大類，採用不同的管理要求。A類為特定產品，共115種，為可能有危險的或導致傷害的產品；B類為非特定產品，共339種。製造商/進口商有義務通報 METI（Ministry of Economy, Trade and Industry，日本經濟產業省），保證產品符合技術標準，保存測試結果和證明，並在產品上加貼 PSE（Product Safety of Electrical Appliance & Materials，適應性檢查）標誌。對於特定產品，製造商必須在經授權的（日本國內）或經批准的（日本國外）檢測實驗室通過相關測試。當電氣用品不符合相關技術標準時，為了防止危險的發生，METI 可能會禁止在該電氣用品上加貼 PSE 標誌。並且，如果有必要，當電氣用品不符合相關技術標準時，為了防止危險的擴大，METI 可能會採取必要的措施（如命令召回該電氣用品），對於違反命令者將實施處罰，法人的最高罰款可達1億日元，對於其他處罰也有相應規定。

---

[1] 徐戰菊．美國消費品安全——關於產品召回[J]．中國標準化，2005（06）：70-72．

（2）國內家用電器缺陷產品召回制度

2010年7月2日，國務院法制辦就《家用電器產品召回管理規定》徵求意見，家電召回制正式以法規的形式走入了人們的視線。《家用電器產品召回管理規定》明確要求，生產者應當對其生產的家用電器產品履行召回義務，銷售者、修理者等相關經營者應當協助並配合生產者履行召回義務。《家用電器產品召回管理規定》要求，家用電器生產者在中國境內的召回措施需與境外相同。未按規定實施召回的，處以3萬元以下罰款。

2014年3月15日實施的《中華人民共和國消費者權益保護法》中也明確了經營者對於缺陷產品所負有的召回義務，其中第三章第十九條規定：「經營者發現其提供的商品或者服務存在缺陷，有危及人身、財產安全危險的，應當立即向有關行政部門報告或告知消費者，並採取停止銷售、警示、召回、無害化處理、銷毀、停止生產或者服務等措施。採取召回措施的，經營者應當承擔消費者因商品被召回支出的必要費用。」這使得中國家電召回制度再次引起了業界的強烈關注。

2015年10月21日，國家質檢總局發布《缺陷消費品召回管理辦法》。為規範缺陷消費品召回活動，加強監督管理，保障消費者人身和財產安全，根據《中華人民共和國產品質量法》《中華人民共和國消費者權益保護法》《中華人民共和國進出口商品檢驗法》等法律法規，國家質檢總局制定《缺陷消費品召回管理辦法》，並於2016年1月1日起施行。《缺陷消費品召回管理辦法》明確生產者是召回第一責任人。結合工作實際情況，《缺陷消費品召回管理辦法》還將經營者、零部件生產供應商等納入「責任鏈條」中：銷售者、租賃者、修理者、零部件生產供應商、受委託生產企業等相關經營者（以下統稱經營者）應當向質檢部門報告或向生產者通報消費品可能存在缺陷的相關信息。經營者獲知消費品存在缺陷的，應當立即停止銷售、租賃、使用消費品，並協助生產者實施召回。消費品召回範圍將實施目錄管理制度。實施召回管理的消費品目錄由質檢總局制訂、調整。擬首先從兒童用品和家用電子電器產品開始實施。其中，兒童用品主要包括11類產品；家用電子電器產品主要包括9類產品。尚未列入目錄，但需要召回的其他消費品，可以參照《缺陷消費品召回管理辦法》執行。該辦法還強調了缺陷信息分析處理和共享。國家質檢總局和省級質檢部門加強缺陷消費品召回信息系統建設和管理，收集、分析、處理有關缺陷消費品信息，發布缺陷消費品召回信息，實現信息的共享。該辦法的實施，樹立了生產者對產品質量的主體責任意識，也維護了消費者的權益，同時進一步完善了家電產品召回制度，讓家電產品召回有據可循。

6.1.3　家用電器產品分類

根據《消費類電子電氣產品安全評價及檢測技術》一書，將家用電器產品分為以下幾類[①]：

（1）按安全檢測角度分類

①按家用電器電擊防護分類

器具應屬於下列各種類別之一：0類、0I類、I類、II類、III類。

②按家用電器外殼防護等級分類

防護等級在GB 4208《外殼防護代碼（IP等級）》（IEC 60529）中給出。

（2）按檢測條件分類

①按家用電器安裝方式分類

駐立式器具：固定式器具或非便攜式器具，如電冰箱、洗衣機和固定式電磁竈等。

固定式器具：緊固在一個支架上或固定在一個特定位置進行使用的器具，如空調器、抽油菸機等。

便攜式器具：在工作時預計會發生移動的器具或質量小於18kg的非固定式器具，如室內加熱器、電飯鍋等。

手持式器具：在正常使用期間要手持便攜式器具，如電熨門、電吹風、電推剪等。

②按家用電器主要功能分類

電動器具：裝有電動機而不帶有電熱元件的器具，如電風扇、電動按摩器等。

電熱器具：裝有電熱元件而不帶有電動機的器具，如電水壺、電飯鍋等。

組合型器具：裝有電動機和電熱元件的器具，如暖風機、電吹風等。

③按家用電器主要功能分類

連續工作器具：指無限期地在正常負載或充分放熱的條件下進行工作的器具，如吊扇、空調器等。

短時工作器具：指在正常負載或充分放熱的條件下，從冷態開始按特定週期工作的器具，每個工作週期的間隔時間要足以使器具冷卻到近似室溫，如電吹風、絞肉機等。

斷續工作器具：指在一系列特定的相同週期工作的器具，每個週期包括在

[①] 張震坤．消費類電子電氣產品安全評價及檢測技術［M］．北京：化學工業出版社，2015．

正常負載下或充分放熱條件下的一段工作時間和隨後讓器具空轉或關閉的一段時間，如洗衣機、麵包機等。

（3）按功能用途分類

制冷空調器具：家用冰箱、冷飲機、房間空調器、冷熱風器、空氣去濕器等。

通風器具：電扇、換氣扇等。

清潔器具：洗衣機、干洗機、吸塵器、地板打蠟機等。

廚房器具：電竈、微波爐、電磁竈、電烤箱、電飯鍋、洗碟機、電熱水器、食物加工機等。

取暖熨燙器具：電熨斗、室內加熱器等。

美容及其他器具：電動剃須刀、電吹風、整髮器、超聲波洗面器等。

商用電氣飲食加工服務設備：商用炸鍋、商用煎鍋、商用電烤爐、商用電烤架等。

保健和類似器具：電動按摩器、按摩墊等。

電熱毯器具：電熱毯、電熱被、電熱服等。

6.1.4　家用電器產品安全使用年限

國家標準化管理委員會審批出抬的《家用電器安全使用年限細則》，對家用電器產品的使用年限做了詳細規定。具體家電安全使用年限參考如表6-1所示。

表 6-1　　　　　　　　　具體家電安全使用年限參考

家用電器產品	安全使用年限參考（年）	家用電器產品	安全使用年限參考（年）
彩色電視機	8~10	電熱水器	8
空調器	8~10	電熨斗	9
電子鐘	8	電熱毯	8
電飯煲	10	電冰箱	12~16
個人電腦	6	電風扇	10
燃氣竈	8	洗衣機	8
電吹風	4	微波爐	10
電動剃須刀	4	吸塵器	8

6.1.5 家用電器產品放置環境

(1) 高溫環境

高溫的環境會使家用電器的絕緣材料加速老化,而絕緣材料一旦損壞,即可引起漏電、短路,從而導致人身觸電甚至引發火災事故。

(2) 潮濕環境

不應將洗衣機長時間放在衛生間內,也不要把家用電器放在花盆及魚缸附近,還要注意不要在家用電器上放置裝有液體的容器,更不得用濕布帶電擦洗或用水沖洗電器設備。

(3) 腐蝕環境

家電的外殼及絕緣材料受到化學物質的長期侵蝕,會縮短使用壽命。所以電冰箱、洗衣機等家用電器不宜放置在腐蝕性及污染性較嚴重的廚房內,以免受到煤氣、液化石油氣或油菸的侵蝕。

(4) 安全環境

家用電器一般都應擺放在安全、平穩的地方,千萬不要放置在有振動、易撞擊的過道處。若放置的地方不安全,一不小心使家用電器遭到劇烈的振動和猛烈的撞擊,會使螺絲鬆動、焊點脫落、電氣及機械等零部件移位。甚至會造成家電外殼凹陷開裂、零部件錯位、導線斷裂等損壞。

6.1.6 家用電器行業召回情況

隨著家電生產規模的擴大,其召回數量也在不斷增加,且家用電器產品召回涉及的種類也較多。根據前期在國家缺陷產品管理中心網站整理,數據資料顯示,2016 年至 2017 年 7 月 11 日,國外涉及家用電器產品召回記錄的共有 63 條。其中冰箱召回記錄 6 條、電視召回記錄 2 條、空調器召回記錄 4 條、洗衣機召回記錄 4 條、熱水器召回記錄 3 條、電風扇召回記錄 4 條、微波爐召回記錄 3 條、電飯煲召回記錄 2 條、飲水機召回記錄 3 條、照明燈召回記錄 4 條、音響召回記錄 1 條、電熱毯召回記錄 3 條、暖風機召回記錄 4 條、烘干機召回記錄 2 條、吸塵器召回記錄 4 條、其他家電產品召回記錄 14 條。而中國涉及家用電器產品的召回記錄共有 43 條,其中空調器產品召回記錄 2 條、洗衣機召回記錄 1 條、熱水器召回記錄 5 條、電風扇召回記錄 1 條、電磁爐召回記錄 1 條、暖水袋召回記錄 1 條、照明燈召回記錄 5 條、暖風機召回記錄 2 條、空氣淨化器召回記錄 5 條、淨水器召回記錄 2 條、電話機召回記錄 2 條、其他家電產品召回記錄 18 條。同時,中國技術性貿易措施網上顯示的數據表明,涉

及中國產品的召回數量占據了主要份額，其中涉及家電產品的卷宗數量呈逐年增長的趨勢。

6.2 家用電器缺陷產品召回風險評估

6.2.1 家用電器缺陷產品召回風險評估流程

家用電器產品作為消費類電子電器產品的一部分，其風險評估流程與消費類電子電氣產品風險評估流程相似。圖6-1為消費類電子電氣產品風險評估流程。

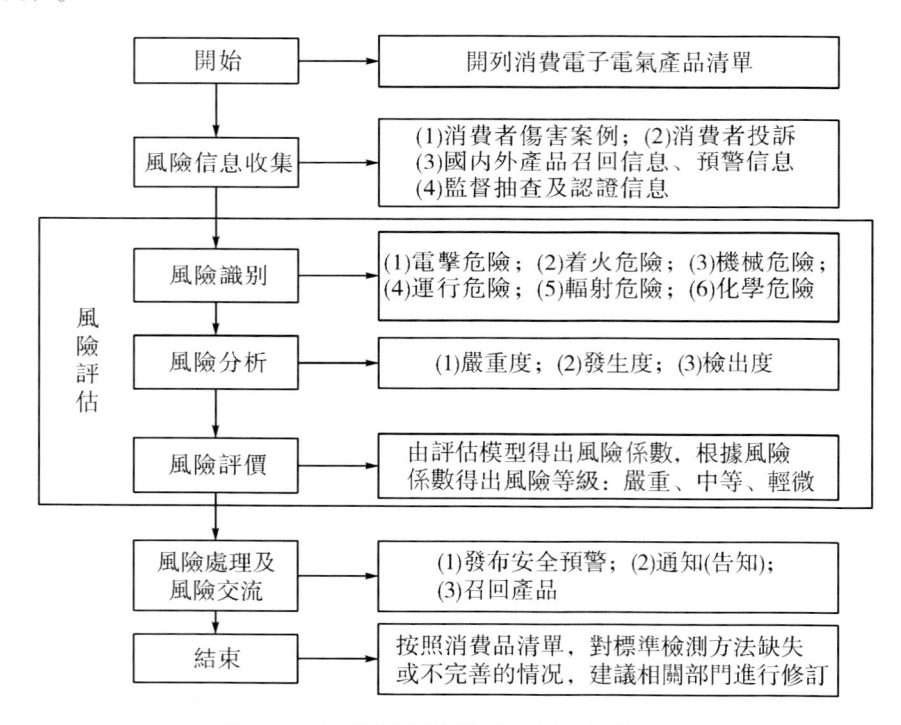

圖6-1　消費類電子電氣產品風險評估流程

6.2.2 風險信息收集

風險信息搜集可以從以下幾個方面進行：
①消費者傷害案例；②消費者投訴；③國內外產品召回信息、預警信息；

④監督抽查及各類產品認證信息。

6.2.3 風險識別

風險識別是對安全隱患進行技術分析，研究風險傳遞的過程，模擬危險發生和引起傷害的可能場景①。常用的風險識別方法有流程圖法、現場調查法、故障樹分析法、歷史記錄統計法、聚類分析法、模糊識別法和專家調查法等。風險分析的理論和實踐證明，沒有任何一種方法的功能是萬能的，它們都有其特定的適用性，表6-2討論了風險識別方法的適用性②。

表6-2　　　　　　　　　風險識別方法的適用性

識別方法	適用範圍
流程圖法	分階段進行項目的風險識別
現場調查法	對動態風險因素進行識別與預測
故障樹分析法	直接經驗較少的風險識別
歷史記錄統計法	從定性方面對新項目的風險進行預測
聚類分析法	具有相同或相似屬性的風險識別
模糊識別法	風險的性態或屬性不確定的情況
專家調查法	從定性方面出發進行初步風險識別

而對於家電產品，主要容易出現如圖6-2所示的幾種危害情況。

容易導致的事故包括：爆炸事故、火災事故、擦傷、割傷等機械事故、化學品中毒事故、電擊事故、輻射事故、噪聲事故。

（1）對於事故的理解

事故，一般是指造成死亡、疾病、傷害、損壞或者其他損失的意外情況。事故是發生於預期之外的造成人身傷害或財產、經濟損失的事件。

（2）事故等級劃分標準

①傷亡事故的傷害程度分類

第一，按傷害程度，並根據國家標準（GB/T15236-94）③，傷亡事故按傷

---

① 王瑣，黃國忠，宋存義，等. 基於灰色理論的汽車缺陷風險評估模型［J］. 北京科技大學學報，2009，31（9）：1178-1182.

② 王新敏，陳勇. 航天器研製技術風險分析［J］. 裝備指揮技術學院學報，2010，21（1）：61-64.

③ 來源：《中國國家標準化管理委員會職業安全衛生術語》（GB/T15236-94）。

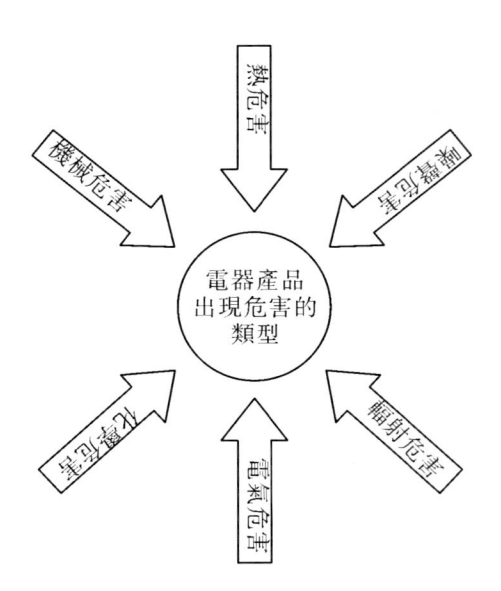

圖 6-2　家用電器產品出現的危害類型

害程度分類如下：

輕傷事故：只有輕傷的事故。

重傷事故：只有重傷無死亡的事故。

死亡事故：死亡 1~2 人的事故。

重大死亡事故：死亡 3~9 人的事故。

特大死亡事故：死亡 10 人以上（含 10 人）的事故。

第二，按經濟損失程度分，根據事故造成的經濟損失程度，事故通常分類如下：

一般損失事故：一次損失 1 萬元以下的事故。

較大損失事故：一次損失 1 萬元或 1 萬元以上 10 萬元以下的事故。

重大損失事故：一次損失 10 萬元或 10 萬元以上 100 萬元以下的事故。

特大損失事故：一次損失 100 萬元或 100 萬元以上的事故。

②火災事故嚴重程度分類

1996 年 11 月 11 日，公安部、原勞動部、國家統計局聯合頒布《火災統計管理規定》，將火災事故分為特大火災、重大火災和一般火災三類。

第一類是特大火災事故，具有下列情形之一的火災為特大火災：死亡 10 人以上（含 10 人，下同）；重傷 20 人以上；死亡、重傷 20 人以上；受災 50 戶以上；直接財產損失 100 萬元以上。

第二類是重大火災事故，具有下列情形之一的火災，為重大火災事故：死亡 3 人以上；重傷 10 人以上；死亡、重傷 10 人以上；受災 30 戶以上；直接財產損失 30 萬元以上。

第三類是一般火災事故，不具有前列兩項情形的燃燒事故，為一般火災。

凡在火災和火災撲救過程中因燒、摔、砸、炸、窒息、中毒、觸電、高溫輻射等原因所致的人員傷亡，列入火災人員傷亡統計範圍。人員死亡是指以火災發生後 7 天內死亡為限，傷殘統計標準按原勞動部的有關規定認定。火災損失分直接財產損失和間接財產損失兩項統計，具體計算方法按公安部的有關規定執行。

凡在時間或空間上失去控制的燃燒所造成的災害都是火災，所有火災不論損害大小，都應被列入火災統計範圍。所有統計火災應包括下列火災：第一，易燃、易爆化學物品燃燒爆炸引起的火災；第二，破壞性試驗中引起非實驗體的燃燒；第三，機電設備因內部故障導致外部明火燃燒或者由此引起其他物件的燃燒；第四，車輛、船舶、飛機以及其他交通工具發生的燃燒（飛機因飛行事故而導致本身燃燒的除外），或者由此引起的其他物件的燃燒。

6.2.4　風險分析

當家用電器產品發生召回時，產品製造商通常會考慮相關缺陷的危害程度（如圖 6-3 所示）和召回的暴露程度。

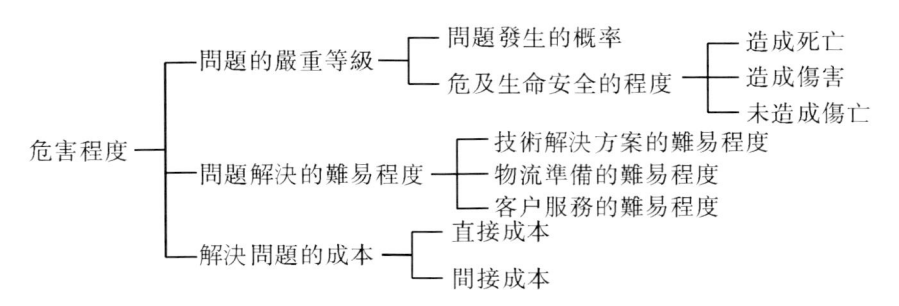

圖 6-3　缺陷家用電器產品召回風險評估

缺陷的危害程度往往涉及問題的嚴重等級、處理解決的難易程度以及需要投入的成本情況等。具體展開的話，問題的嚴重等級包括問題發生的概率、危及生命安全的程度等；問題解決的難易程度要考慮技術解決方案、物流準備及客戶服務等方面的因素；而解決問題的成本又涉及人工成本、材料成本以及物流成本等。

至於召回的暴露程度，主要是指召回產品的地理分佈、召回數量、所有者或使用者的數量以及被關注程度。

6.3 家用電器缺陷產品的召回特點

中國是家電產品的生產和銷售大國，家電是與老百姓生活關係最密切的產品之一。據不完全統計，2014年，中國家電工業總產值達1.4萬億元，佔國民經濟總產值的2.19%，且中國家電行業整個產業在未來10年仍然有望保持5%~8%的發展速度，10年以後的產值有望突破3萬億元。在這種背景下，如果某一批次或者某一型號的產品由於企業在設計、生產、銷售等過程中的錯誤而出現安全問題，勢必會對消費者產生不可估量的危害。

早在2009年，韓國三星因產品質量存在安全隱患（該品牌冰箱由於冷媒管道積霜過多導致電熱器聯結點漏電，從而使得冰箱內冷凍的真空罐裝食品受熱爆炸，對開門冰箱突然發生冰箱門飛脫事故，導致用戶家的門窗玻璃受損），在中國主動召回6個型號的原裝進口雙開門冰箱。2010年2月，LG電子生產的洗衣機在韓國中部城市大田發生一起嚴重的兒童安全事故。當時，一名7歲的兒童在父母未注意的情況下，爬進了家中的LG滾筒洗衣機玩耍，並不慎將滾筒門鎖住。因滾筒門無法從內部打開，這名被困兒童最終死亡。不幸事件發生後，韓國LG電子決定在韓國召回100萬臺滾筒洗衣機。之後，LG電子承認涉及安全事故的洗衣機系列在中國也有銷售，宣布將召回已經在中國市場銷售的672臺滾筒洗衣機。同年年初，由於LG電子生產的便攜式除濕機存在安全隱患，LG電子宣布召回9.8萬臺便攜式除濕機，該計劃由美國消費者產品安全委員會協同LG電子（天津）電器有限公司共同完成[①]。與此同時，在2010年，松下公司在中國召回36萬臺存在安全隱患的電冰箱，是國內迄今最大規模的家電召回行動[②]。

家電產品在市場抽查中暴露出的質量安全問題也較多，如表6-3所示。

---

① 王哲宇. 家用電器缺陷產品召回制度及現狀分析 [J]. 上海標準化，2010（03）：43-47.
② 王崢. 家電召回漸行漸近 [J]. 質量與標準化，2011（11）：12-15.

表 6-3　　　家電產品在市場抽查中暴露的質量安全問題

類別	受檢產品	存在不合格的檢驗項目	檢驗標準
食品加工設備	自動電飯鍋	耐熱、耐燃和耐漏電起痕；對觸及帶電部件的防護；電源連接和外部軟線	GB 4706 通標及特標
	全自動電飯鍋	標誌與說明；電源端騷擾電壓	
	多功能電腦炖煲	標誌與說明；電源連接和外部軟線	
	電飯鍋、電炖鍋	電源連接和外部軟線；輸入功率和電流；螺釘和連接；非正常工作	
	保溫型自動電飯鍋	輸入功率和電流；非正常工作	
	榨汁機	接地措施；移動式電器附件的結構；電源連接和外部軟線	
	養生壺（外包裝）	非正常工作；電源連接和外部軟線	
	養身壺	噪聲	
	微電腦電磁爐	對觸及帶電部件的防護；非正常工作；耐熱、耐燃和耐漏電起痕	
	食品加工機	電源端騷擾電壓；電氣間隙和爬電距離	
	多功能食品攪拌機	對觸及帶電部件的防護；接地措施；標誌與說明	
風扇及廚房器具	迷你臺夾扇	防觸電的結構要求	GB 4706 通標、特標、GB 4343
	落地扇	標誌與說明；非正常工作；輸入功率和電流；螺釘和連接；內部布線	
	臺扇	防觸電的結構要求	
	換氣扇	電源連接和外部軟線	
	電風扇	輸入功率和電流；電源連接和外部軟線	
	節能臺夾扇	對觸及帶電部件的防護	
	折疊式電吹風	絕緣材料的耐非正常熱；耐熱、耐燃和耐漏電起痕	
	電吹風	輸入功率和電流；電源連接和外部軟線	
	吸油菸機	發熱；電源連接和外部軟線	
	深吸型頂吸式吸油菸機	電源端騷擾電壓	
	轉頁扇	對觸及帶電部件的防護；電源連接和外部軟線；外部導線用接線端子；穩定性和機械危險；接地措施	

表6-3(續)

類別	受檢產品	存在不合格的檢驗項目	檢驗標準
取暖設備及熱水器	折疊式取暖器	標誌與說明；結構；耐熱、耐燃和耐漏電起痕	GB 4706通標、特標、GB 4343
	小太陽取暖器	電源連接和外部軟線；電源端子連續騷擾電壓；騷擾功率	
	取暖器	電源連接和外部軟線；發熱	
	空調型取暖器	對觸及帶電部件的防護；發熱；非正常工作；電源連接和外部軟線；外部導線用接線端子	
	遠紅外光能電熱水器	標誌與說明；絕緣電阻和電氣強度；電源連接和外部軟線	
	豪華調溫型電熱毯	標誌與說明；電源連接和外部軟線；穩定性和機械危險	
	室內加熱器（取暖器）	防觸電的結構要求	
	快熱式電熱水器	電源連接和外部軟線	
	即熱式電熱水器（小廚寶）	對觸及帶電部件的防護；非正常工作	
	調溫型電熱毯	標誌與說明；輸入功率；電源連接和外部軟線	
	安全保護單人電熱毯	外部導線用接線端子；螺釘和連接	
	（小金剛）兩管取暖器	標誌與說明	
電視及音響設備	有線數字電視機頂盒	保護接地措施；電源端騷擾電壓；輻射騷擾	GB 8898，GB 13837
	液晶電視機	標誌與說明；輻射騷擾；保護接地措施；電源端騷擾電壓；亮度；白平衡誤差	
	液晶彩色電視機	標誌與說明；非正常工作；電源連接和外部軟線；接地措施	
	超級多媒體重低音系統	標誌和說明；電源連接和外部軟線；接地措施；螺釘和連接；輸入功率和電流；非正常工作	
	多媒體有源音箱	對觸及帶電部件的防護；非正常工作；穩定性和機械危險；電源連接和外部軟線	
	迷你組合音響	輸入功率和電流；電源連接和外部軟線；接地措施；螺釘和連接	
	微型組合音響	電源連接和外部軟線；螺釘和連接	
	mini組合DVD（包裝箱）	非正常工作	

表6-3(續)

類別	受檢產品	存在不合格的檢驗項目	檢驗標準
燈具及插座	全自動吸蚊燈	防觸電的結構要求	GB 7000通標及特標
	滅蠅滅蚊燈	非正常工作；螺釘和連接	
	二三極插座	對觸及帶電部件的防護；非正常工作；外部導線用接線端子	GB 1002，GB 2099.1，GB 2099.3
	單相移動式電源插座	電源連接和外部軟線；接地措施	
	轉換器	標誌與說明；對觸及帶電部件的防護；輸入功率和電流；電源連接和外部軟線	

而中國的家電廠商在境外已有多起對缺陷產品實行召回的事件，出口歐盟市場的家電被召回的產品主要涉及下列品牌：「Tefal」電油炸鍋、「SPESA INTELIGENT」電熱水袋、「TZS FIRST AUSTRIA」攪拌器、「TRENDY」電卷發器、「MATSUI」真空吸塵器、「ORBIT」電直發器、「SAPIR」電吹風機、「Lee Stafford」直發器、「PRESTIGE」無繩電水壺、「IGENIX」對流式電暖器、「Tefal」家用電油炸鍋、「ORBIT」旅行電熨鬥、「ZOWAEL」電動剃須刀、「Extrastar」手動攪拌器、「GUT MODEL」電風扇、「PYLONES」多士爐等（召回原因等情況分析如表6-4所示）。

表 6-4　　　　　　召回產品和召回原因等情況分析表

召回產品	召回原因	危險	法律規定	造成後果案例
電吹風機	未配備防水裝置	電擊的危險	美國相關法律規定，手持吹風機必須安裝觸電保護器，才符合 UL 895 標準、歐盟低電壓指令以及歐洲標準 EN 60335	尚未收到任何事故報告
電吹風機	內部布線沒有固定，可接觸金屬部件帶電；插頭是非標準的	會引發電擊和火災危險		
無繩電水壺	覆蓋在開/關按鈕上的裝飾層脫落，因此可接觸到帶電零件	該產品會引起嚴重的電擊危險	不符合低電壓指令和歐洲標準 EN 60335	
無繩電水壺	電水壺沒有和加熱元件正確連接，出現電火花	該產品有引發火災的危險	不符合歐盟低電壓指令以及歐洲標準 EN 60335	
咖啡機	絕緣不當	有電擊危險	不符合低壓指令 73/23/EEC	
咖啡機	內部布線的溫度升至 129K，而上限是 50K，可引發火災危險	地線導管比導線短（電擊危險）		
三明治機	關簧片內的保護管沒有得到固定	食物如果溢出，會與帶電部件相接觸		
手動攪拌器	未安裝壓力啟動開關，也沒有任何防止產品意外啟動的防護措施	有致人受傷的危險		
手動攪拌器	檢測時，內部布線的絕緣損壞	可能導致機械或電氣產生缺陷		
攪拌器	產品接地存在故障	產品接地存在故障，會引起電擊危險	不符合歐盟低電壓指令以及歐洲標準 EN 60335	收到 1 起事故報告
攪拌器	接地可能存在故障	會引起電擊危險		尚未收到任何事故報告
攪拌器	接地可能存在故障	會引起電擊危險		已收到 1 起事故報告
電風扇	檢測儀器可觸碰到該產品的內部元件主絕緣層	有電擊危險		尚未收到任何事故報告
電動剃鬚刀	該產品電路主輔回路之間的電氣強度不符合要求；防止接觸帶電部件的保護不夠充分	有電擊危險		尚未收到任何事故報告
旅行電熨斗	該產品的正常工作溫度比額定功率下的溫度偏高 5%，在 240V 額定功率下測得的溫度偏高 18.3%	有電擊危險		尚未收到任何事故報告
多士爐	該產品缺少防止與帶電部件（加熱元件）意外接觸的保護裝置；內部線路沒有充分絕緣，不能確保安全，帶電部件與可接觸部件之間的間隔不足 4mm；接地線路的連接不符合標準要求	有電擊危險		目前已收到 1 起電擊事故報告
多士爐	電線絕緣不當（產生跳火）	電器外表面起火，從而引發火災危險。由於螺絲釘末端有毛邊和毛刺，內部布線和電源線可能損壞	不符合低電壓指令和歐洲標準 EN 60335	尚未收到任何事故報告

表6-4(續)

召回產品	召回原因	危險	法律規定	造成後果案例
對流式電暖爐	底座是金屬質地	該產品有引發火災的危險	不符合歐盟低電壓指令以及歐洲標準 EN 60335	主管部門已收到 12 起事故報告
電直發器	在某些情況下，當有外力從某個角度施加到該產品時，其電源線入口的保護板會損壞，有可能導致電源線與直發器分離，有導致消費者觸電的危險	有電擊危險		有關部門已經收到 2 起消費者投訴
電直發器	該產品電源線的長度長於標準規定的 2m 的最大限值，缺少「禁止在靠近水的地方使用」的符號或警告標誌；缺少 II 類器具符號標誌；使用說明中缺少有關「禁止更換電源線，若電源線損壞，應丟棄該直發器」的警告	易引起電擊危險	不符合歐盟低電壓指令以及歐洲標準 EN 60335	
真空吸塵器	該產品引起火災危險是因為：電源線的塑料外殼（藍色）不符合阻燃性要求試驗時，火苗在部分非金屬材料上蔓延	有引發火災的危險		尚未收到任何事故報告
家用電油炸鍋	該產品電源線的接線端子極易鬆動。在使用過程中，有可能熔化或點燃電線的塑料絕緣層，並最終導致電油炸鍋的底板熔化或者燃燒	有引發火災的危險	不符合歐盟低電壓指令以及歐洲標準 EN 60335	
電油炸鍋	該產品工作時，若電壓低於 230V，控制加熱元件的繼電器較正常電壓下更為頻繁地開啟和關閉，這種情況下，銀色觸點可能會自毀，導致器具處於被鎖定的狀態，從而出現持續加熱乃至過熱的現象	有引發火災的危險	不符合歐盟低電壓指令以及歐洲標準 EN 60335	主管部門已經接到 20 起事故報告

6.4 預期召回效益評估指標體系

雖然缺陷家用電器產品召回事件明顯增多，但對中國數以萬計的家電產量而言，所占的比例微乎其微。因此非常有必要完善家用電器缺陷產品召回評價指標，對家用電器產品缺陷風險和預期召回效益進行評估，確保家用電器缺陷產品能順利召回。本章採用綜合指標評估計算方法，得到家用電器缺陷產品召回評價指標體系，如表 6-5 所示。

表 6-5　　　　　　　　缺陷家用電器產品召回評價指標

目標層：缺陷家用電器產品處理（A）				
準則層	方案層	指標層（編碼）	指標類型
消費者層面（B1）	事故發生量（C1）	爆炸事件次數（D11）	定量
		著火事件次數（D12）	定量
		電擊事件次數（D13）	定量
		其他事件次數（機械、輻射、運行、化學）（D14）	定量
	消費者投訴量（C2）	電話投訴量（D21）	定量
		網站投訴量（D22）	定量
		信件投訴量（D23）	定量
政府層面（B2）	輿情影響程度（C3）	主流新聞媒體報導次數（D31）	定量
		微博/微信轉發量（D32）	定量
	潛在危害程度（C4）	缺陷發生的嚴重程度（D41）	定性
		缺陷發生率（D42）	定量
		產品使用頻度（D43）	定量
		產品放置環境（D44）	定性
	召回的經濟性（C5）	可能造成的經濟損失（D51）	定量
		已經造成的經濟損失（D52）	定量
	召回難易程度（C6）	產品本身特性（D61）	定性
		產品銷售數量（D62）	定量
		產品使用壽命（D63）	定量
		產品銷售對象（D64）	定性

　　現在給出缺陷家用電器產品召回評價指標體系中各指標的影響權重，如表 6-6 所示。表 6-6 中最右邊的指標權重表示指標層在整個評價體系中的權重，例如，缺陷發生的嚴重程度（D41）對整個評估的影響權重是 0.090,0。各指標的下級指標權重之和為 100%，例如，C1 的各個下級指標 D11、D12、D13 和 D14 在 C1 指標內部的權重分別是 40%、20%、20%、20%，這些指標的權重之和為 100%；C1 在上級指標 B1 中的權重是 50%。

表 6-6　　缺陷家用電器產品召回評價中各指標的影響權重

目標層：缺陷家用電器產品處理（A）					
準則層		方案層		指標層		權重
指標	權重	指標	權重	指標	權重
消費者層面（B1）	40%	事故發生量（C1）	50%	爆炸事件次數（D11）	40%	0.080,0
^	^	^	^	著火事件次數（D12）	20%	0.040,0
^	^	^	^	電擊事件次數（D13）	20%	0.040,0
^	^	^	^	其他事件次數（機械、輻射、運行、化學）（D14）	20%	0.040,0
^	^	消費者投訴量（C2）	50%	電話投訴量（D21）	40%	0.080,0
^	^	^	^	網站投訴量（D22）	40%	0.080,0
^	^	^	^	信件投訴量（D23）	20%	0.040,0
政府層面（B2）	60%	輿情影響程度（C3）	40%	主流新聞媒體報導次數（D31）	60%	0.144,0
^	^	^	^	微博/微信轉發量（D32）	40%	0.096,0
^	^	潛在危害程度（C4）	30%	缺陷發生的嚴重程度（D41）	50%	0.090,0
^	^	^	^	缺陷發生率（D42）	30%	0.054,0
^	^	^	^	產品使用頻率（D43）	10%	0.018,0
^	^	^	^	產品放置環境（D44）	10%	0.018,0
^	^	召回的經濟性（C5）	20%	可能造成的經濟損失（D51）	70%	0.084,0
^	^	^	^	已經造成的經濟損失（D52）	30%	0.036,0
^	^	召回難易程度（C6）	10%	產品本身特性（D61）	40%	0.024,0
^	^	^	^	產品銷售數量（D62）	40%	0.024,0
^	^	^	^	產品使用壽命（D63）	10%	0.006,0
^	^	^	^	產品銷售對象（D64）	10%	0.006,0

6.5　指標的評價準則

　　由於召回產品的主體是企業，缺陷產品召回評價從政府和消費者兩個角度進行，因此將消費者層面（B1）和政府層面（B2）作為指標體系的一級指標，即準則層。消費者層面就是從消費者角度出發判定缺陷產品是否啟動召回。政府層面就是從政府角度出發判定缺陷產品是否啟動召回。因是否啟動召回是由政府評判，且政府層面的評分指標較多，所以政府層面占比較大。

方案層，就是二級指標，消費者層面（B1）包括事故發生量（C1）和消費者投訴量（C2）共2個二級指標。事故發生量是已經對消費者造成傷害的事實，對是否啟動召回影響較大，所以占比較消費者的投訴量要大。政府層面（B2）包括輿情影響程度（C3）、潛在危害程度（C4）、召回的經濟性（C5）和召回難易程度（C6）共4個二級指標。政府部門主要考慮輿情的影響程度以及潛在危害程度，所以這兩個指標占比較大。當然，也可以將消費者投訴量（C2）歸入政府的層面（B2）的二級指標，將召回的經濟性（C5）歸入消費者層面（B1）的二級指標。這樣，消費者主要關注人身和財產損失，政府主要關注輿情危害嚴重性等社會效益。

現主要解釋三級指標的含義及其計算方法。為了便於理解，所有的三級指標都盡量按百分制打分。另外，當單項指標超出警戒值時，將不進行上述綜合指標評估計算，直接引入專家研判。

6.5.1 事故發生量

根據前文對缺陷家電產品的風險識別，使用家電產品容易發生爆炸、火災、電擊等事故，因此事故發生量（C1）主要考慮缺陷家用電器產品容易發生的各種事故，主要對爆炸事件次數（D11）、著火事件次數（D12）、電擊事件次數（D13）和其他事件次數（這裡的其他事件主要包括擦傷、割傷等機械事件、輻射事件、運行事件、化學品中毒事件等，從家電產品發生事故的嚴重性以及經常發生事故的類型來看，爆炸、著火和電擊事件的發生頻率最高，且傷害最大，因此占比也較大）（D14）共4個三級指標進行評價。

爆炸事件屬於嚴重事故，且家電產品經常發生，當發生爆炸時，不僅會使自身家電產品受損，也會造成一定的人員傷亡，給消費者帶來傷害。因此，爆炸事件占比應是最大的，著火事件相應次之。根據上述對於事故發生等級的描述，若沒有發生爆炸事件，則評分為0分。發生1起爆炸事件，且是一般爆炸事故，則評分為0~30分；發生1起爆炸事件，且是重大爆炸事故，則評分為30~70分；若發生2起爆炸事件，且都是一般爆炸事故，則評分為30~70分；若發生3起爆炸事件，且都是一般爆炸事故，則評分為70~100分；若發生2起爆炸事件，1起為重大爆炸事故，1起為一般爆炸事故，則評分為70~100分；若發生2起及以上重大爆炸事故或1起及以上特大爆炸事故，則可直接評100分；若發生3起以上爆炸事件，不管傷亡如何，則可直接評100分。這裡的特大爆炸事故是指具有下列情形之一的爆炸事故：死亡10人以上（含10人，下同）；重傷20人以上；死亡、重傷20人以上；受災50戶以上；直接財

產損失 100 萬元以上。重大爆炸事故指：具有下列情形之一的爆炸，為重大爆炸事故；死亡 3 人以上；重傷 10 人以上；死亡、重傷 10 人以上；受災 30 戶以上；直接財產損失 30 萬元以上。一般爆炸事故：不具有前列兩項情形的爆炸事故，為一般爆炸事故。另外，爆炸事件次數（D11）可通過消防部門或新聞媒體報導、投訴部門、網上信息查詢等方式獲得。表 6-7 是對爆炸事件次數進行的評分。

表 6-7　　　　　　　爆炸事件次數評分

爆炸事件次數描述		評分（分）
沒有發生爆炸事件		0
發生 1 起爆炸事件	一般爆炸事故	0～30
	重大爆炸事故	30～70
	特大爆炸事故	100
發生 2 起爆炸事件	2 起都是一般爆炸事故	30～70
	1 起為重大爆炸事故，1 起為一般爆炸事故	70～100
	2 起都是重大爆炸事故	100
發生 3 起爆炸事件	3 起都是一般爆炸事故	70～100
發生 1 起以上特大爆炸事故或 2 起以上重大爆炸事故		100
發生 3 起以上爆炸事件，不論爆炸事件的嚴重性		100
備註：特大爆炸事故的警戒值為 5 起；重大爆炸事故的警戒值為 7 起；一般爆炸事故的警戒值為 10 起		

著火事件次數（D12）是家電產品因缺陷問題而著火的次數，根據著火的嚴重程度（嚴重程度可根據上述火災事故嚴重等級進行劃分）進行評分。若沒有發生著火事件，則評分為 0 分。發生 1 起著火事件，且是一般火災事故，則評分為 0～30 分；發生 1 起著火事件，且是重大火災事故，則評分為 30～70 分；若發生 2 起著火事件，且都是一般火災事故，則評分為 30～70 分；若發生 3 起著火事件，且是一般火災事故，則評分為 70～100 分；若發生 2 起著火事件，1 起為重大火災事故，1 起為一般火災事故，則評分為 70～100 分；若發生 2 起及以上重大火災事故或 1 起及以上特大火災事故，則可直接評 100 分。若發生 3 起以上著火事件，不管傷亡如何，則可直接評 100 分。著火事件次數（D12）可通過消防部門、醫院、投訴部門、新聞媒體報導以及網上信息查詢等方式獲得。表 6-8 反應了對著火事件次數進行的評分。

表 6-8　　　　　　　　　　著火事件次數評分

著火事件次數描述		評分（分）
沒有發生著火事件		0
發生 1 起著火事件	一般火災事故	0~30
	重大火災事故	30~70
	特大火災事故	100
發生 2 起著火事件	2 起都是一般火災事故	30~70
	1 起為重大火災事故，1 起為一般火災事故	70~100
	2 起都是重大火災事故	100
發生 3 起著火事件	3 起都是一般火災事故	70~100
發生 1 起以上特大爆炸事故或 2 起以上重大爆炸事故		100
發生 3 起以上著火事件，不論著火事件的嚴重性		100
備註：特大火災事故的警戒值為 5 起；重大火災事故的警戒值為 7 起；一般火災事故的警戒值為 10 起		

　　電擊事件次數（D13）是指使用缺陷家電產品對消費者造成電擊傷害的次數。至於傷害的嚴重程度則按照前文國家標準（GB/T15236-94）對傷害等級的劃分進行評判。沒有發生電擊事件，則評分為 0 分。發生 1 起電擊事件，且是輕傷事故，則評分為 0~20 分；發生 1 起電擊事件，且是重傷事故，則評分為 20~40 分；發生 1 起電擊事件，且是死亡事故，則評分為 40~60 分；發生 1 起電擊事件，且是重大死亡事故，則評分為 60~80 分；發生 1 起電擊事件，且是特大死亡事故，則評分為 80~100 分。發生 2 起電擊事件、且都是輕傷事故，則評分為 20~40 分；發生 2 起電擊事件、1 起輕傷事故、1 起重傷事故，則評分為 40~60 分；發生 2 起電擊事件、1 起輕傷事故、1 起死亡事故，則評分為 60~80 分；發生 2 起電擊事件、1 起輕傷事故、1 起重大死亡事故，則評分為 80~100 分；發生 2 起電擊事件，且都是重傷事故，則評分為 40~60 分；發生 2 起電擊事件，且都是死亡事故，則評分為 60~80 分；發生 2 起電擊事件、1 起重傷事故、1 起死亡事故，則評分為 80~100 分；發生 2 起電擊事件、1 起死亡事故、1 起重大死亡事故，則直接評 100 分。發生 3 起電擊事件，不論事故嚴重程度，則直接評 100 分。發生電擊事件，造成特大死亡事故 1 次及以上或重大死亡事故 2 次及以上，則直接評 100 分。電擊事件次數（D13）可通過醫院、投訴部門、新聞媒體報導以及網上信息查詢等方式獲得。表 6-9 反應了對電擊事件次數進行的評分。

表 6-9　　　　　　　　　　電擊事件次數評分

電擊事件次數描述		評分（分）
沒有發生電擊事件		0
發生 1 起電擊事件	輕傷事故	0~20
	重傷事故	20~40
	死亡事故	40~60
	重大死亡事故	60~80
	特大死亡事故	80~100
發生 2 起電擊事件，	2 起都是輕傷事故	20~40
	2 起都是重傷事故	40~60
	2 起都是死亡事故	60~80
	2 起都是重大死亡事故	80~100
	1 起輕傷事故、1 起重傷事故	40~60
	1 起輕傷事故、1 起死亡事故	60~80
	1 起輕傷事故、1 起重大死亡事故	80~100
	1 起重傷事故、1 起死亡事故	80~100
	1 起死亡事故、1 起重大死亡事故	100
發生 3 起電擊事件，不論事故嚴重程度		100
發生電擊事件，造成特大死亡事故 1 次以上或重大死亡事故 2 次以上		100
備註：發生電擊事件，造成特大死亡事故的警戒值為 3 起；重大死亡事故的警戒值為 5 起；死亡事故的警戒值為 6 起；重傷事故的警戒值為 8 起；輕傷事故的警戒值為 10 起		

其他事件次數（D14）是指使用缺陷家電產品對消費者造成擦傷、割傷等機械事件、輻射事件、運行危險事件、化學品中毒等事件的傷害次數。傷害的嚴重程度也是按照國家標準（GB/T15236-94）對傷害等級的劃分進行評判。沒有發生其他事件，則評分為 0 分。發生 1 起其他事件，且是輕傷事故，則評分為 0~20 分；發生 1 起其他事件，且是重傷事故，則評分為 20~40 分；發生 1 起其他事件，且是死亡事故，則評分為 40~60 分；發生 1 起其他事件，且是重大死亡事故，則評分為 60~80 分；發生 1 起其他事件，且是特大死亡事故，則評分為 80~100 分。發生 2 起其他事件，且都是輕傷事故，則評分為 20~40 分；發生 2 起其他事件、1 起輕傷事故、1 起重傷事故，則評分為 40~60 分；發生 2 起其他事件、

1起輕傷事故、1起死亡事故，則評分為60~80分；發生2起其他事件、1起輕傷事故、1起重大死亡事故，則評分為80~100分；發生2起其他事件，且都是重傷事故，則評分為40~60分；發生2起其他事件，且都是死亡事故，則評分為60~80分；發生2起其他事件、1起重傷事故，1起死亡事故，則評分為80~100分；發生2起其他事件、1起死亡事故、1起重大死亡事故，則直接評100分。發生3起其他事件，不論事故嚴重程度，則直接評100分。發生其他事件，造成特大死亡事故1次及以上或重大死亡事故2次及以上，則直接評100分。其他事件次數（D14）可通過醫院、投訴部門、新聞媒體報導以及網上信息查詢等方式獲得。表6-10可更為直觀地對其他事件次數進行評分。

表 6-10　　　　　　　　　　其他事件次數評分

電擊事件次數描述		評分（分）
沒有發生其他事件		0
發生1起其他事件	輕傷事故	0~20
	重傷事故	20~40
	死亡事故	40~60
	重大死亡事故	60~80
	特大死亡事故	80~100
發生2起其他事件	2起都是輕傷事故	20~40
	2起都是重傷事故	40~60
	2起都是死亡事故	60~80
	2起都是重大死亡事故	80~100
	1起輕傷事故、1起重傷事故	40~60
	1起輕傷事故、1起死亡事故	60~80
	1起輕傷事故、1起重大死亡事故	80~100
	1起重傷事故、1起死亡事故	80~100
	1起死亡事故、1起重大死亡事故	100
發生3起其他事件，不論事故嚴重程度		100
發生其他事件，造成特大死亡事故1次以上或重大死亡事故2次以上		100
備註：發生其他事件，造成特大死亡事故的警戒值為3起；重大死亡事故的警戒值為5起；死亡事故的警戒值為6起；重傷事故的警戒值為8起；輕傷事故的警戒值為10起		

6.5.2 消費者投訴量

消費者投訴量（C2）主要反應該缺陷產品對消費者的影響程度，是根據消費者投訴數量的多少進行打分，主要從電話投訴量（D21）、網站投訴量（D22）和信件投訴量（D23）共 3 個三級指標來衡量。因科學技術的不斷提高，生活水準不斷上升，現消費者使用電話和網站的投訴量要稍微多一些，所以占比較信件投訴要大一些。

電話投訴量（D21）是從相關監管部門、企業等處收到的關於某一缺陷產品的電話投訴的數量。其計算方法滿足式（6-1）：

$$d_{21} = \begin{cases} x, & 0 \leq x < 100 \\ 100, & x \geq 100 \end{cases} \quad (6\text{-}1)$$

其中，$f(x)$ 為電話投訴數量，d_5 為評分分數。當電話投訴量超過 200 個，即達到其警戒值，需啟動專家評判。電話投訴量（D21）可從相關政府監管部門、企業等處獲得。

網站投訴量（D22）是從相關監管部門網站、企業官網等處收到的關於某一缺陷產品的網站投訴的數量。其計算方法滿足式（6-2）：

$$d_{22} = \begin{cases} x, & 0 \leq x < 100 \\ 100, & x \geq 100 \end{cases} \quad (6\text{-}2)$$

其中，$f(x)$ 為網站投訴數量，d_{22} 為評分分數。當網站投訴量超過 200 個，即達到其警戒值，需啟動專家評判。網站投訴量（D22）可從相關監管部門網站、企業官網等處獲得。

信件投訴量（D_{23}）是從相關監管部門的投訴信箱、企業的投訴信箱等處收到的關於某一缺陷產品的信件投訴的數量。其計算方法滿足式（6-3）：

$$d_{23} = \begin{cases} x, & 0 \leq x < 100 \\ 100, & x \geq 100 \end{cases} \quad (6\text{-}3)$$

其中，$f(x)$ 為信件投訴數量，d_{23} 為評分分數。當信件、投訴量超過 200 個，即達到其警戒值，需啟動專家評判。信件投訴量（D23）可從通過相關監管部門的投訴信箱、企業的投訴信箱等處獲得。

6.5.3 輿情影響程度

輿情影響程度（C2）主要從政府角度考慮缺陷產品發生危害造成的輿情影響，主要用主流新聞媒體報導次數（D31）和微博/微信轉發量（D32）2 個三級指標來衡量。相比微博/微信的使用，新聞媒體的報導會更受大家的關注，

所以主流新聞媒體報導次數的占比較大。

主流新聞媒體報導次數（D31）是指較有影響力的新聞媒體對某缺陷產品發生危害報導的次數。報導次數包括各媒體轉載的相關報導，即只要是關於這一缺陷產品的相關報導，不論是哪一個媒體報導出來的，都計入報導次數，如關於家電產品的某一缺陷問題，華龍網報導過 1 次，搜狐網也報導過 1 次，則此事件的報導次數為 2 次。報導次數越多，說明社會各界對這一缺陷產品越關注，輿情影響程度也越大。這裡所指的較有影響力的新聞媒體主要有：華龍網、重慶晨報數字報、央視、新浪網、搜狐網、網易新聞、新浪教育、網易教育、網易財經、新浪財經等市一級以上主流媒體。其計算方法滿足式（6-4）：

$$d_{31} = \begin{cases} 20x, & 0 \leq x < 5 \\ 100, & x \geq 5 \end{cases} \quad (6\text{-}4)$$

其中，x 為主流新聞媒體報導次數，d_{31} 為評分分數。當主流新聞媒體報導次數超過 15 個，即達到其警戒值，需啓動專家評判。另外，因中央級媒體（如央視）影響很大，所以中央級媒體報導 1 次及以上，則可直接評 100 分。中央級媒體報導次數的警戒值為 3 次，當超過 3 次，需啓動專家評判。主流新聞媒體報導次數（D31）可從相關新聞中心、報社等平臺獲取。

微博/微信轉發量（D32）是指微博/微信對某缺陷產品發生危害而轉發的次數（這裡所說的轉發量是指微博與微信相加的轉發量）。轉發次數越多，說明社會各界對這一缺陷產品越關注，相應的輿情影響程度也就越大。其計算方法滿足式（6-5）：

$$d_{32} = \begin{cases} \dfrac{x}{5}, & 0 \leq x < 500 \\ 100, & x \geq 500 \end{cases} \quad (6\text{-}5)$$

其中，x 為微博/微信的轉發量，d_{32} 為評分分數。最高人民法院、最高人民檢察院發布的《關於辦理利用信息網路實施誹謗等刑事案件適用法律若干問題的解釋》中提到，轉發次數超過 500 次以上的被視為情節嚴重，用式（6-5）中的 500 表示。另外，當微博/微信轉發量超過 1,000 條，即達到其警戒值，需啓動專家評判。微博/微信轉發量（D32）可從微博/微信 APP 上獲取。

6.5.4　潛在危害程度

潛在危害程度（C4）主要從政府角度評價缺陷產品存在的潛在傷害程度。主要從缺陷發生的嚴重程度（D41）、缺陷發生的概率（D42）、產品使用頻度（D43）和產品使用環境（D44）4 個三級指標來衡量。缺陷發生的嚴重程度和

缺陷發生的概率是政府和消費者都比較關心的問題，且其直接與帶來的傷害相關，所以占比應大一些。

缺陷發生的嚴重程度（D41）是指當缺陷產品出現問題時對消費者造成的傷害程度。嚴重程度是根據家用電器缺陷產品最終可能導致的人員傷亡、產品損壞、環境損害等方面的影響程度來確定的，綜合各學者研究①以及汽車產品安全風險評估與風險控制指南，對家用電器缺陷發生的嚴重程度等級劃分和評分如表 6-11 所示，當缺陷一旦發生，就會引起特別重大的災難後果，則直接引入專家研判。

表 6-11　　　　　　　　嚴重程度評定準則

等級	效應（後果）	評定標準	評分（分）
I	輕微的	人員沒有受傷；基本不影響產品的使用，也無需維修，只需加強維護	0~20
II	輕度的	人員受到的傷害只需在家裡處理即可；造成一般經濟損失；產品附加功能受到影響，但還能繼續使用，只需進行適當維修便可	20~40
III	中度的	人員受到較小傷害，只需在門診處理即可；造成較大經濟損失；產品的部分功能受到損害，影響正常使用，需進行維修	40~60
IV	嚴重的	使用人員可能會受到不可逆轉的傷害（如傷疤），但不會危及生命，住院治療即可好轉；造成重大經濟損失；產品喪失基本功能，不能使用	60~80
V	災難的	缺陷發生危及生命安全，造成死亡或身體殘疾（根據中國殘疾人實用評定標準（試用）鑒定是否已造成身體殘疾）；引起家用電器報廢，造成特大經濟損失；違反相關法律法規，嚴重程度很高	80~100

缺陷發生的嚴重程度（D41）可從醫院、相關媒體、投訴監管部門處獲取。

缺陷發生率（D42）是指家用電器產品某項缺陷發生的可能性，這需要根據生產企業和相關用戶的統計數據進行合理的預測。綜合各學者的研究以及汽車產品安全風險評估與風險控制指南，家用電器缺陷發生率的評定準則和評分如表 6-12 所示。其中，當缺陷發生的概率達到 50% 以上，則直接引入專家研判。

---

① 張衛亮，肖凌雲，劉亞輝. 汽車轉向系統缺陷風險評估準則與汽車召回案例［J］. 汽車安全與節能學報，2013，4（04）：361-366.

表 6-12　　　　　　　　　發生率評定準則

等級	發生概率	缺陷發生的可能性	評分（分）
A	$> 10^{-1}$	經常發生（頻繁發生）	80~100
B	$10^{-2} \sim 10^{-1}$	有時發生（發生若干次）	60~80
C	$10^{-4} \sim 10^{-2}$	偶然發生（不大可能發生）	40~60
D	$10^{-6} \sim 10^{-4}$	很少發生（不易發生）	20~40
E	$< 10^{-6}$	極少發生（可假定不會發生）	0~20

發生概率可根據（缺陷產品數量）／（同一批次產品銷售數量）計算得到。缺陷發生率（D42）中涉及的缺陷產品數量和產品銷售數量可從醫院、企業、相關媒體、投訴監管部門處獲取。

產品使用頻度（D43）是指消費者每天使用該缺陷產品的次數。不同的家用電器產品每天使用的次數不同，每次使用的時長也不相同，但對於每天使用次數越多、每次使用時長越長的缺陷家電產品，其出現問題的概率一定越高，相應的產品潛在傷害程度也就越高。對於三天、一週或者一個月才能使用一次的家電產品，即不是每天都需使用的家電產品，評分為0~30分；1天使用1次的家電產品，根據其使用時長，評分為30~50分；1天使用2次的家電產品，根據其使用時長評分為50~80分；1天使用3次的家電產品，根據其使用時長，評分為80~100分；1天使用3次以上的家電產品，評分為100分。產品使用頻度（D43）可根據生活常識及其他方法判斷。表6-13可更為直觀地對產品使用頻度進行評分。

表 6-13　　　　　　　　**產品使用頻度評分細則**

產品使用頻度描述	評分（分）
不是每天都需使用的家電產品（即3天、1周或者1個月才能使用一次的家電產品）	0~30
一天使用1次的家電產品，根據其使用時長的不同進行評分	30~50
一天使用2次的家電產品，根據其使用時長的不同進行評分	50~80
一天使用3次的家電產品，根據其使用時長的不同進行評分	80~100
一天使用3次以上的家電產品	100

產品放置環境（D44）是指消費者將家電產品放置在使用的環境中。家用電器產品長期放置的環境不同，其潛在的危害程度就不同。如將電視機長期放置在高溫環境下連續播放，可能由產品因缺陷導致爆炸事件產生。對家用電器產品的放置環境進行了描述後，現評分細則如下：長期放置在高溫環境中使用的家電產品，評分為80~100分；長期放置在潮濕環境中使用的家電產品，評分為60~80分；長期放置在腐蝕環境中使用的家電產品，評分為40~60分；長期放置在有振動、易撞擊的過道處使用的家電產品，評分為20~40分；長期放置在安全環境下使用的家電產品，評分為0~20分。產品放置環境（D44）可根據消費者所處環境、產品的適用環境等進行判斷。表6-14反應了對產品放置環境進行的評分。

表6-14　　　　　　　　　產品放置環境評分細則

產品放置環境描述	評分（分）
長期放置在高溫環境中使用的家電產品	80~100
長期放置在潮濕環境中使用的家電產品	60~80
長期放置在腐蝕環境中使用的家電產品	40~60
長期放置在有振動、易撞擊的過道處使用的家電產品	20~40
長期放置在安全環境下使用的家電產品	0~20

6.5.5　召回的經濟性

召回的經濟性（C5）主要從政府角度評價該缺陷產品召回的經濟效益。主要用可能造成的經濟損失（D51）和已經造成的經濟損失（D52）2個三級指標來衡量。可能造成的經濟損失是因潛在危害而為消費者挽回的經濟損失，已經造成的經濟損失是因人身財產傷害造成的損失賠償，所以可能造成的經濟損失將會大於已經造成的經濟損失，而其占比也應較大。

可能造成的經濟損失（D51）主要從經濟損失的角度評價可能對消費者造成的危害程度、對消費者可能造成的經濟損失、評估召回的預期經濟效益。可能造成的經濟損失（D51）通過缺陷家電產品數量、家用電器產品缺陷事故平均損失和事故發生的可能性這3個參數的乘積得到，表示為式（6-6）。家用電器產品缺陷事故平均損失表示單個缺陷家電產品事故造成人身傷害和財產損失的平均損失，可以參考同類缺陷統計數據等資料，得到單個缺陷家電產品事故造成人身傷害和財產損失的平均損失。

$$x = n \times L \times P \tag{6-6}$$

其中，x 表示可能造成的經濟損失（D51），n 表示缺陷家電產品數量，L 表示缺陷家電產品事故平均損失，P 表示事故發生的可能性。

事故發生的可能性通過缺陷危險的可能性等級得到的數據來衡量，也可以通過同類事故發生的可能性大小來進行計算。考慮評價數據可獲取的容易程度，這裡不考慮由於事故給消費者造成的其他損失，比如誤工費、交通費、燃油費等損失。只考慮每個缺陷家電產品事故對人身造成傷害的醫療費，包括後續的治療、護理等費用。顯然，計算得到的可能損失的金額越多，缺陷問題就越嚴重，消費者越需要得到保護，召回的經濟效益越大，召回的必要性也越大，召回的緊迫性就越強。

下面討論可能造成的經濟損失（D51）的評分標準和評分方法。由於每次缺陷家電產品召回事件中的家電產品數量和價格不同，可能造成的經濟損失的總價值差異很大，因此造成的經濟損失額度不能統一衡量產品召回的預期效益。

接下來，對可能造成的經濟損失（D51）進行評分，採用分段線性函數進行計算。為了便於以下討論，設定一個因潛在危害造成的經濟損失的基準值，這個基準值對應的評分為 100 分。考慮到缺陷產品召回對社會福利的負面影響，設定一個可能造成的經濟損失的最大值作為警戒值，一旦超出警戒值就要啟動專家研判或相應的應急預案，就不是僅僅進行評分而已。設定一個可能造成經濟損失的最小值作為報警值，一旦超出報警值就要啟動缺陷評估的研判工作，進行本部分的預期效益評估，對經濟損失情況進行監控。因此這個值被稱為啟動值或者最小值。為了便於預期效益監控，需要確定可能造成經濟損失的一些關鍵控制值，如表 6-15 所示。確定一個可能造成經濟損失的基準值，比如 1,500 萬元，標準分為 100 分，超過這個基準值就是 100 分；確定一個可能造成的最大經濟損失，例如 7,500 萬元，超過這個最大值就報警；確定一個可能造成的最小經濟損失，例如 500 萬元，超過這個最小值就啟動召回評估。這些值需要對歷史召回數據進行統計分析才能得出科學的數據值，才能在召回實踐中應用。

表 6-15　　　　　　可能造成經濟損失的關鍵控制值

類別	基準值	最大值/報警值	最小值/啟動值
可能造成的經濟損失（萬元）	1,500	7,500	600
處理策略	評 100 分	啟動報警	啟動召回評估

為了便於工作人員處理，這裡提供 2 段線性函數方法進行評分，工作人員

可以根據召回的實際情況調整相應的參數值。

採用 2 段線性函數來實現對可能造成的經濟損失（D51）的評分。2 段線性函數最簡單，工作人員容易理解，計算方便，操作簡潔，信息系統也容易實現。

可能造成的經濟損失為 0 至 1,500 萬元的評分為 0 至 100 分，計算公式為：d_{51} = 100×可能造成的經濟損失/可能造成的經濟損失的基準值，即 d_{51} = 100×可能造成的經濟損失/1,500。可能造成的經濟損失大於或等於 1,500 萬元的評 100 分。也就是說，可能造成的經濟損失（D51）的評分依據式（6-7）進行。

$$d_{51} = \begin{cases} \dfrac{100 \times x}{1,500} & x < 1,500 \\ 100 & x \geq 1,500 \end{cases} \quad (6-7)$$

其中，x 表示可能造成的經濟損失，由上述式（6-6）計算得到，單位是萬元。

已經造成的經濟損失（D52）表示由於發生事故，為消費者實際造成的人身傷害和財產損失。很顯然，造成的損失金額越多，缺陷問題越嚴重，消費者越需要得到保護，召回的經濟效益越大，召回的必要性也越大，召回的緊迫性越強。這部分數據可以通過消費者投訴、消防部門、法院、醫院、新聞報導、律師和企業提供的數據綜合得到實際發生的損失總額和應該得到的賠償總額。實際發生的損失總額表示消費者因人身、財產損失應該得到的賠償總額，包括後續的治療、護理等費用，可以參考法院的判決文書和調解文書、統計數據等資料。

下面討論已經造成的經濟損失（D52）的評分標準和評分方法。由於不同家用電器缺陷產品造成的危害程度不同，已經造成的經濟損失的總價值差異很大，因此造成的經濟損失額度不能統一衡量產品召回的預期效益。

接下來對已經造成的經濟損失（D52）進行評分，採用分段線性函數進行計算。為了便於討論，設定一個因人身財產傷害造成的經濟損失的基準值，這個基準值對應的評分為 100 分。考慮到缺陷產品召回對社會福利的負面影響，設定一個已經造成經濟損失的最大值作為警戒值，一旦超出警戒值就要啓動專家研判或相應的應急預案，就不是僅僅進行評分而已。設定一個已經造成經濟損失的最小值作為報警值，一旦超出報警值就要啓動缺陷評估的研判工作，進行本部分的預期效益評估，對經濟損失情況進行監控。因此這個值可以稱為啓動值或者最小值。為了便於預期效益監控，需要確定已經造成經濟損失的一些關鍵控制值，如表 6-16 所示。因不同家用電器產品每次造成的危害程度不同，所以確定一個已經造成的經濟損失的基準值，比如 500 萬元，標準分為 100

分，超過這個基準值就是 100 分；確定一個已經造成的最大經濟損失，例如 2,500 萬元，超過這個最大值就報警；確定一個已經造成的最小經濟損失，例如 200 萬元，超過這個最小值就啟動召回評估。當然，這些值需要對歷史召回數據進行統計分析才能得出科學的數據值，才能在召回實踐中應用。已經造成經濟損失的關鍵控制值如表 6-16 所示。

表 6-16　　　　　　　　已經造成經濟損失的關鍵控制值

類別	基準值	最大值/報警值	最小值/啟動值
已經造成的經濟損失（萬元）	500	2,500	200
處理策略	評 100 分	啟動報警	啟動召回評估

為了便於工作人員處理，這裡提供 2 段線性函數方法進行評分。工作人員可以根據召回實際情況調整相應的參數值。

採用 2 段線性函數來實現對已經造成的經濟損失（D52）的評分。2 段線性函數最簡單，工作人員容易理解，計算方便，操作簡潔，信息系統也容易實現。

已經造成的經濟損失為 0 至 500 萬元的評分為 0 至 100 分，計算公式為：d_{52} = 100×已經造成的經濟損失/已經造成的經濟損失的基準值，即 d_{52} = 100×已經造成的經濟損失/500。已經造成的經濟損失大於或等於 500 萬元評為 100 分。也就是說，已經造成的經濟損失（D52）的評分依據式（6-8）進行。

$$d_{52} = \begin{cases} \dfrac{100 \times x}{500}, & x < 500 \\ 100, & x \geq 500 \end{cases} \qquad (6-8)$$

其中，x 表示已經造成的經濟損失，單位是萬元。

6.5.6　召回的難易程度

召回難易程度（C6）主要從政府角度考慮缺陷產品是否容易召回，在召回過程中可能遇到哪些問題。如果召回難度大，啟動召回的效果就不好，召回成本就很高，召回措施需要加大監督和執法力度。召回難易程度（C6）主要用產品本身特性（D61）、產品銷售數量（D62）、產品使用壽命（D63）和產品銷售對象（D64）共 4 個三級指標來衡量。召回難易程度主要取決於其產品本身的特性以及產品銷售的數量，因此這兩個指標占比較大。

產品本身特性（D61）是指家電產品自身的物理和化學性質對召回的影響

程度，這是一個定性指標。某些家電產品體積大，不易搬運，甚至因為其重量問題，需要借助外力才能完成召回，如冰箱、洗衣機等；也有些家電產品消費者不易拆卸，需專門人員進行操作（或上門維修服務），否則會造成不安全事件的發生，如電熱器、空調等。因此，根據上文對家電產品的分類，其評分細則如下：對於體積大、質量大於 18kg 的駐立式器具家電產品，評分為 0～20 分；對於體積較大，質量大於 18kg 的固定式器具家電產品，評分為 20～40 分；對於體積小，質量小於 18kg 的便攜式器具家電產品，評分為 40～60 分；對於體積較小，質量小於 5kg 的手持式器具家電產品，評分為 60～80 分；對於體積很小，質量小於 2kg 的手持式器具家電產品，評分為 80～100 分。產品本身特性（D61）可根據家用電器產品分類細則以及商家提供的產品自身的物理和化學說明進行評分。表 6-17 反應了對產品本身的特性進行的評分。評分越高，召回難度越低，召回可能性越大。

表 6-17　　　　　　　　　　產品本身特性評分細則

產品本身特性描述	評分（分）
體積大，質量大於 18kg 的駐立式器具家電產品	0～20
體積較大，質量大於 18kg 的固定式器具家電產品	20～40
體積小，質量小於 18kg 的便攜式器具家電產品	40～60
體積較小，質量小於 5kg 的手持式器具家電產品	60～80
體積很小，質量小於 2kg 的手持式器具家電產品	80～100

產品銷售數量（D62）是指已經銷售的、消費者正在使用的同一批次、同一類型的缺陷家電產品。銷售數量越多，召回的實施也就越困難。評分越低，召回可能性越小；相應地，對於缺陷產品的處理就會採用通知或預警來替代召回。當然，產品的銷售數量也與消費者對此類家電產品的需求程度有關（在此為簡單計算，我們不做考慮）。其計算方法滿足式（6-9）：

$$d_{62} = \begin{cases} \dfrac{10,000 - x}{100} & 0 \leq x < 10,000 \\ 1 & x \geq 10,000 \end{cases} \quad (6-9)$$

其中，x 為產品銷售數量（單位：萬臺），d_{62} 為評分分數，10,000 萬臺是參考國家統計局的數據。產品銷售數量（D62）可從銷售該家電產品的企業或國家統計局處獲得。要特別注意，政府僅從經濟效益角度考慮，銷售數量越大，經濟效益越大，政府更傾向於發起召回；但是從召回難度角度考慮，家用

電器本身召回困難，數量越大，越難召回，事實上很難召回。因此，需要在經濟效益和召回可能性之間取適當的平衡。

產品使用壽命（D63）是指消費者從剛購買產品第一次使用到因產品性能退化而最後一次使用的時間，產品使用壽命應在其安全使用年限之內。因產品使用壽命短，召回程序複雜，消費者不願意浪費時間和精力等產品召回後再返回手中，所以召回實施也會相對困難。產品使用壽命與缺陷產品召回的難易程度也有一定的關係，產品使用壽命越短，召回的實施就越困難。因此，產品使用壽命越長，召回可能性越大，評分越高。其計算方法滿足式（6-10）：

$$d_{63} = \begin{cases} 5x, & x \leq 2 \\ 10 + 9(x-2), & 2 < x < 12 \\ 100, & x \geq 12 \end{cases} \quad (6\text{-}10)$$

其中，x 為產品使用壽命（單位：年），d_{63} 為評分分數。產品使用壽命（D63）可根據國家標準化管理委員會審批出抬的《家用電器安全使用年限細則》判定（上文對其有詳細的介紹）。

產品銷售對象（D64）是指對該家電產品的需求對象（也指產品的使用對象）。產品的使用對象會與召回的難易程度相關，如部分家電產品銷售到了農村或偏遠地區，道路等運輸條件不方便，消費者接收信息不及時就會導致召回實施困難。因此，對於道路交通極其不便利、信息來源渠道單一、信息更新不及時的銷售對象，評分為 0~20 分；對於交通極其不便利、信息來源渠道單一，但信息更新非常及時的銷售對象，評分為 20~40 分；對於交通極不便利，但信息來源渠道多、信息更新非常及時的銷售對象，評分為 40~60 分；對於交通非常便利、信息來源渠道多種多樣、信息更新也非常及時的銷售對象，評分為 60~100 分。產品銷售對象（D64）可從銷售該家電產品的企業處獲得。表6-18可更為直觀地對產品銷售對象進行評分。召回可能性越大，評分越高。

表 6-18　　　　　　　　產品銷售對象評分細則

產品銷售對象描述	評分（分）
道路交通極其不便利、信息來源渠道單一、信息更新不及時的銷售對象	0~20
道路交通極其不便利、信息來源渠道單一，但信息更新非常及時的銷售對象	20~40
道路交通不便利，但信息來源渠道多、信息更新非常及時的銷售對象	40~60
道路交通非常便利、信息來源渠道多種多樣、信息更新也非常及時的銷售對象	60~100

6.6 家用電器缺陷產品的召回決策

6.6.1 具體召回決策方案

當家用電器產品存在缺陷時,對這種缺陷的家用電器產品有三種處理方法:一是預警;二是通知(告知);三是召回。具體召回決策方案如下:

(1) 如果該缺陷問題違反了相關法律法規或標準,那麼該家用電器缺陷產品則無需進行綜合指標評估,可直接起動召回程序。

(2) 具體各單項指標的警戒值如表 6-19 所示(表中未提及的指標則不存在警戒值)。當某一單項指標超出警戒值時,將不進行上述綜合指標評估計算,直接引入專家研判。

表 6-19　　具體單項指標的警戒值

指標層具體指標	警戒值
爆炸事件次數(D11)	特大爆炸事故的警戒值為 5 起;重大爆炸事故的警戒值為 7 起;一般爆炸事故的警戒值為 10 起
著火事件次數(D12)	特大火災事故的警戒值為 5 起;重大火災事故的警戒值為 7 起;一般火災事故的警戒值為 10 起
電擊事件次數(D13)	發生電擊事件,造成特大死亡事故的警戒值為 3 起;重大死亡事故的警戒值為 5 起;死亡事故的警戒值為 6 起;重傷事故的警戒值為 8 起;輕傷事故的警戒值為 10 起
其他事件次數(機械、輻射、運行、化學)(D14)	發生其他事件,造成特大死亡事故的警戒值為 3 起;重大死亡事故的警戒值為 5 起;死亡事故的警戒值為 6 起;重傷事故的警戒值為 8 起;輕傷事故的警戒值為 10 起
電話投訴量(D21)	200(個)
網站投訴量(D22)	200(個)
信件投訴量(D23)	200(個)
主流新聞媒體報導次數(D31)	主流新聞媒體為 15 次,中央級媒體為 3 次
微博/微信轉發量(D32)	1,000 條
缺陷發生的嚴重程度(D41)	特別重大的災難
缺陷發生率(D42)	發生率達 50% 以上

表6-19(續)

指標層具體指標	警戒值
產品使用頻度（D43）	因警戒值不好設定，且該項指標占比較小，所以無警戒值
產品放置環境（D44）	因警戒值不好設定，且該項指標占比較小，所以無警戒值
可能造成的經濟損失（D51）	根據其基準值而定，如基準值為1,500萬元，則其警戒值為7,500萬元
已經造成的經濟損失（D52）	根據其基準值而定，如基準值為500萬元，則其警戒值為2,500萬元
產品本身特性（D61）	因警戒值不好設定，且該項指標占比較小，所以無警戒值
產品銷售數量（D62）	因警戒值不好設定，且該項指標占比較小，所以無警戒值
產品使用壽命（D63）	因警戒值不好設定，且該項指標占比較小，所以無警戒值
產品銷售對象（D64）	因警戒值不好設定，且該項指標占比較小，所以無警戒值

（3）上述綜合指標評估法適用於除以上兩點特殊情況以外的情景，該方法將缺陷家用電器產品處理（A）作為召回評價的目標層，通過各評價指標的綜合計算（每個指標層的指標滿分為100，根據缺陷家用電器產品實際情況進行評分，然後將各個指標評分乘以對應比例，最後所得的分數為各個指標乘以比例後再加總的總分），當所得總分為0~10分（不包括10分）可採取預警處理方法；當總分為10~40分（不包括40分）可採取通知（告知）處理方法；當總分為40~100分就需啓動召回措施。表6-20直觀地反應召回決策方案。

表6-20　　　　　　　　　召回決策方案

指標綜合評分（分）	決策方案
0~10	預警處理
10~40	通知（告知）
40~100	召回

6.6.2 召回決策及建議

當確定此家用電器產品要召回時，還需進行此家用電器產品的召回主動度分析。因部分家用電器產品價格低、銷售地區偏遠、使用壽命短等特點，再加上人們的維權意識普遍薄弱，且中國家用電器產品召回的法律缺位，對違規家電企業的懲罰力度比較輕微，使家電缺陷產品召回實施有一定的困難。因此，為保障缺陷產品能順利地完成召回工作，可根據家用電器缺陷產品的召回主動度程度，制定一定的措施。

（1）當家用電器缺陷產品是因為其自身特性造成其召回主動度低，如：此家電產品體積較大、質量較重、不易搬動、不易拆卸等原因，此時企業可提供上門免費維修、更換服務，以消除安全隱患。

（2）當家用電器缺陷產品是因為其價格低廉、價值相對不大、使用壽命短等原因造成其召回主動低，企業可策劃一個價格不高，但具有意義的贈品活動，以提高該家電產品的召回率。

（3）當家用電器缺陷產品是因為消費者維權意識薄弱而造成其召回主動度低，此時政府可組織宣傳活動，或拍一些公益宣傳片、相關的廣告、微電影等，增強消費者的缺陷產品召回意識。

（4）當家用電器缺陷產品是因為法律法規的漏洞、政府權力分散等政策性原因而造成其召回主動度低，此時政府相關部門可加強對缺陷產品召回的監管力度，同時制定更具體、更具有實施性的政策。

6.7 預期召回效益評估案例分析

6.7.1 算例描述

近日，消費品監管部門收到的 A 品牌電視機的消費者的投訴量增加，便告知缺陷產品認定中心。經缺陷產品認定中心進行專業認定後，確定 A 品牌 B 類型的電視機在裝配過程中存在的缺陷，並將報告結果反饋給質量技術監督局。質量技術監督局立即調動家用電器缺陷產品召回評估工作小組人員進行缺陷產品召回評估。經工作小組從企業、消防部門、醫院、新聞中心等相關部門調查和搜集數據得到：A 品牌 B 類型的電視機是參加家電下鄉活動的專用電視機，該類電視機銷售到了交通不是很便利的農村地區（農村地區的居民要耕作農作物，所以觀看電視的時間大多為中午和晚上，每次觀看的時間不會超過

3 小時），但因政府補貼力度大，價格較低，所以其銷售數量已達 8,460 萬臺。該類型的電視機因其缺陷問題曾發生過 1 起輕度爆炸事故，沒有人員傷亡，只是電視機報廢不能觀看了。另外，還發生過 2 起輕度火災事故、4 起輕度電擊事故和 7 起造成輕傷的電視機運行危險事故，共造成損失 35 萬元，但若不啓動召回，可能造成的經濟損失將為 870 萬元（根據歷史缺陷電視機產品召回數據進行統計分析，得出已經造成的經濟損失的基準值為 100 萬元，報警值為 500 萬元，最小值為 20 萬元，可能造成的經濟損失的基準值為 1,500 萬元，報警值為 7,500 萬元，最小值為 600 萬元）。關於該缺陷引起的問題共收到電話投訴 103 次、網站投訴量 32 次、信件投訴量 30 次。而關於該缺陷問題的關注度：現目前已有 3 家主流媒體進行過報導，微博/微信的轉發量共 312 次。缺陷產品認定中心指出，該缺陷發生後，其嚴重程度最高為中度，且發生的概率為 0.001%。

6.7.2　召回評估

根據工作人員前期的調查和數據搜集，現進行缺陷產品召回評估。因此缺陷問題不觸及任何法律法規及標準，也沒有任何指標超出警戒值，所以對其進行綜合指標評估，且各項指標評分如下：

爆炸事件次數（D11）：據統計，該類型的電視機因其缺陷問題曾發生過 1 起輕度爆炸事故，沒有人員傷亡，只是產品報廢。因此，根據上述評分細則，可對其評 20 分。

著火事件次數（D12）：2 起輕度火災事故可根據評分細則評 70 分。

電擊事件次數（D13）：4 起輕度電擊事故可根據評分細則評 100 分。

其他事件次數（D14）：因發生過 7 起造成輕傷的電視機運行危險事故，所以根據評分細則評 100 分。

根據各指標占比情況，可算出事故發生量（C1）得分 = 20×40%+70×20%+100×20%+100×20% = 62（分）

電話投訴量（D21）：該缺陷引起的問題共收到電話投訴 103 次，未超出警戒值，所以根據式（6-1），電話投訴量大於 100 次，但未超出警戒值，直接得 100 分。

網站投訴量（D22）：該缺陷引起的問題共收到網站投訴 32 次，所以根據式（6-2），網站投訴量為 32 次，投訴量大於 0、小於 100，因此得 32 分。

信件投訴量（D23）：該缺陷引起的問題共收到信件投訴 30 次，所以根據式（6-3），信件投訴量為 30 次，投訴量大於 0、小於 100，因此得 30 分。

根據各指標占比情況，可算出消費者投訴量（C2）的得分＝100×40%＋32×40%＋30×20%＝58.8（分）。

主流新聞媒體報導次數（D31）：因目前已有3家主流媒體進行過報導，所以根據評分公式（6-4），主流媒體報導次數為3次，報導次數大於0、小於5，D8＝20×3＝60（分）。

微博/微信的轉發量（D32）：因目前微博、微信的轉發量共312次，所以根據評分公式（6-5），微博、微信的轉發量為312次，其值大於0、小於500，所以D9＝312÷5＝62.4（分）。

根據各指標占比情況，可算出輿情影響程度（C3）得分＝60×60%＋62.4×40%＝60.96（分）。

缺陷發生的嚴重程度（D41）：經缺陷產品認定中心指出，該缺陷發生後，其嚴重程度最高為中度，所以根據評分細則評60分。

缺陷發生率（D42）：經缺陷產品認定中心指出，該缺陷發生的概率為0.001%，所以根據評分細則評20分。

產品使用頻度（D43）：因消費者基本每天會觀看電視，且對該類型的電視機，消費者的觀看時間大多為中午和晚上，每次的觀看時間不會超過3小時，所以根據評分細則評65分。

產品放置環境（D44）：農村地區條件不是很好，但電視機放置環境較安全，所以根據評分細則評15分。

根據各指標占比情況，可算出潛在危害程度（C4）的得分＝60×50%＋20×30%＋65×10%＋15×10%＝44（分）。

可能造成的經濟損失（D51）：因可能造成的經濟損失為870萬元，而根據歷史缺陷電視機產品召回數據進行統計分析，得出可能造成的經濟損失的基準值為1,500萬元，報警值為7,500萬元，最小值為600萬元，此次電視機缺陷可能造成的經濟損失為870萬元，超過最小值600萬元，且沒有達到報警值7,500萬元，所以根據上述評分細則，直接帶入式（6-7）計算得到：$\frac{100 \times 870}{1,500}$ ＝58（分）。

已經造成的經濟損失（D52）：因現已共造成損失35萬元，而根據歷史缺陷電視機產品召回數據進行統計分析，得出已經造成的經濟損失的基準值為100萬元，報警值為500萬元，最小值為20萬元，此次電視機缺陷已經造成的經濟損失為35萬元，超過最小值20萬元，且沒有達到報警值500萬元，所以根據上述評分細則，將公式（6-8）修改如下：

$$d_{32} = \begin{cases} \dfrac{100 \times x}{100}, & x < 100 \\ 100, & x \geq 100 \end{cases} \qquad (6\text{-}11)$$

因上述例子所說的基準值為500，而此處基準值為100，所以應將式（6-8）中的500換成100，得到式（6-11）。根據式（6-11）計算得：

$$\frac{100 \times 35}{100} = 35（分）$$

根據各指標占比情況，可算出召回的經濟性（C5）的得分 = 58 × 70% + 35 × 30% = 51.1（分）

產品本身特性（D61）：是由產品自身的物理和化學性質決定的。按上述對家用電器的分類可知，電視機屬於固定式器具，所以根據評分細則評 30 分。

產品銷售數量（D62）：因產品銷售數量為8,460萬臺，所以根據式（6-9），銷售數量為8,460萬臺，其值大於0、小於10,000，所以得分 = $\dfrac{10,000 - 8,460}{100}$ = 15.4（分）。

產品使用壽命（D63）：由《家用電器安全使用年限細則》可知，電視機的使用壽命為8~10年，所以根據式（6-10），當使用壽命為8~10年，取中間值9（這裡也可以取8年或10年，因為其占比較小，對計算結果並不會有多大的影響），其值大於2、小於12，所以帶入式（6-10）得到得分 = 10+9×（9-2）= 73（分）。

產品銷售對象（D64）：因該類電視機只銷售到了交通不是很便利的農村地區，所以根據上述評分細則評 40 分。

根據各指標占比情況，可算出召回難易程度（C6）得分 = 30 × 40% + 15.4 × 40% + 73 × 10% + 40 × 10% = 29.46（分）

根據各方案層指標得分，可算出準則層指標得分。因此消費者角度（B1）的得分 = 62 × 50% + 58.8 × 50% = 60.4（分）；政府角度得分 = 60.96 × 40% + 44 × 30% + 51.1 × 20% + 29.46 × 10% = 50.75（分）。

最後根據占比情況得出目標層：缺陷家用電器產品處理（A）得分為 60.4 × 40% + 50.72 × 60% ≈ 54.61（分）。

為方便查看，可將上述評分結果列入指標體系表中，如表6-21所示。

表 6-21　　　　　　　　　　評分一覽表

目標層：缺陷家用電器產品處理（A）54.61

準則層			方案層			指標層		
指標	權重	評分（分）	指標	權重	評分（分）	指標	權重	評分（分）
消費者角度（B1）	40%	60.4	事故發生量（C1）	50%	62	爆炸事件次數（D11）	40%	20
						著火事件次數（D12）	20%	70
						電擊事件次數（D13）	20%	100
						其他事件次數（機械、輻射、運行、化學）（D14）	20%	100
			消費者投訴量（C2）	50%	58.8	電話投訴量（D21）	40%	100
						網站投訴量（D22）	40%	32
						信件投訴量（D23）	20%	30
政府角度（B2）	60%	50.75	輿情影響程度（C3）	40%	60.96	主流新聞媒體報導次數（D31）	60%	60
						微博/微信轉發量（D32）	40%	62.4
			潛在危害程度（C4）	30%	44	缺陷發生的嚴重程度（D41）	50%	60
						缺陷發生率（D42）	30%	20
						產品使用頻度（D43）	10%	65
						產品放置環境（D44）	10%	15
			召回的經濟性（C5）	20%	51.1	可能造成的經濟損失（D51）	70%	58
						已經造成的經濟損失（D52）	30%	35
			召回難易程度（C6）	10%	29.46	產品本身特性（D61）	40%	30
						產品銷售數量（D62）	40%	15.4
						產品使用壽命（D63）	10%	73
						產品銷售對象（D64）	10%	40

6.7.3　決策方案

通過上述對 A 品牌 B 類型的電視機進行評分，並綜合各指標計算得出該

類型的電視機最後得分為 54.61 分，根據上述召回決策可知，該分數屬於缺陷家用電器產品處理（A）的 40~100 分的階段，所以應啓動召回措施。同時，因此類型的電視機主要銷往農村地區，交通不是很便利，且電視機本身具有不便拆卸和搬運的特點，所以可能會導致此缺陷電視機的召回主動度較低，所以為提高消費者召回的積極性，可採取提供上門服務或採取相關有意義的贈品活動措施，或者採用村鎮銷售點設置維修點的方式進行召回，保障召回工作的順利進行。

6.8　本章小結

本章首先分析了家用電器缺陷產品召回背景，提出了家用電器缺陷風險評估標準和評估方法，在分析召回特點的基礎上，提出了缺陷家電召回的預期效益評估體系，分別從政府和消費者角度進行評價，為缺陷產品召回決策提供評估依據。指標體系給出了指標權重和量化方法，大部分指標給出了警戒值，表示達到這個條件就啓動專家研判，不再採用綜合指標評估方法。本章在此綜合評估的基礎上進行召回決策，並對召回案例進行分析。

7 消費電子產品缺陷風險和預期召回效益風險評估

本章以重慶市電子電氣缺陷產品為研究對象,以國家質檢總局發布的《缺陷消費品召回管理辦法》為依據,結合重慶市電子電氣產品召回特點,制定了風險評估流程以及兩種風險評估指標計算方法,並對指標計算方法進行了算例設計,驗證了風險指標評估算法的可用性和可行性,最終為缺陷電子電氣產品提供決策依據,為中國建立基於風險評估的消費預警模型提供了參考借鑑。

本章在綜述國內外缺陷產品風險評估與消費現狀的基礎上,以軌跡交叉理論與風險傳遞理論為依據,構建本章消費電子電氣缺陷產品風險評估體系,為政府缺陷產品風險評估部門提供決策依據。因此,開展基於缺陷產品風險評估的消費預警體系研究,不僅有利於預防缺陷產品可能導致的人身、財產損害,維護公共安全和公眾利益,而且是加強對消費品安全事後監管的需要[1],有顯著的理論價值和實踐價值。

7.1 國內外缺陷產品風險評估與消費現狀研究背景

7.1.1 國外風險評估研究背景

美國消費品安全委員會(Consumer Product Safety Commission,CPSC)結合國家火災事故報告系統(National Fire Incident Reporting System,NFIRS)、國家電子傷害監管系統(National Electronic Injury Surveillance System,NEISS)等信息系統採集的事故數據,採用風險矩陣的評估方法來定性地對消費品進行

---

[1] 馮永琴,謝志利,王衛玲. 基於缺陷產品風險評估的消費預警模型初探 [J]. 標準科學,2017(8):83-88.

風險評估。歐盟根據《非食品類消費品風險評估指南》，以 ISO（International Standardization Organization，國際標準化組織）、EN（European Norm，歐洲標準）、IEC（International Electrotechnical Commission，國際電工技術委員會）標準作為風險評估的主要技術內容，將傷害嚴重性和發生概率結合起來確定風險級別。日本消費品安全的風險評估工作主要由日本產品評估技術基礎機構（Nathonal Institate of Technology and Evaluation，NITE）負責，供應商、當地政府、消費者信息中心、區域警局、消防站、消費者和其他組織等部門自願將事故信息報告給 NITE，NITE 也從報紙或互聯網新聞中收集信息，調查、分析事故原因，並運用自主開發的 R-Map 風險評估方法對產品風險進行科學分析。可見，美國、歐盟與日本已經建立了較完善的缺陷產品風險評估與消費預警機制，並且均採用風險發生的可能性、風險的嚴重程度構成的二維風險矩陣來確定風險等級。但是，美國、歐盟、日本在危險識別、確定嚴重程度、風險發生的可能性及確定風險等級方面存在著一定差異，如表 7-1 所示。

通過對缺陷產品風險評估與消費預警的比較分析發現，歐盟、美國、日本等國家和地區在風險評估中，對危險識別不僅關注事故案例，而且注重傷害情景的構建；對風險發生嚴重程度的判定，主要以受傷程度為依據，其中，歐盟更是具體考察了傷害類型與部位、傷害強度與持續時間；在考察了消費品件數、產品對消費者的暴露程度等因素後對風險發生的可能性進行確定；根據風險評估結果，最終選擇備案、消費預警、產品召回等作為相應對策。這為中國建立基於風險評估的消費預警模型提供了參考借鑑。

表 7-1　　美國、歐盟、日本產品風險評估與消費預警比較

類別	美國	歐盟	日本
主要方法	事後評估 定性分析	事先評估，定性與定量相結合	事先與事後評估相結合，定性與定量相結合
危險識別	對大量的事故案例進行統計分析	通過構建不同場景進行危險識別	通過對過去的事故案例進行識別
嚴重性劃分依據	人員受傷嚴重程度	危害類型、傷害強度、傷害持續時間、受傷部位、消費者類型和行為	消費者是否需要住院、產品是否發生火災
嚴重性劃分等級	無需住院的、需要住院的、致命的（共3級）	可逆的、無需住院的、需要住院的、致命的共4級	無傷、輕微、中度、重大、致命（共5級）

表7-1(續)

類別	美國	歐盟	日本
可能性劃分依據	人身傷害次數、產品的正常用途或可以合理預見的誤用、消費者類型	每件產品導致風險缺陷發生的概率、消費者定期接觸產品而身處風險的概率	每臺產品一年中發生事故的數值定量
可能性劃分等級	0%～10%、11%～40%、41%～60%、61%～90%、91%～100%共5級	<1/1,000,000 到 >50%共8級	0為極少、1為非常少、2為很少、3為偶爾、4為有時、5為頻繁（共6級）
風險等級劃分	高、中、低（共3級）	嚴重、高、中、低（共4級）	A、B、C（共3級，按IEC標準）
風險預警	停止產品銷售、產品召回、風險信息通告及消費預警	信息備案、消費預警、產品召回3種	進行產品召回、提醒企業注意、停止監測

7.1.2 中國風險評估研究背景

中國目前已開始著手制定風險評估相關標準，如國家標準 GB/T22760-2008《消費品安全風險評估通則》提出了消費品風險評估程序規範，《電子產品安全風險評估與風險控制指南》（報批稿）提出了電子產品風險評估矩陣。與之相比，消費預警還處於探索階段，目前主要由國家缺陷產品管理中心以實驗檢測、缺陷調查與技術會商等為評估方式，先後發布了兒童滑板車、玩具、童車、跳跳杆、水精靈、商用壓面機等22次消費預警，為消費者購買相關產品進行了消費提示。

對引發中國缺陷產品消費預警的信息渠道的調研發現，目前，引發消費預警的信息主要來自5個渠道：由缺陷產品召回管理信息系統監測引發的消費預警（3個）；由產品傷害專項信息監測引發的消費預警（11個）；由專項網路輿情監測引發的消費預警（17個）；由缺陷信息報告系統引發的消費預警（3個）；由市場購樣檢測引發的消費預警（11個）。其中，部分消費預警的發起，可能由多個信息渠道觸發。在已發布的22個消費預警中，由1種信息渠道引發的消費預警有4個，由2種信息渠道引發的消費預警有13個，由3種信息渠道引發的消費預警有5個。對中國缺陷產品消費預警過程中風險評估方式的調研表明，缺陷產品管理中心對消費預警相關風險的評估，主要包括3種方式：通過技術會商進行風險評估的消費預警有11個，通過缺陷調查進行風險

評估的消費預警有9個，通過實驗檢測進行風險評估的消費預警有14個。其中，部分消費預警採用了多種風險評估方式。在已發布的22個消費預警中，採用1種風險評估方式的消費預警有13個，採用2種風險評估方式的消費預警有5個，採用3種風險評估方式的消費預警有4個。

7.1.3　重慶市電子電氣產品的召回特點

2015年，重慶市筆記本電腦產量達5,575.14萬臺，占全球產量的40%，目前，全球每售出3臺電腦就有1臺重慶造，重慶已成為世界級的筆記本電腦產業基地。伴隨著中國經濟的發展和生產要素成本的上升，以及手機、平板電腦等智能終端的迅速膨脹，筆記本電腦產業面臨著嚴峻衝擊。隨著智能手機、平板電腦等智能終端的快速普及和發展，筆記本電腦產業面臨著可能成為夕陽產業的危機，但有關研究也表示筆記本電腦的辦公、計算等功能是手機、平板等終端無法完全替代的。儘管如此，筆記本電腦產業要想存活下來並且繼續發展壯大，必須進行產業升級與創新，完善產業鏈薄弱環節，遵循可持續的發展道路。

繼成為全球最大的筆記本電腦製造基地之後，手機似乎正在成為重慶電子製造業集群中的另一大亮點。2016年，各省市上半年的經濟數據陸續公布，重慶以10.5%的增速繼續保持兩位數增長。當地學者分析認為，重慶經濟得以保持「穩中有進、穩中向好」的良好發展態勢，作為經濟「主引擎」的工業功不可沒。具體產業的半年表現則各有差異，而電子製造業成為推動當地工業增長的「第一動力」。2016年上半年，在重慶市「6+1」支柱行業中，汽車、電子、裝備、化醫、材料和消費品等行業的增加值、增速分別為8.4%、27.9%、11.9%、12.5%、6.3%和10.7%，能源下降11.4%。近年來，重慶積極搶抓國際產業轉移機遇，以產業集群思維大力發展以筆記本電腦為代表的電子製造業。曾經，一句「全世界每三臺筆記本電腦就有一臺重慶造」的形象化語言，道出了重慶在全球電子製造業格局中的異軍突起現象。重慶市經信委分析認為，2016年上半年，重慶電子製造業持續快速增長，除了得益於惠普、宏碁等企業在渝訂單大幅增長之外，還由於80餘家手機企業逐步放量。

基於以上的背景，筆記本電腦和手機作為重慶市支柱產業之一，在快速發展，帶動GDP的同時，也存在缺陷產品帶來的安全隱患，對消費者的人身財產安全造成損害，所以提前做好缺陷產品的風險評估非常有必要，所以本書中的消費類電子電氣缺陷產品的召回以筆記本電腦和手機為主要研究對象。

7.2 理論依據

構建基於缺陷產品風險評估的消費預警模型，首先必須厘清缺陷產品風險影響因素。為此，本書應用軌跡交叉理論與事故傳遞理論[1]，對缺陷產品傷害發生的情景、產生缺陷產品傷害的原因以及缺陷產品風險傳遞過程進行分析，為風險影響因素的確定提供參考。

7.2.1 軌跡交叉理論

根據軌跡交叉理論，傷害事故是許多相互聯繫的事件順序發展的結果。當人的不安全行為和物的不安全狀態在一定時間、空間發生接觸，當能量轉移到人體時，傷害事故就會發生。人的不安全行為和物的不安全狀態是造成事故的直接原因，通過深入挖掘，可以厘清缺陷產品事故發生的深層次原因，如表7-2所示。

表 7-2　　　　　缺陷產品事故發生的原因

基礎原因 （社會原因）	間接原因 （管理缺陷）	直接原因
文化、教育培訓、法律	生理和心理狀態、知識技能	人的不安全狀態
設計、製造、標示缺陷、標準缺失	維護保養不當、易用性、誤使用	物的不安全狀態

由表7-2可知，缺陷產品事故發生的原因，可以分為基礎原因（社會原因）、間接原因（管理缺陷）與直接原因。其中，人的不安全狀態受到文化、教育培訓、法律等社會原因，以及生理和心理狀態、知識技能等間接原因的影響；物的不安全狀態受到設計製造、標示缺陷與標準缺失等基礎原因，以及維護保養不當、易用性、誤使用等管理缺陷的影響。

7.2.2 風險傳遞理論

缺陷風險評估的啟動條件是「已經發現存在某種安全隱患」，即缺陷或危

---

[1] 馮永琴，謝志利，王衛玲．基於缺陷產品風險評估的消費預警模型初探[J]．標準科學，2017（8）：83-88．

險源是已知的。但是，風險傳遞過程即事故鏈是未知的，其可能表現為多種不同風險，並且風險之間相互作用。這就需要進一步分析缺陷產生的機理和危險的發生、發展過程，並對各個風險逐一分析、排查，識別構成主要風險的影響因素。根據風險傳遞理論，產品缺陷的存在必然會導致某種風險結果產生。同樣，風險結果也是由某種原因導致的，從缺陷產品風險傳遞的過程看，產品傷害事故的發生過程，是一個由消費者、產品、使用環境相互作用的過程。產品自身的不安全狀態、消費者的不安全行為、特殊的產品使用環境之間的相互作用是造成消費品傷害事故產生的直接原因。其中，產品缺陷的客觀存在，使產品自身處於不安全狀態，可導致產品傷害事故發生，是引發產品傷害事故的本質原因。在未採取必要的控制措施的情況下，在消費者的不安全行為或特殊的產品使用環境的觸發下，可能會導致消費品傷害事故發生，對消費者造成人身傷害。風險傳遞的過程如圖7-1所示。

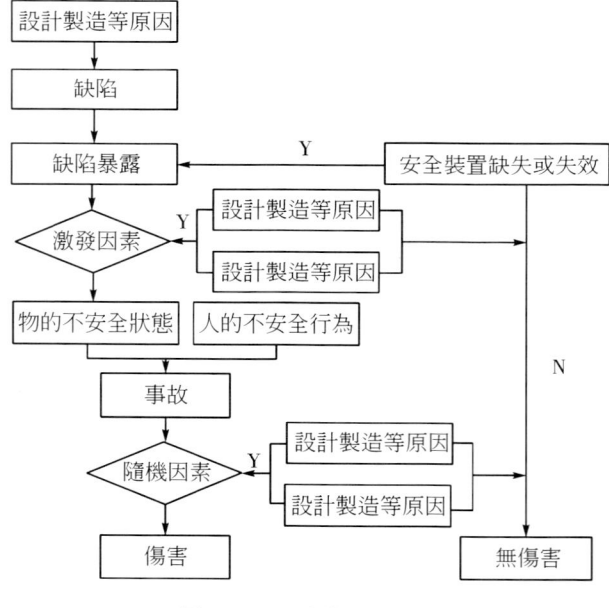

圖 7-1　風險傳遞過程圖

7.3　消費類電子電氣缺陷產品的評估流程

　　消費類電子電氣產品與日常生活密切相關，從檢驗監管有關部門提供的數

據來看，仍存在較高的安全質量風險。為減少電子電氣產品質量安全事故的發生頻次，本章著重從風險信息收集、風險分類、風險識別、風險分析與評價、風險處理與控制等方面研究電子電氣產品風險評估，其中風險評估作為重點進行研究。具體評估流程如圖 7-2 所示①。

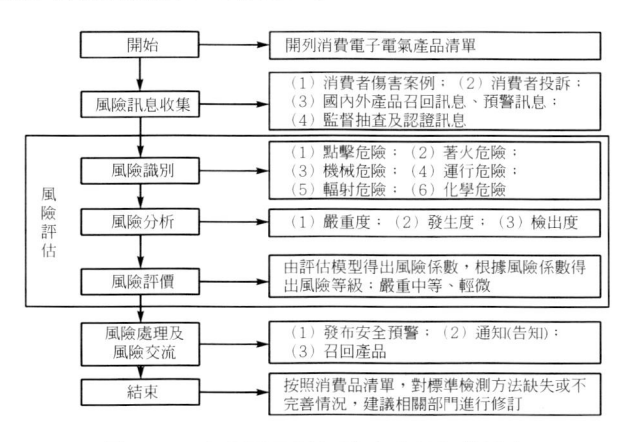

```
開始 ──→ 開列消費電子電氣產品清單

風險訊息收集 ──→ (1) 消費者傷害案例；(2) 消費者投訴；
                (3) 國內外產品召回訊息、預警訊息；
                (4) 監督抽查及認證訊息

風險評估 ┌ 風險識別 ──→ (1) 點擊危險；(2) 著火危險；
        │              (3) 機械危險；(4) 運行危險；
        │              (5) 輻射危險；(6) 化學危險
        │ 風險分析 ──→ (1) 嚴重度；(2) 發生度；(3) 檢出度
        └ 風險評價 ──→ 由評估模型得出風險係數，根據風險係數得
                     出風險等級：嚴重中等、輕微

風險處理及風險交流 ──→ (1) 發布安全預警；(2) 通知(告知)；
                     (3) 召回產品

結束 ──→ 按照消費品清單，對標準檢測方法缺失或不
        完善情況，建議相關部門進行修訂
```

圖 7-2　消費電子電氣缺陷產品評估流程

7.3.1　風險信息收集

消費類電子電器風險信息的來源如下：
（1）消費者傷害案例；
（2）消費者投訴；
（3）國內外產品召回信息、預警信息；
（4）監督抽查及各類產品認證信息。

7.3.2　風險分類

風險分類包括：
（1）電擊風險；
（2）著火風險；
（3）機械風險；
（4）運行風險；
（5）輻射風險；
（6）化學品危險。

---

① 張震坤. 消費類電子電氣產品安全評價及檢測技術 [M]. 北京：化學工業出版社，2015.

7.3.3 風險識別

對消費電子的電擊風險、著火風險、機械風險、輻射風險、化學品危險進行識別，具體識別方法如下：

（1）自上而下法，適用於危險識別階段。此種方法是自上而下法，以潛在後果（例如人身傷害等潛在結果）的核查清單作為起點，逐一確定引起該傷害的各可能階段和原因，最終找到危險部件。該核查清單中的每一項被依次應用於機器使用壽命的各個階段、每個零部件/功能和（或）任務。

（2）自下而上法，同樣適用於危險識別階段。該方法以考察所有的危險作為起點，考慮在所確定的危險情況中所有可能出錯的途徑（例如構件失效、人為差錯、機械故障或機器意外啓動），以及這種情況導致傷害的過程，據此確定危險。

7.3.4 對已識別的風險進行評估和評價

（1）風險矩陣法

風險矩陣用於判定危險的嚴重程度，風險矩陣是一種多維表格，該表能夠把任何等級的傷害嚴重程度與任何等級的傷害發生概率相結合。最常用的矩陣是二維的，但它們也可以是更多級的（四維或以上）。風險矩陣的使用簡單、方便。對於每一種已被識別的危險狀態，根據規定，將其定義為每個參數選擇一個等級。矩陣單元是被選擇傷害的發生概率與傷害嚴重程度相對應的行和列的交叉點，其內容給出了對被識別危險狀態的風險水準的評估。該評估可以表示成一個指標值，或表示成定性的術語，例如「低」「中」「高」或其他類似的術語。矩陣單元的維數可以在很小到很大的範圍內變化。可以對矩陣單元進行優化以減少風險分級的數量。單元太少不利於判定保護措施是否能使風險得到充分的減少；單元太多會使矩陣錯亂，難以使用，具體如表 7-3 所示。

表 7-3　　　　　　　　　用於風險評估的矩陣

傷害的發生概率	傷害嚴重程度			
	災難性的	嚴重的	中等的	輕微的
很有可能	高	高	高	中
可能	高	高	中	低
不太可能	中	中	低	可忽略
不可能	低	低	可忽略	可忽略

（2）定量風險評估法

定量風險評估是在一段特定的持續時間內，以可用數據對產生一個特定輸出結果的概率進行的盡可能精確的數學計算。風險通常表示為事故或死亡的年發生率，定量風險評估是將通過計算得到的風險結果與一定標準進行比較，而比較的標準是過去某一年的實際死亡人數或事故數量。與只考慮某一危險狀態評估風險的定性方法不同的是，定量風險評估一般用於某一危險狀態中所有危險源的總風險的評估。定量風險評估是非常徹底的解決辦法，需要有相當好的技能才能成功實施。它要求有完備的事件系列模型，該模型能形成確切的輸出，其性能取決於基礎事件（例如設備的零件故障或人為失誤的概率）數據的質量。定量風險評估有時具有主觀性[1]。

（3）混合法

混法是由風險矩陣法、定量評估法、風險圖法、數值評分法、定量評估法中的兩種組合而成的。通常採用風險圖法，在風險圖中含有用於一個風險要素的矩陣或數字評分系統。可以把一定數量的定量數據與任何一種定性方法相結合，例如給出概率或暴露的頻次範圍。例如，「很可能發生」的某件事可以表示成一年一次，而「高」暴露則可表示成隨時存在的。

7.4 風險指數評估計算方法及算例設計

7.4.1 評價準則

RPN（Risk Priority Number）是指產品質量問題風險指數，根據嚴重度 S、發生度 O、檢出度 D 的乘積而得。計算公式如式（7-1）所示：[2]。

$$RPN = S \times O \times D \qquad (7-1)$$

7.4.2 評價指標及計算方法

（1）風險嚴重度

風險嚴重度評估標準：微弱（1~2 分）；一般（3~5 分）；嚴重（6~8 分）；非常嚴重（9~10 分）。具體如表 7-4 所示。

---

[1] 付大為，寧燕. 機械安全風險評價方法的研究 [J]. 機電產品開發與創新，2008，21 (3)：1-2.

[2] 張震坤. 消費類電子電氣產品安全評價及檢測技術 [M]. 北京：化學工業出版社，2015.

表 7-4　　　　　　　　　　風險嚴重度評估標準

等級		特徵描述	評分（分）
高低	非常嚴重	導致災難性的傷害。該類傷害可導致死亡、身體殘疾等	9~10
	嚴重	會導致不可逆轉的傷害（如疤痕等），這種傷害應在急診室治療或住院治療。該類傷害對人體將造成較嚴重的負面影響	6~8
	一般	在門診對傷害進行處理即可。該類傷害對人體造成的影響一般	3~5
	微弱	可在家裡自行對傷害進行處理，不需就醫治療，但對人體造成某種程度的不舒適感。該類傷害對人體的影響較輕	1~2

（2）風險發生度

風險發生度的評估標準：發生概率極低（1分、概率<1/1,000）；發生概率中等（2-5分、1/1,000<概率<1/100）；發生概率較高（6-8分、1/100<概率<1/10）；發生概率極高（9-10分，1/5<概率<1/3）。具體如表 7-5 所示。

表 7-5　　　　　　　　　　風險發生度評估標準

發生度評分	概率描述	評分（分）
該質量問題發生的概率極低	<1/1,000	1
該質量問題發生的概率中等	>1/1,000	2
	>1/500	3
	>1/200	4
	>1/100	5
該質量問題發生的概率較高	>1/50	6
	>1/20	7
	>1/10	8
該質量問題發生的概率極高	>1/5	9
	>1/3	10

（3）風險檢出度

風險發生檢出度評估標準如表 7-6 所示。

表 7-6　　　　　　　　　風險發生檢出度評估標準

用戶檢出度評分	評分（分）
該質量問題偶爾會發生，不影響產品的正常使用	1~2
該質量問題在用戶進行功能操作時，會瞬間察覺或發生，但該功能使用的概率較低	3~4
該質量問題在用戶進行功能操作時，會明顯察覺或發生，但該功能使用的概率較低	5~6
該質量問題在用戶正常使用時，都能明顯察覺或發生	7~8
該質量問題不需要任何操作條件，正常使用時每次都會發生	9~10

（4）產品質量風險指數評分的判定原則

①當產品不符合國家法律法規及國家安全標準的，原則上不再進行產品的風險指數判定，直接判定產品的質量不合格，應採取召回措施。

②當風險指數 PRN≥180 時，應採取召回措施。

③當風險指數 64<PRN<179 時，應採取通知（告知）措施。

④當風險指數 PRN≤63 時，應採取預警措施。

7.4.3　算例設計

（1）案例背景

2016 年 5 月，某 S 品牌 D 類型手機，在充電時發生爆炸，3 個月內，同一類型手機發生幾起爆炸，使消費者對其產生不可逆轉的壞印象，在網路上引起廣泛討論。由於該款手機性價比高，因此在市場上頗受歡迎。但是隨著此事件從持續性發酵到監管部門收到的投訴越來越多，便告知缺陷產品認定中心。經缺陷產品認定中心進行專業認定後，確定 S 品牌 D 類型的手機在充電過程中，電池溫度持續升高，存在缺陷，並將報告結果反饋給質量技術監督局。質量技術監督局立即調動家用電器缺陷產品召回評估工作小組人員進行缺陷產品召回評估。經工作小組從網路、企業、消防部門、醫院、新聞中心等相關部門調查和搜集的數據可知：該手機價格親民，新品發布 3 個月以來，已經累計銷售 105 萬臺。該類型手機曾在不同地區發生過 5 起爆炸事故，沒有人員傷亡，但是造成用戶皮膚燒傷，並留下疤痕，共造成其他各類損失約 500 萬元（其中維修成本 300 萬元，人身傷害 50 萬元，潛在損失 150 萬元），但消費者實際得到賠償總額為 300 萬元。另外，關於該缺陷引起的問題共收到電話投訴 208 次、網站投訴 350 次、信件投訴 10 次。關於該缺陷問題的關注度為：目前已有 3 家主流媒體對其進行過報導；微博/微信的轉發量共 412 次。缺陷產品認定中心指出，該缺陷發生後，其嚴重

程度為嚴重，且發生的概率為中等。

（2）案例分析

（1）上述案例依據公式（7-1），風險指數（PRN）= 風險嚴重度（S）× 風險發生度（O）× 風險檢出度（D）。依據表 7-4，風險嚴重度（S）評分為 8 分。依據表 7-5，風險發生度（O）評 3 分。對照表 7-6，風險檢出度（D）評 8 分。

②根據案例分析套用計算公式（7-1），得到：風險指數（PRN）= 8×3×8 = 192

③由於風險指數（PRN）= 192＞180，根據風險評估指數應該採取召回措施。

7.5 綜合指標評估計算方法及算例設計

7.5.1 評價指標體系

現在給出消費電子缺陷產品召回預期效益的評價指標體系，如表 7-7 所示。

表 7-7　　消費電子缺陷產品召回評價指標

目標層：消費電子缺陷產品處理（A）

準則層指標	方案層指標	指標層（編碼）指標	指標類型
政府層面（B1）	事故發生等級（C1）	非常嚴重（D11）	定性
		嚴重（D12）	定性
		一般（D13）	定性
		微弱（D14）	定性
	輿情影響程度（C2）	新聞報導次數（D21）	定量
		微博/微信轉發量（D22）	定量
	召回難易程度（C3）	產品本身特性（D31）	定性
		產品銷售數量（D32）	定量
		產品使用壽命（D33）	定量
		產品銷售對象（D34）	定性

表7-7(續)

準則層指標	方案層指標	指標層（編碼）指標	指標類型
消費者層面（B2）	消費者投訴量（C4）	電話投訴量（D41）	定量
		網站投訴量（D42）	定量
		信件投訴量（D43）	定量
	召回的經濟性（C5）	維修成本（D51）	定量
		因人身財產傷害造成的經濟損失（D52）	定量

現在給出消費電子缺陷產品召回評價指標體系中各指標的影響權重，如表7-8所示。表中最右邊的指標權重表示指標層在整個評價體系中的權重，例如，新聞報導次數（D21）對整個評估的影響權重是 0.072,0。各指標的下級指標權重之和為100%，例如，C4 的各個下級指標 D41、D42 和 D43 在 C4 指標內部的權重分別是 40%、40%、20%，這些指標的權重之和為100%；C1 在上級指標 B1 中的權重是 70%。

表 7-8　消費電子缺陷產品召回評價中各指標的影響權重

目標層：消費電子缺陷產品處理（A）

準則層指標	權重	方案層指標	權重	指標層指標		權重
政府層面	60%	事故發生等級	70%	非常嚴重	60%	0.252,0
				嚴重	25%	0.105,0
				一般	10%	0.042,0
				微弱	5%	0.021,0
		輿情影響程度	20%	新聞報導次數	60%	0.072,0
				微博/微信轉發量	40%	0.048,0
		召回難易程度	10%	產品本身特性	40%	0.024,0
				產品銷售數量	40%	0.024,0
				產品使用壽命	10%	0.006,0
				產品銷售對象	10%	0.006,0

表7-8(續)

準則層		方案層		指標層		權重
指標	權重	指標	權重	指標		
消費者層面	40%	消費者投訴量	70%	電話投訴量	40%	0.112,0
				網站投訴量	40%	0.112,0
				信件投訴量	20%	0.056,0
		召回的經濟性	30%	維修成本	70%	0.084,0
				因人身財產傷害造成的經濟損失	30%	0.036,0

7.5.2 評價指標計算方法

A（目標層）：缺陷家用電器產品處理（A）作為召回評價的目標層，當家用電器產品存在缺陷時，對這種缺陷的家用電器產品有如下三種處理方法：

（1）預警（0~10 分）。
（2）通知（告知）（11~40 分）。
（3）召回（41~100）。

當 0<A≤10，採取預警措施。
當 11≤A≤40，採取通知（告知）措施。
當 41≤A≤100，採取召回措施。

備註：如果該缺陷問題違反了相關法律法規或標準，那麼該缺陷產品則無需進行召回評價，將直接起動召回程序。

一級指標（準則層）指缺陷產品召回評價從政府和消費者兩個角度進行，因此將政府層面（B1）和消費者層面（B2）作為指標體系的一級指標，即準則層。政府層面就是從政府角度出發判定缺陷產品是否啓動召回，最終是否召回，由政府在全局分析的基礎上決定，所以政府層面（B1）占 60%，消費者層面就是從消費者角度出發判定缺陷產品是否啓動召回，消費者層（B2）占 40%。

二級指標（方案層）指政府層面（B1）包括事故發生等級（C1）、興情影響程度（C2）、召回的難易程度（C3）共 3 個二級指標。政府部門主要考慮事故發生等級、興情的影響程度，所以這兩個指標占比較大。消費者層面（B2）包括消費者投訴量（C4）和召回經濟性（C5）兩個二級指標。

三級指標（指標層）指在二級指標分解下的詳細指標（D11 至 D52）。為

了便於理解，所有的三級指標都盡量按百分制打分。具體如表 7-9 所示。

表 7-9　　　　　　　　　　嚴重程度評定準則

指標	事故等級	評定標準	評分
D11	非常嚴重	災難傷害，人員傷亡	100 分
D12	嚴重	導致不可逆轉的疤痕	10~25 分
D13	一般	在醫院處理即可	5~10 分
D14	輕度的	在家自行處理	0~5 分

（1）事故發生等級

事故發生等級（C1）主要考慮缺陷電子電氣容易發生的各種事故，主要分為四個等級，即非常嚴重（D11）、嚴重（D12）、一般（D13）和微弱（D14）共 4 個三級指標進行評價。D11 造成災難性傷害、人員傷亡；D12 導致不可逆轉的傷亡，留下傷痕傷疤；D13 在醫院處理即可；D14 在家自行處理即可。

（2）輿情影響程度

輿情影響程度（C2）主要從政府角度考慮缺陷產品發生危害而造成的輿情影響，主要用主流新聞媒體報導次數（D21）和微博/微信轉發量（D22）兩個三級指標來衡量。相比微博、微信，新聞媒體的報導會更受大家的關注，所以主流新聞媒體報導次數的占比較大。具體如表 7-10 所示。

主流新聞媒體報導次數（D21），是指較有影響力的新聞媒體對某缺陷產品發生危害而報導的次數。報導次數越多，說明社會各界對這一缺陷產品越關注，輿情影響程度也越大。這裡所指的較有影響力的新聞媒體主要有：華龍網、重慶晨報數字報、央視、新浪網、搜狐網、網易新聞、新浪教育、網易教育、網易財經、新浪財經等市一級以上主流媒體。報導 0~1 次（報導次數是指上述主流媒體無論哪個媒體的報導次數），評分為 0~30 分；報導 2~3 次，評分為 30~100 分；報導 3 次以上，評分為 100 分。另外，上述所說的主流媒體有 1 家報導，則評分為 10 分；有 10 家及以上報導則評分為 100 分。如：有 7 家報導，則評分為 70 分，有 15 家報導，則評分為 100 分。

表 7-10　　　　　　　　　　　輿論影響程度判定

指標	輿論類別	評定標準	評分
D21	主流新聞媒體報導次數	報導 0~1 次	0~30 分
		報導 2~3 次	30~100 分
		報導 3 次以上	100 分
D22	微博/微信轉發量	轉發量為 0~100 次	0~20 分
		轉發量為 101~200 次	20~40 分
		轉發量為 201~300 次	40~60 分
		轉發量為 301~400 次	60~80 分
		轉發量為 401~500 次	80~100 分
		若轉發量在 500 次以上	100 分

　　微博/微信轉發量（D22），是指微博/微信對某缺陷產品發生危害而轉發的次數，這裡所說的轉發量是指微博與微信相加的轉發量。轉發次數越多說明社會各界對這一缺陷產品越關注，輿情影響程度也越大。轉發量為 0~100 次，評分為 0~20 分；轉發量為 101~200 次，評分為：20~40 分；轉發量為 201~300 次，評分為 40~60 分；轉發量為 301~400 次，評分為 60~80 分；轉發量為 401~500 次，評分為 80~100 分；若轉發量在 500 次（國家法律標準）以上，則評分為 100 分。微博/微信轉發量（D22）可從微博/微信 APP 處獲取。如表 7-10 所示。

　　（3）召回難易程度

　　召回難易程度（C3）主要從政府角度考慮缺陷產品是否容易召回，在召回中可能遇到哪些問題。主要用產品本身特性（D31）、產品銷售數量（D32）、產品使用壽命（D33）和產品銷售對象（D34）共 4 個三級指標來衡量。召回難易程度主要取決於其產品本身的特性以及產品銷售的數量，因此這兩個指標占比較大，如表 7-11 所示。

表 7-11　　　　　　　　　　　召回難易程度判定

指標	評定標準	評分
產品本身特性（D31）	預期召回完成率直接作為本項目得分	0~100 分

表7-11(續)

指標	評定標準	評分
產品銷售數量（D32）	銷售數量為0~1,000臺	90~100分
	銷售數量為1,000~2,000臺	70~90分
	銷售數量為2,000~5,000臺	50~70分
	銷售數量在5,000~10,000臺	20~50分
	銷售數量超過10,000臺	0~20分
產品使用壽命（D33）	產品使用壽命在0~6個月	0~20分
	產品使用壽命為6~12個月	20~30分
	產品使用壽命在12~24個月	30~50分
	產品使用壽命在24~36個月	50~70分
	產品使用壽命在36~48個月	70~90分
	產品使用壽命在48~60個月	90~100分
	產品使用壽命超過60個月	100分
產品銷售對象（D34）	道路交通極其不便利、信息來源渠道單一、信息更新不及時的銷售對象	0~20分
	交通極其不便利、信息來源渠道單一，但信息更新非常及時的銷售對象	20~40分
	交通極其不便利，但信息來源渠道多、信息更新非常及時的銷售對象	40~60分
	交通非常便利、信息來源渠道多種多樣、信息更新也非常及時的銷售對象	60~100分

　　產品本身特性（D31）是指電子電器產品自身的屬性，這是一個定性指標。主要涉及信息安全的問題，如手機、筆記本電腦等，由於消費者在刪除信息之後，仍然存在文件被恢復的風險，所以產品召回本身存在難度。可以直接用預期召回完成率作為本項目的評分，可以採用該類別產品召回完成率的平均值。

　　產品銷售數量（D32）是指已經銷售的、消費者正在使用的同一批次、同一類型的缺陷家電產品。銷售數量越多，召回的實施也就越困難，評分越低。相應地，對於缺陷產品的處理方法就會採用通知或預警來替代召回，當然產品的銷售數量也與消費者對此類家電產品的需求程度有關（在此為簡單計算，我們不考慮）。銷售數量為0~1,000臺，評分為90~100分；銷售數量為1,000~2,000臺，評分為70~90分；銷售數量為2,000~5,000臺，評分為50~70

分；銷售數量為 5,000~10,000 臺，評分為 20~50 分，銷售數量超過 10,000 臺（其中 10,000 臺是參考國家統計局數據），評分為 0~20 分。產品銷售數量（D32）可從銷售該家電產品的企業處獲得。

產品使用壽命（D33），是指消費者從剛購買產品第一次使用到因產品性能失效最後一次使用的時間。因產品使用壽命短，且召回程序複雜，消費者不願意浪費時間和精力等待產品召回後再返回手中，所以實施召回也會相對困難。產品使用壽命與缺陷產品召回的難易程度也有一定的關係，產品使用壽命越短，召回的實施就越困難，評分就越低。因此，產品使用壽命越長，召回可能性越大，評分越高。產品使用壽命為 0 至 6 個月，評分為 0~20 分；產品使用壽命為 6~12 個月，評分為 20~30 分；產品使用壽命為 12~24 個月，評分為 30~50 分；產品使用壽命為 24~36 個月，評分為 50~70 分；產品使用壽命為 36~48 個月，評分為 70~90 分；產品使用壽命為 48~60 個月，評分為 90~100 分；產品使用壽命超過 60 個月，則評分為 100 分。產品使用壽命（D33）可根據生產該家電的企業處（或產品說明處）獲得。

產品銷售對象（D34），是指對該家電產品的需求對象（也指產品的使用對象）。產品的使用對象也與召回的難易程度相關，如部分家電產品銷售到了農村或偏遠地區，運輸條件差、信息接收不及時，導致召回實施困難。因此，對於道路交通極其不便利、信息來源渠道單一、信息更新不及時的銷售對象，評分為 0~20 分；對於交通極其不便利、信息來源渠道單一，但信息更新非常及時的銷售對象，評分為 20~40 分；對於交通極其不便利，但信息來源渠道多、信息更新非常及時的銷售對象，評分為 40~60 分；對於交通非常便利，信息來源渠道多種多樣，信息更新也非常及時的銷售對象，評分為 60~100 分。產品銷售對象（D34）可從銷售該家電產品的企業處獲得。

（4）消費者投訴量

消費者投訴量（C4）主要反應該缺陷產品對消費者的影響程度，是根據消費者投訴數量的多少進行打分，主要用電話投訴量（D41）、網站投訴量（D42）和信件投訴量（D43）共 3 個三級指標來衡量。在移動互聯網時代，以電話投訴量和網站投訴量為主體。具體如表 7-12 所示。

表 7-12　　　　　　　　　　消費者投訴判定

指標	評定標準	評分
電話投訴量	0~100 個	0~100 分
	100 個以上	100 分

表7-12(續)

指標	評定標準	評分
網站投訴量	0~100 個	0~100 分
	100 個以上	100 分
信件投訴量	0~100 個	0~100 分
	100 個以上	100 分

電話投訴量（D41），是從相關監管部門、企業等處收到的關於某一缺陷產品的電話投訴的數量。其計算方法滿足式（7-2）。

$$f(x) = \begin{cases} x, & 0 \leq x < 100 \\ 100, & 100 \leq x \leq 200 \end{cases} \quad (7-2)$$

其中，x 為電話投訴數量，$f(x)$ 為評分分數。當電話投訴量超過200個，即達到其警戒值，需啟動專家評判。電話投訴量（D41）可從相關政府監管部門、企業處獲得。

網站投訴量（D42）是從相關監管部門網站、企業官網等收到的關於某一缺陷產品的網站投訴的數量。其計算方法滿足式（7-3）。

$$f(x) = \begin{cases} x, & 0 \leq x < 100 \\ 100, & 100 \leq x \leq 200 \end{cases} \quad (7-3)$$

其中，x 為網站投訴數量，$f(x)$ 為評分分數。當網站投訴量超過200個，即達到其警戒值，需啟動專家評判。網站投訴量（D42）可從相關監管部門網站、企業官網處獲得。

信件投訴量（D43），是從相關監管部門的投訴信箱、企業的投訴信箱等處收到的關於某一缺陷產品的信件投訴的數量。其計算方法滿足式（7-4）。

$$f(x) = \begin{cases} x, & 0 \leq x < 100 \\ 100, & 100 \leq x \leq 200 \end{cases} \quad (7-4)$$

其中，x 為信件投訴數量，$f(x)$ 為評分分數。當信件、投訴量超過200個，即達到其警戒值，需啟動專家評判。信件投訴量（D43）可從相關監管部門的投訴信箱、企業的投訴信箱獲得。

（5）召回的經濟性

召回的經濟性（C5）主要從政府角度評價該缺陷產品召回的效益，主要用維修成本（D51）、因人身財產傷害造成的經濟損失（D52）兩個三級指標來衡量。維修成本和因人身財產傷害造成的損失、賠償都是缺陷產品召回為消費者帶來的效益，且兩個指標同等重要，所以占比相同。具體如表7-13所示。

7 消費電子產品缺陷風險和預期召回效益風險評估 | 197

表 7-13　　　　　　　　　　召回經濟效益判定

指標	評定標準	評分
維修成本（D51）	0~2,000 萬元	0~100 分
	2,000 萬元以上	100 分
因人身財產傷害的經濟損失（D52）	0~500 萬元	0~100 分
	500 萬元以上	100 分

維修成本（D51）採用缺陷產品數與單個產品或者產品配件的單價的乘積表示，如式（7-5）所示，單位是萬元。

$$x = n \times P \tag{7-5}$$

其中，x 表示維修成本（D51），n 表示缺陷產品數，P 表示單個產品或者產品配件的單價。

維修成本（D51）為 0~600 萬元的評分為 0~100 分，計算公式為：$f(x) = 100 \times$ 維修成本/維修成本的基準值，即 $f(x) = 100 \times$ 維修成本/600。維修成本大於或等於 2,000 萬元的評 100 分。也就是說，維修成本（D51）的評分方法如式（7-6）所示。

$$f(x) = \begin{cases} \dfrac{100 \times x}{2,000}, & x < 2,000 \\ 100, & x \geq 2,000 \end{cases} \tag{7-6}$$

其中，x 表示維修成本，由式（7-5）計算得到，單位是萬元。

因人身財產傷害造成的經濟損失（D52）採用 2 段線性函數來實現對因人身財產傷害造成的經濟損失的評分。2 段線性函數最簡單，工作人員容易理解，計算方便、操作簡潔，信息系統也容易實現。

因人身財產傷害造成的經濟損失為 0~500 萬元的評分為 0~100 分，計算公式為：$f(x) = 100 \times$ 因人身財產傷害造成的經濟損失/因人身財產傷害造成的經濟損失的基準值，即 $f(x) = 100 \times$ 因人身財產傷害造成的經濟損失/500；因人身財產傷害造成的經濟損失大於或等於 500 萬元評 100 分。也就是說，因人身財產傷害造成的經濟損失（D52）的評分方法如式（7-7）所示。

$$f(x) = \begin{cases} \dfrac{100 \times x}{1,500}, & x < 1,500 \\ 100, & x \geq 1,500 \end{cases} \tag{7-7}$$

其中，x 表示因人身財產傷害造成的經濟損失，單位是萬元。

7.5.3 算例設計

（1）案例背景

2016 年 5 月，S 品牌 D 類型手機，在充電時發生爆炸，在 3 個月內同一類型手機發生幾起爆炸，給消費者留下不可逆轉的壞印象，在網路上引起廣泛討論。由於該款手機性價比高，因此在市場上頗受歡迎，但是隨著此事件持續性發酵，監管部門收到的投訴越來越多，便告知缺陷產品認定中心。經缺陷產品認定中心進行專業認定後，確定 S 品牌 D 類型的手機在充電過程中，電池溫度持續升高，存在缺陷，並將報告結果反饋給質量技術監督局。質量技術監督局立即調動家用電器缺陷產品召回評估工作小組人員進行缺陷產品召回評估。工作小組從網路、企業、消防部門、醫院、新聞中心等相關部門處搜集數據得知：該手機價格親民，新品發布 3 個月已經累計銷售 105 萬臺。該類型手機曾在不同地區發生過 5 起爆炸事故，沒有人員傷亡，但是造成用戶皮膚燒傷並留下疤痕，共造成其他各類損失約 500 萬元（其中維修成本 300 萬元、人身傷害 50 萬元、潛在損失 150 萬元），但消費者實際得到的賠償總額為 300 萬元。另外，關於該缺陷引起的問題共收到電話投訴量 208 次、網站投訴量 350 次、信件投訴量 10 次。而關於該缺陷問題的關注度：現目前已有 3 家主流媒體進行過報導，微博、微信的轉發量共 412 次。缺陷產品認定中心指出，該缺陷發生後，其嚴重程度為嚴重，且發生的概率為中等。

（2）案例分析

根據工作人員前期的調查和數據搜集，現在進行缺陷產品召回評估。因此缺陷問題不觸及任何法律法規及標準，也沒有任何指標超出警戒值，所以對其進行綜合指標評估，且各項指標評分計算如下：

第一步，評估計算 D_{11}—D_{52}。

依據表 7-9，計算出 $D_{11}=0$，$D_{12}=25$，$D_{13}=0$，$D_{14}=0$。

依據表 7-10，計算出 $D_{21}=100$，$D_{22}=90$。

依據表 7-11，計算出 $D_{31}=30$，$D_{32}=10$，$D_{33}=10$，$D_{34}=80$。

依據表 7-12，計算出 $D_{41}=100$，$D_{42}=100$，$D_{43}=10$。

依據表 7-13，計算出 $D_{51}=50$，$D_{52}=10$。

第二步，評估計算 C_1—C_5。

依據公式（7-8）：

$$C_1 = D_{11}\times 60\% + D_{12}\times 25\% + D_{13}\times 10\% + D_{14}\times 5\% \quad (7-8)$$

計算出 $C_1=6.25$

依據公式（7-9）：
$$C2 = D21 \times 60\% + D22 \times 40\% \qquad (7-9)$$
計算出 C2 = 96。
依據公式（7-10）：
$$C3 = D31 \times 40\% + D32 \times 40\% + D33 \times 10\% + D34 \times 10\% \qquad (7-10)$$
計算出 C3 = 25。
依據公式（7-11）：
$$C4 = D41 \times 40\% + D42 \times 40\% + D43 \times 20\% \qquad (7-11)$$
計算出 C4 = 82。
依據公式（7-12）：
$$C5 = D51 \times 70\% + D52 \times 30\% \qquad (7-12)$$
計算出 C5 = 38。

第三步：評估計算 B1、B2。

依據公式 B1 = C1×70%＋C2×20%＋C3×10% 計算出 B1 = 22.57。

依據公式。B2 = C4×70%＋C5×30% 計算出 B2 = 68.80。

第四步：計算 A。

依據公式 A = B1×60%＋B2×40% 計算出 A = 41.06。

風險評估結論：41＜A = 41.06＜100，採取召回措施。

7.6 決策方案

根據風險分析與評價得出風險指數，以此判斷存在風險的嚴重程度，並採取不同等級的風險處理與流程控制方法，具體如下：

（1）預警。在評估結果為低風險的情況下，加強對相關功能的檢查和監控，做好維護和保養工作，同時，製造商可以延長質量擔保期以提供優惠維修。

（2）通知（召回）。在評估結果為較低風險的情況下，應通過電話、掛號信、媒體等途徑告知消費者，在避免危險發生可能性的基礎上加強維護。

（3）召回。重大風險，嚴重風險報政府處理，中等風險報管理中心處理。對安全隱患應確認為缺陷，對缺陷影響範圍內的家用電器產品要進行召回，向社會通告其風險相關信息，由製造商選擇修理、更換、收回等方式消除產品缺陷。

7.7　本章小結

　　隨著消費預警對於安全監管與保護消費者生命財產安全的重要性日益凸顯，亟待建立並完善中國缺陷產品風險評估與消費預警機制。本章通過借鑑美國、歐盟、日本的風險評估與消費預警的方法，結合中國缺陷產品消費預警實際，綜合應用軌跡交叉理論與風險傳遞理論，初步建立了缺陷產品消費預警的評估流程，將產品因素、消費者因素與環境因素作為輸入層，將產品召回、消費預警、信息備案作為輸出層，通過對已有案例的學習，預測缺陷產品的風險水準，進而發布消費預警，為缺陷產品消費預警提供參考。

　　隨著消費者權益保護意識的增強，產品安全風險已成全世界重點關注的問題。缺陷產品召回是消除缺陷產品安全隱患的有效手段，缺陷風險評價是產品召回的前提。但風險評價在該領域的應用尚處於起步階段，根據事故隱患和缺陷定義，將缺陷定義為產品的危險狀態，屬於事故隱患的一種。基於缺陷與事故隱患的相似性，探討缺陷事故的發生和發展過程，借鑑事故隱患風險評價思路，提出電子電氣產品缺陷風險評價的分析框架，給出了風險指數評估法和綜合指標評估法兩種方法。

參考文獻

[1] 尹彥，劉紅喜，張曉瑞，等. 缺陷產品召回標準體系框架研究 [J]. 標準科學，2015（5）：12-14.

[2] 朱祀何. 2016 年中國共召回缺陷消費品 230 次 617 餘萬件 [EB/OL]. [2016-12-26]. 中國質量新聞網 http：//www.cqn.com.cn/ms/content/2016-12/26/content_3765991.htm.

[3] 施京京. 2017 年中國共召回缺陷消費品 2702.6 萬件 [EB/OL]. [2018-01-29]. 中國質量新聞網 http：//www.cqn.com.cn/zgzljsjd/content/2018-01/29/content_5545945.htm.

[4] 國家市場監督管理總局缺陷產品管理中心. 市場監管總局 2018 年上半年缺陷產品召回工作情況 [EB/OL]. [2018-07-04]. http：//www.dpac.gov.cn/xwdt/gzdt/201807/t20180704_77628.html.

[5] 陳暉，肖翔，楊茂婷. 缺陷汽車產品召回效果評估方法探討與研究 [J]. 質量與標準化，2016（11）：44-47.

[6] 陶娟. 缺陷產品召回制度的法經濟學分析 [D]. 濟南：山東大學，2011.

[7] 高芳，劉泉宏，龔迪迪. 企業產品召回動因研究——兼論對企業績效的影響 [J]. 財會通訊，2016（32）：44-48.

[8] 梁宇. 論缺陷產品召回法律制度 [D]. 武漢：武漢理工大學，2004.

[9] 何悅. 中國企業如何應對產品召回 [J]. 中國發展，2006（9）：42-45.

[10] 郭曉珍. 缺陷產品召回管理條例草案解讀及立法建議 [J]. 淮北煤炭師範學院學報（哲學社會科學版），2009，30（5）：67-70.

[11] 張雲，林暉輝. 效率視野中的食品召回制度——一種法經濟學理論的證成進路 [J]. 當代法學，2007，21（6）：63-68.

[12] 張雲. 缺陷產品召回制度價值之法經濟學證成 [J]. 廣西政法管理

幹部學院學報, 2009, 24 (4): 63-66.

[13] 鄭國輝. 缺陷汽車產品召回機制的研究 [J]. 同濟大學學報 (自然科學版), 2006, 9 (10): 1350-1354.

[14] 鄭國輝. 汽車缺陷產品實施召回制度的經濟學分析 [J]. 中國工程機械學報, 2005, 3 (2): 233-236.

[15] 楊金晶. 考慮消費者損失的企業產品召回決策研究 [D]. 合肥: 中國科學技術大學, 2014.

[16] 陳玉忠, 劉晨, 張金換. 中國缺陷汽車產品召回的管理機制: 現狀及發展 [J]. 汽車安全與節能學報, 2015, 6 (2): 119-127.

[17] BATES H, HOLWEG M, LEWIS M. Motor vehicle recalls: Trends, patterns and emerging issues [J]. Quality Contrand Appl Statistics, 2007, 52 (6): 703-706.

[18] MC DONALD K M. Do Auto Recalls Benefit the Public [J]. Regulation, 2009, 32: 12-37.

[19] LEVIN A M, JOINER C, CAMERON G. The impact of sports sponsorship on consumers' brand attitudes and recall: The case of NASCAR fans [J]. J Current Issues & Research in Advertising, 2001, 23 (2): 230.

[20] GOVINDARAJ S, JAGGI B, LIN B. Market overreaction to product recall revisited: The case of firestone tires and the ford explorer [J]. Rev Quantitative Finance and Accounting, 2004, 23 (1): 31-54.

[21] DAVIDSON W N, WORRELL D L. Research notes and communications: The effect of product recall announcements on shareholder wealth [J]. Strategic Manag J, 1992, 13 (6): 467-473.

[22] 劉景安. 汽車製造企業缺陷產品召回管理模型研究 [D]. 上海: 同濟大學, 2009.

[23] 周頻. 汽車召回風險分析和控制方法研究 [D]. 上海: 上海交通大學, 2007.

[24] 王琰, 王贇松, 黃國忠, 等. 汽車召回現狀及缺陷模式研究 [J]. 汽車工程, 2009, 30 (11): 1018-1022.

[25] 王琰. 中國汽車召回特徵研究 [J]. 標準生活, 2010, (8): 20-25.

[26] 鄭國輝. 缺陷汽車產品召回中各主體策略選擇的博弈 [J]. 同濟大學學報 (自然科學版), 2005, 8 (33): 1127-1132.

[27] 劉學勇. 缺陷產品召回成本的優化及分擔策略研究 [D]. 重慶: 重

慶大學, 2010.

[28] 張衛亮, 肖凌雲, 劉亞輝. 汽車轉向系統缺陷風險評估準則與汽車召回案例 [J]. 汽車安全與節能學報, 2013, (4): 361-366.

[29] 練嵐香, 高利, 胡春松. 中國汽車召回的管理決策分析 [M]. 北京: 北京理工大學出版社, 2014.

[30] 董紅磊. 缺陷汽車產品召回引入風險管理探析 [J]. 標準科學, 2016 (9): 71-75.

[31] 黃國忠. 汽車缺陷風險評價技術指標體系研究 [J]. 世界標準信息, 2007 (12): 44-48.

[32] NICHOLAS G RUPP. The Attribute of a Costly Recall: Evidence from the Automative Industry [J]. Review of Industrial Organization, 2004 (25): 21-44.

[33] 冷韶華. 缺陷汽車主動召回效果評價體系與決策技術研究 [D]. 北京: 北京理工大學, 2010.

[34] RUPP NICHOLAS G. Essays in Automative Safety Recalls [D]. New York: Texas A&M University, 2000.

[35] 練嵐香. 缺陷汽車產品召回決策支持模型及系統研究 [D]. 北京: 北京理工大學, 2012.

[36] 高利, 冷韶華. 汽車主動召回行為主體「四位一體」模式分析 [J]. 江蘇大學學報, 2010 (6): 35-37.

[37] 梁新元, 王洪建, 陳雄, 等. 缺陷消費品召回效果評估的研究綜述 [J]. 現代管理, 2018, 8 (6): 673-680.

[38] 張培凡. 基於分級評估指標體系的網路輿情指數計算研究 [D]. 上海: 上海交通大學, 2013.

[39] HOFFER G E, JAMES W A. Consumer responses to auto recalls [J]. Journal of Consumer Affairs, 1975, 9 (2): 212-218.

[40] 蘇蘭, 佟明彪. 質檢總局回應: 新速騰汽車缺陷調查為何持續一年 [EB/OL]. [2013-09-11]. http://news.163.com/15/0911/20/B38OSI2D00014JB5.html, 2015-9-11.

[41] 佚名. 315晚會: 大眾變速器故障頻發 禍從天降 [EB/OL]. [2013-03-15]. http://auto.china.com/specia/vwdsg/news/11121179/20130315/17731163.html.

[42] 佚名. 大眾DSG召回事件 [EB/OL]. [2013-05-16]. https://wiki.mbalib.com/wiki/%E5%A4%A7%E4%BC%97DSG%E5%8F%AC%E5%9B%9E%

E4%BA%8B%E4%BB%B6.

［43］RUPP NICHOLAS G. Essays in Automative Safety Recalls［D］. New York：Texas A&M University，2000.

［44］REILLY R J, HOFFER G E. Will retardingtheinformationflowon automobile recalls affect consumer demand［J］. Economic Inquiry, 1983（21）：444.

［45］MC CATHY P S. Consumer demand for vehicle Safety：an empirical analysis［J］. Economic Inquiry, 1990, 27：530.

［46］魏嫻. 產品召回制度：基於互動博弈的政府監管策略分析——以汽車產業為例［J］. 商業經濟, 2013（7）：15-18.

［47］張震坤. 消費類電子電氣產品安全評價及檢測技術［M］. 北京：化學工業出版社, 2015.

［48］徐戰菊. 美國消費品安全——關於產品召回［J］. 中國標準化, 2005（06）：70-72.

［49］王瑣, 黃國忠, 宋存義, 等. 基於灰色理論的汽車缺陷風險評估模型［J］. 北京科技大學學報, 2009, 31（9）：1178-1182.

［50］王新敏, 陳勇. 航天器研製技術風險分析［J］. 裝備指揮技術學院學報, 2010, 21（1）：61-64.

［51］王哲宇. 家用電器缺陷產品召回制度及現狀分析［J］. 上海標準化, 2010（03）：43-47.

［52］王崢. 家電召回漸行漸近［J］. 質量與標準化, 2011（11）：12-15.

［53］馮永琴, 謝志利, 王衛玲. 基於缺陷產品風險評估的消費預警模型初探［J］. 標準科學, 2017（8）：83-88.

［54］付大為, 寧燕. 機械安全風險評價方法的研究［J］. 機電產品開發與創新, 2008, 21（3）：1-2.

［55］佚名. 兩高發布司法解釋：誹謗信息轉發超500次將入刑［EB/OL］.［2013-9-10］. http://opinion.people.com.cn/n/2013/0910/c369011-22866551.html.

附錄

附錄 A 汽車產品安全風險評估與風險控制指南

本標準依據 GB/T1.1-2009 的規則起草。

本標準由全國產品缺陷與安全管理標準化技術委員會（SAC/TC463）提出並歸口。

本標準起草單位：中國標準化研究院（國家質檢總局缺陷產品管理中心）.

發布單位：中華人民共和國國家質量監督檢驗檢疫總局/中國國家標準化管理委員會發布.

時間：2017-09-29 發布，2018-04-01 實施。

汽車產品安全風險評估與風險控制指南（GB/T4402-2017）

Safety of Motor Vehicle Product
——Risk Assessment and Risk Control Guidelines

1 範圍

本標準規定了汽車產品安全風險評估的基本過程以及風險控制的基本策略。

本標準適用於在汽車產品的缺陷分析和認定過程中，對已銷售的汽車產品存在的不合理危險進行風險評估，並基於風險評估結果制定相應的風險控制策略。

2 術語和定義

下列術語和定義適用於本文件。

2.1 汽車產品安全風險（Motor Vehicle Product Safety Nisk）

汽車產品安全風險是指汽車整車、系統、總成或零部件等因故障或失效產生危險事件或情形的嚴重性與發生可能性的綜合。

2.2 風險評估（Rrisk Assessment）

風險評估是指確定危險事件或情形的嚴重性與發生可能性的綜合水準等級的過程。

2.3 風險控制（Risk Control）

風險控制是指用於避免或減小危險事件或情形發生的策略。

2.4 汽車產品危險（Motor Vehicle Hazard）

汽車產品危險是指由於設計、製造或標示等原因使汽車整車、系統、總成或零部件等處於一種不安全狀態，在這種狀態下，將可能導致人身傷害或財產損失。

2.5 嚴重性（Severity）

嚴重性是指危險事件或情形對人身、財產安全的損害程度。

2.6 可能性（Probability）

可能性是指汽車產品在其使用壽命週期內發生「危險事件或情形」的概率。

註：可能性是對危險事件或情形發生的概率預測，不等同於過往市場故障/失效數據的統計。

2.7 風險評估對象（Object of Risk Assessment）

風險評估對象是指可能存在故障或失效問題的批次汽車產品。

3 總則

本標準中風險評估與風險控制基本流程如圖 A-1 所示。

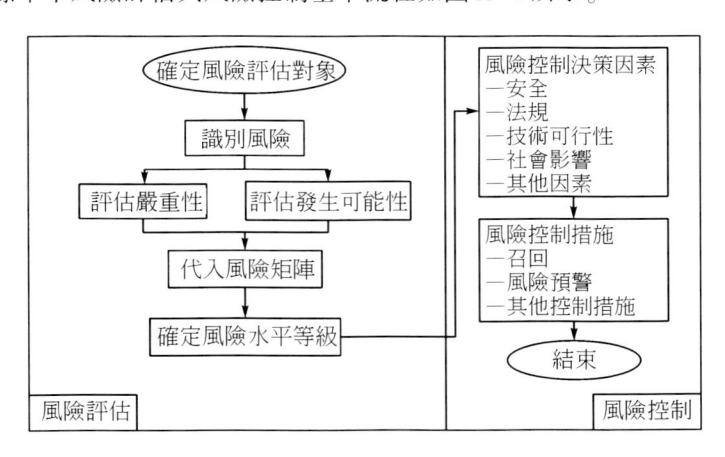

圖 A-1 風險評估與風險控制基本流程

本標準的風險評估對象是「危險事件或情形」，通過評估危險事件或情形

的嚴重性和發生可能性等級，代入風險矩陣，確定危險事件或情形的最終風險水準等級。

本標準中風險控制針對已銷售車輛，風險控制責任主體在綜合考慮風險評估結果、相關法規、技術條件、社會影響等因素的基礎上，制定相對應的風險控制策略，以減小或避免危險事件或情形的發生，減少人身傷害、財產損失。

4 風險評估

4.1 風險評估基本程序

風險評估的基本流程主要包括：

第一，確定風險評估對象。

第二，識別危險事件或情形。

第三，評估危險事件或情形的嚴重性。

第四，評估危險事件或情形發生的可能性。

第五，確定綜合風險水準等級。

4.2 確定風險評估對象

在評估過程中，需要根據汽車產品失效/故障的具體情況進行合理的分析後才能確定批次範圍，尤其是要追溯是否與汽車產品的設計、製造或標示等原因相關。

如果由設計原因導致了汽車產品失效/故障，風險評估對象是可能採用了同樣設計的批次汽車產品。

如果由製造原因導致了汽車產品失效/故障，風險評估對象是可能採用了同樣製造過程的批次汽車產品。

如果由標示原因導致了汽車產品失效/故障，風險評估對象是可能採用了同樣標示的批次汽車產品。

4.3 識別危險事件或情形

4.3.1 風險傳遞過程

識別危險事件或情形首先要研究風險傳遞過程，對汽車產品故障或失效進行技術分析，模擬危險事件或情形發生和引起傷害的可能場景。本標準是對危險事件或情形的嚴重性和發生可能性進行綜合風險評估。風險傳遞過程如圖 A-2所示：

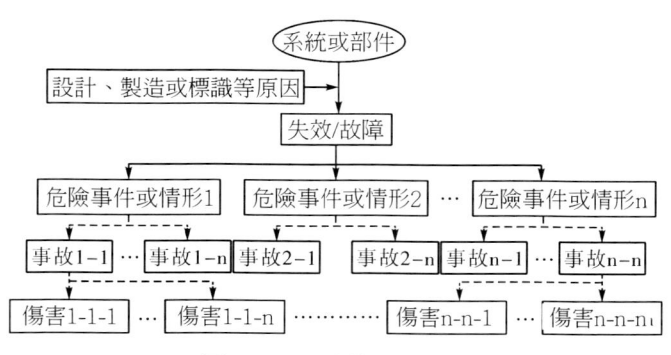

圖 A-2 風險傳遞示意圖

註1：風險從原因端向結果端傳遞，其表現形式由最初單一的、確定的某個原因分化為若干不同的危險事件或情形，最終導致各種程度不一的事故或傷害。風險傳遞過程中各種情形發生的可能性從開始時的確切發生（如設計、製造或標示等問題）直至降低到很小的概率（如某種特定的傷害）。

註2：由於汽車產品技術和使用環境的複雜性和特殊性，某個故障或失效可能引發多種傷害情形，而預測某種傷害情形發生的概率幾乎是不可能的。例如：汽車產品的電氣線路短路（故障或失效）會導致電氣線路過熱，可能引發火災（危險事件或情形），造成人員輕度燒傷（傷害情形A）、重度燒傷（傷害情形B）或燒死（傷害情形C），在風險評估時，要對上述A、B、C三種傷害情形的發生概率進行預測幾乎無法完成，但「引發火災」這一危險事件或情形具有相對的確定性，具備開展風險評估的條件。

4.3.2 主要危險事件或情形的辨識

在對風險傳遞分析的過程中，大多數情況下可以在多種危險事件或情形中確定主要危險事件或情形，並對主要危險事件或情形開展風險評估。少數不易區分主、次危險事件或情形的，可先設定任一危險事件或情形為主要危險事件或情形，並對其開展風險評估。

在確定了主要危險事件或情形的風險水準等級後，再考慮其它危險事件或情形對風險評估結果的影響，並適當提高風險水準等級。

4.4 評估危險事件或情形的嚴重性

4.4.1 危險事件或情形的嚴重性等級說明

危險事件或情形嚴重性評估分為初步評估和結果修正兩個步驟。本標準將嚴重性分為5個等級：高、較高、中、較低、低，各等級的說明如表A-1所示。

表 A-1　　　　　　　　危險事件或情形的嚴重性等級說明

嚴重性等級	嚴重性等級說明
高	故障為突發性，且不可控，可能造成嚴重的人身傷害或財產損失。
較高	故障為突發性，且可控性降低，可能造成人身傷害或財產損失。
中等	故障造成車輛行駛性能或功能下降，但可控，車輛有可能繼續使用，如繼續使用可能會導致高、較高的嚴重性等級。
較低	故障對車輛行駛性能或功能有部分影響，但可控，車輛可繼續使用，如繼續使用可能會導致較高、中等的嚴重性等級。
低	故障對車輛安全性無直接影響。

4.4.2 嚴重性初步評估

在確定風險評估對象及識別危險事件或情形的基礎上，根據表 1 中危險事件或情形的嚴重性等級說明，在相關技術資料的基礎上，組織專業技術人員進行嚴重性分析，初步確定嚴重性等級。

4.4.3 初步評估結果修正

在進行初步評估後，考慮到汽車產品技術和使用環境的複雜性和特殊性，需對初步評估結果進行一定的修正，結果修正可考慮的因素如下：

（1）易受傷人群

易受傷人群包括兒童、老人、病人等對危險造成的傷害耐受力較低的人群。如果危險潛在危害的人群是易受傷人群，可提高嚴重性等級。

（2）車輛類型

不同的車型在用途、車速、準載人數、重量、幾何尺寸、主被動安全水準、載貨性質等方面對嚴重性存在一定的影響。如：高速跑車、大中型客車、貨車等高速、高負荷汽車，以及危險品運輸車等，可提高嚴重性等級。

除了上述結果修正因素外，在進行嚴重性等級初步評估結果修正時，可根據已知的故障或失效形態、車輛事故深度調查、人員傷亡程度以及缺陷工程分析試驗等因素，進行綜合分析後修正。

4.5 評估危險事件或情形發生的可能性

4.5.1 危險事件或情形發生的可能性等級

對危險事件或情形發生的可能性等級進行評估關鍵在於風險評估對象的確定。本標準中，危險事件或情形發生的可能性分為 5 個等級：高、較高、中、較低和低。可能性評估包括初步評估和結果修正兩個步驟。可能性評估的方法主要包括：定量法、定性法和定量定性結合法。

4.5.2 可能性初步評估

在故障或失效模式、樣本質量和數量滿足定量分析要求的情況下，可採用統計學方法中的趨勢預測模型（如韋伯分佈模型等）或工程分析方法預測全壽命故障率，並對危險事件或情形發生的可能性進行預測，可能性的初步評估結果根據故障或失效模式的行業平均水準確定。

在樣本質量和數量無法滿足定量分析要求的情況下，可採用定性法的方式進行評估。定性法評估原則如下：

第一，若危險事件或情形發生的原因由材料、零部件結構設計、生產工藝、軟件控制策略、整體布置或零部件匹配等設計因素導致，可能性的初步評估結果可為高或較高；

第二，若危險事件或情形發生的原因由材料加工、機械加工、零部件裝配或生產管理不當等製造因素導致，可能性的初步評估結果可為較高、中等或較低；

第三，若危險事件或情形發生的原因由車輛無標示或錯誤標示等因素導致，可能性的初步評估結果可為高或較高。

4.5.3 初步評估結果修正

在進行可能性初步評估後，考慮到危險事件或情形發生的條件、頻次等因素可能存在較大差異，結合已知的汽車產品故障/失效發生率的基礎上，對初步評估結果進行修正，結果修正可考慮的因素如下：

（1）危險事件或情形發生的條件

危險事件或情形發生的條件非常苛刻，可降低可能性等級。

（2）危險事件或情形發生前能否被感知而被排除或限制

如果在危險事件或情形發生前能夠被感知到，或發生前車輛有明顯的警示信息，可降低可能性等級。

（3）日常維修可排除危險事件或情形的發生

車輛在日常使用維護過程中，存在故障/失效的零部件、總成或系統能夠得到更換、調整，可降低可能性等級。

（4）車輛使用頻次

如果風險評估範圍內的車輛使用頻次超過正常車輛，危險事件或情形發生的可能性將會增加，例如出租車、公共汽車、載貨車等，可提高可能性等級。

（5）車輛運行環境

對於長期在山地、高寒、高熱等特殊氣候環境以及路面狀況差、含水量、含鹽量過大等道路環境下運行的車輛，如果上述運行環境能夠加快危險事件或

情形的發生，可提高可能性等級。

（6）已引發危險事故案例

獲知已引發危及人身、財產安全的事故案例時，可提高可能性等級，尤其已獲知導致人員死亡事故案例，可將可能性等級提高到較高或高兩個等級。

（7）同一故障/失效引發多種危險事件或情形

因同一故障/失效引發多種危險事件或情形，以主要危險事件或情形發生的可能性進行評估，結合考慮其他次要危險事件或情形，可提高可能性等級。

除了上述結果修正因素外，在進行可能性等級修正時，可根據已知的故障/失效率、已知案例發生的情形、車輛現場查看情況以及缺陷工程分析試驗等因素，進行綜合分析後修正。

4.6 確定綜合風險水準等級

在危險事件或情形的嚴重性等級和危險事件或情形發生的可能性等級確認的基礎上，通過查詢風險評估矩陣確定風險水準等級。風險水準等級分為五級：高（第5級）、較高（4級）、中（第3級）、較低（第2級）、低（第1級）。具體如表 A-2 所示：

表 A-2　　　　　　　　　風險評估矩陣

可能性	嚴重性				
	低	較低	中	較高	高
低	1	2	2	3	3
較低	2	2	3	3	4
中	2	3	3	4	4
較高	3	3	4	4	5
高	3	3	4	5	5

5 風險控制

本標準中風險控制對象是已銷售車輛，風險控制責任主體是汽車產品生產者，風險控制責任主體應根據風險評估結果制定相應的風險控制策略。

風險等級為高（第5級）和較高（第4級）的，汽車產品生產者應根據相應的法律法規實施召回活動，消除車輛安全隱患。

風險水準等級為中等（第3級）的，汽車產品生產者可分析國內外相關的召回案例，如果存在類似召回案例的，汽車產品生產者可採取召回活動；如果沒有類似召回案例，汽車產品生產者可自主處置。

風險水準等級為較低（第 2 級）和低（第 1 級）的，汽車產品生產者可自主處置。

附錄 B　消費品安全風險評估通則

本標準是消費品安全風險評估的通用標準，可為相關領域消費品安全風險評估提供指南。

本標準制定中參考了歐盟法規、國際標準、國家標準和行業標準，以及相關文獻資料。

本標準由中國國家標準化研究院提出並歸口。

本標準起草單位：中國標準化研究院（國家質檢總局缺陷產品管理中心）。

發布單位：中華人民共和國國家質量監督檢驗檢疫總局/中國國家標準化管理委員會發布。

時間：2008-12-30 發布，2009-09-01 實施。

消費品安全風險評估通則（GB/T227.60-2008）

General principles for risk assessment
of consumer product safety

1 範圍

本標準規定了消費品安全風險評估的原則、程序、內容和要求。

本標準適用於消費品在正常使用和可合理預見的誤用過程中的風險評估。

2 術語和定義

下列術語和定義適用於本標準。

2.1 消費品（Consumer Product）

消費品是指為滿足社會成員生活需要而銷售的產品。

2.2 傷害（Injury）

傷害是指對人體健康的損害。

2.3 危害（源）（Hazard）

危害（源）是指可能導致傷害的潛在根源。

2.4 危害處境（Hazardous Situation）

危害處境是指人員暴露於危害的情形。

2.5 風險（Risk）

風險是指對傷害的一種綜合衡量，包括傷害發生的可能性和傷害的程度。

2.6 安全（Safety）

安全是指免除了不可接受的風險的狀態。

2.7 可容許風險（Tolerable Risk）

可容許風險是指按當今社會價值取向在一定範圍內可以接受的風險。（GB/T 2000.4, 2003，定義 3.7）

2.8 風險估計（Risk Estimation）

風險估計是指對傷害發生的可能性和其後果程度賦值的過程。

2.9 風險分析（Risk Analysis）

風險分析是指系統地運用現有信息確定危害和估計風險的過程。

2.10 風險評價（Risk Evaluation）

風險評價是指根據風險分析的結果確定實現可容許風險的過程。

2.11 風險評估（Risk Assessment）

風險評估是指包括風險分析和風險評價的全過程。

3 風險評估的一般要求

3.1 信息有效

風險評估前應廣泛收集相關信息，在評估過程中還繼續調查和補充相關信息，並確保信息的真實、可靠、及時。

3.2 定性定量結合

可採用定性、定量或者兩者結合的方法開展風險評估。當可獲得適當的數據時，應優先考慮風險評估的定量方法。

3.3 綜合衡量

風險評估應綜合考慮科技、經濟和知識發展水準，確定危害和風險可容許程度，在評審過程中應反覆評審確定風險可容許程度。

4 風險評估的程序、內容和要求

4.1 風險評估的程序

風險評估的一般程序包括：評估前準備、危害識別、風險估計、風險評價等步驟。

消費品安全風險評估的程序見圖 B-1。

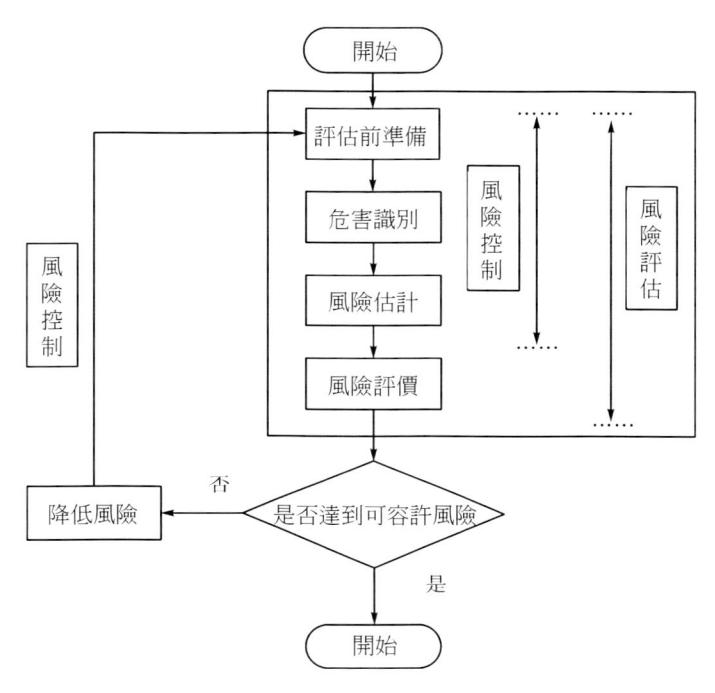

```
            ┌──────┐
            │ 開始 │
            └──┬───┘
               ↓
    ┌──────────────────────────────┐
    │   ┌──────────┐               │
    │   │ 評估前準備│  ⋯⋯          │
    │   └────┬─────┘       風  ⋯⋯  │
    │        ↓         風   險      │風
    │   ┌──────────┐   險   評      │險
    │   │ 危害識別 │   控   估      │評
    │   └────┬─────┘   制           │估
    │        ↓             ⋯⋯      │
    │   ┌──────────┐               │
    │   │ 風險估計 │               │
    │   └────┬─────┘               │
    │        ↓              ⋯⋯     │
    │   ┌──────────┐               │
    │   │ 風險評價 │               │
    │   └────┬─────┘               │
    └────────┼─────────────────────┘
             ↓
        ┌────────────────┐
否 ←────│是否達到可容許風險│
        └────────┬───────┘
                 ↓ 是
            ┌──────┐
            │ 開始 │
            └──────┘
```

圖 B-1　消費品安全風險評估流程圖

註：圖 B-1 中的虛線框部分為風險評估的一般程序。

4.2 評估前的準備

風險評估前的準備工作包括：

（1）確定目標消費品的使用環境、使用壽命、使用人群、使用數量等。

（2）根據國內外相關法律法規、標準、文獻、專家經驗等信息，綜合考慮社會及經濟發展水準的影響因素，確定消費品安全風險評估的可容許風險。

4.3 危害識別

對消費品在正常使用和可合理遇見的誤用工程中的危害（源）進行識別。消費品危害和傷害類型參見附錄 A（見表 B-1）、附錄 B。

表 B-1　　　消費品危害類型（來自附錄 A）

消費品危害類型	具體類別
A.1 物理危害	a) 機械危害；b) 電氣危害；c) 熱危害；d) 噪聲危害；e) 振動危害；f) 輻射危害
A.2 化學危害	a) 天然產生的化學物質危害；b) 人工合成的化學物質危害

表B-1(續)

消費品危害類型	具體類別
A.3 生物危害	a) 病原性微生物危害；b) 病毒危害；c) 寄生蟲危害等

消費品危害類型包括（附錄A）：a) 骨折；b) 扭傷；c) 拉傷；d) 銳器傷；e) 開放傷；f) 挫傷；g) 擦傷；h) 皮膚過敏；i) 燒燙傷；j) 腦震盪；k) 腦挫裂傷；l) 器官系統損傷；m) 急性中毒；n) 神經系統損傷；o) 窒息；p) 視力或聽力損傷；q) 觸電等。

危害識別的途徑主要包括：

a) 已發布的法規、標準；

b) 科學技術資料；

c) 事故報告；

d) 消費者投訴；

e) 每題；

f) 實驗、檢測；

g) 專家意見等。

4.4 風險估計

4.4.1 傷害程度

消費品對人體的傷害程度一般分為四級，即非常嚴重、嚴重、一般、微弱，見表B-2。

表 B-2　　　　　　　　　傷害程度分級

	等級	特徵描述
高↕低	非常嚴重	導致災難性的傷害。該類傷害可能導致死亡、身體殘疾等
	嚴重	會導致不可逆轉的傷害（如疤痕等），這種傷害應在急診室治療或住院治療。該類傷害對人體將造成較嚴重的負面影響
	一般	在門診對傷害進行處理即可。該類傷害對人體造成的影響一般
	微弱	可在家裡自行對傷害進行處理，不需要就醫治療，但對人體造成某種程度的不舒適感。該類傷害對人體;的影響較輕

4.4.2 傷害發生的可能性

傷害對應的某一特定危害處境可分成若干個階段，每個階段都對應一個潛在的導致傷害發生的階段可能性，各個階段可能性構成了傷害發生的可能性。

如表 B-3 所示。

表 B-3　　　　　　　傷害發生的可能性估算示例

附錄 C
傷害發生的可能性估算示例 　　當前消費者使用錘子把釘子釘在牆上是，錘頭與釘子撞擊時的碎屑擊中眼睛，對眼睛造成傷害，估算該種傷害發生的可能性。 　　步驟如下： 　　步驟一：由於錘頭的材質脆弱，在敲釘子時可能脆裂。可運用試驗手段檢驗其在使用壽命週期內的脆弱程度。試驗結果顯示，估計錘頭碎裂的可能性為：1/10。 　　步驟二：錘頭的碎片擊中消費者。這種情況出現的可能性估計為 1/10，因為消費者身體的上半部分接觸到飛落的碎片的可能性約為 1/10。如果消費者距離牆面越近，則他被錘頭碎片擊中的可能性會越大。 　　步驟三：錘頭碎片擊中消費者投票。頭部約占身體上半部分的 1/3，則該步驟發生的可能性約為 1/3。 　　步驟四：錘頭碎片擊中消費者眼睛。眼睛大約占頭部接觸飛落碎片面積的 1/20，則該步驟發生的可能性約為 1/20。 　　將上述步驟的可能性相乘，則得到本例中傷害發生的可能性約為：$1/10 \times 1/10 \times 1/3 \times 1/20 = 1/6,000$

計算傷害發生的可能性所需信息可通過以下途徑獲取：

a）相關的歷史數據；

b）試驗模擬；

c）專家判斷等。

傷害發生的可能性一般分為八種類型，如表 B-4 所示。

表 B-4　　　　　　　傷害發生的可能性類型

等級		特徵描述
高↑↓低	I	傷害事件發生的可能性極大，在任何情況下都會重複出現
	II	經常發生傷害事件
	III	在一定的傷害事件發生可能性，不屬於小概率事件
	IV	在一定的傷害事件發生可能性，屬於小概率事
	V	會發生少數傷害事件，但可能性較小
	VI	會發生少數傷害事件，但可能性極小
	VII	不會發生，但在極少數情況特定下可能發生
	VIII	在任何情況下都不會發生傷害事件
註：可根據實際情況對表中的傷害發生可能性等級確定具體量值		

4.6 風險評估文件

消費品安全風險評估應以文件形式加以體現，具體內容可包括：

a) 風險評估前的信息準備；
b) 風險評估的目標；
c) 危害類型；
d) 傷害程度的判斷；
e) 傷害發生可能性的判別；
f) 風險評估等級的確定；
g) 使用數據的不確定性對風險評估的影響。

另外標準還給出了附錄 D，消費品危害的風險等級劃分方法示例

消費品危害的風險等級依據傷害發生的可能性和傷害發生的程度進行劃分。表 B-5 給出了傷害發生的可能性的數值，為具體消費品危害的風險等級劃分提供參考。傷害發生的程度可根據本標準中表 B-2 進行判定。消費品危害的風險等級劃分見表 B-5。

表 B-5　　　消費品危害的風險等級劃分

傷害發生的可能性		傷害發生的嚴重程度			
		非常嚴重	嚴重	一般	微弱
I	>50%	S	S	S	M
II	>1/10	S	S	S	L
III	>1/100	S	S	S	L
IV	>1/1,000	S	S	M	A
V	>1/10,000	S	M	L	A
VI	>1/100,000	M	L	A	A
VII	>1/1,000,000	L	A	A	A
VIII	≤1/1,000,000	A	A	A	A

圖示符號

S：嚴重風險

M：中等風險

L：低風險

A：可容許風險

附錄 C　電氣設備的安全風險評估和風險降低

本標準旨在給所有為各類電氣設備提供專業安全標準的技術委員會使用，以幫助產品專業標準化技術委員會應用 ISO/IEC 導則 50、51 和 71，並且為系統地風險評估和風險降低程序給出了實際指導。

本標準由全國電氣安全標準化技術委員會（SAC/TC 25）提出並歸口。

本標準起草單位：上海電動工具研究所、上海電器科學研究所（集團）有限公司、機械工業北京電工技術經濟研究所。

發布單位：中華人民共和國國家質量監督檢驗檢疫總局/中國國家標準化管理委員會發布。

時間：2009-3-1 發布，2009-11-1 實施。

電氣設備的安全風險評估和風險降低（GB/T22696.2-2008）

第 2 部分：風險分析和風險評價

Electrical equipment safety-Risk assessment and risk
reduction-Part 2：Risk analysis and risk evaluation

1 範圍

1.1 本部分給出了按 GB/T 22696.1—2008 對電氣設備進行風險評估時的有關風險分析和風險評價的指導原則和實施方法。風險分析包括限制條件和危險源的確定及其識別方法。

1.2 本部分期望的使用者是將安全融入電氣設備的設計、製造、安裝、維修或改進的設計者、技術人員或安全標準專家。

1.3 本部分除適用於設計階段、以及製造和試運行過程中進行安全風險評估外，還可用於在電氣設備的技術改進中進行安全風險評估，或評估現有的電氣設備，以及在任何時候，例如在發生意外事故或故障時，進行風險評估。

2 規範性引用文件

下列文件中的條款通過 GB/T 22696 的本部分的引用而成為本部分的條款。凡是註日期的引用文件，其隨後所有的修改單（不包括勘誤的內容）或修訂版均不適用於本部分，然而，鼓勵根據本部分達成協議的各方研究是否可使用這些文件的最新版本。凡是不註日期的引用文件，其最新版本適用於本部分。

GB/T 22696.1—2008 電氣設備的安全 風險評估和風險降低 第 1 部分：總則

GB/T 22696.3—2008 電氣設備的安全 風險評估和風險降低 第3部分：危險、危險處境和危險事件的示例

3 術語和定義

GB/T 22696.1—2008 確立的以及下列術語和定義適用於 GB/T 22696 的本部分。

3.1 供應商（Supplier）

提供或集成製造系統（IMS）或該系統的一部分相關的設備或服務的實體，例如設計者、製造商、承包商、安裝者、集成者等。

4 風險分析

4.1 概述

下列條款闡述了在實施 GB/T 22696.1—2008 圖 B-1 所示的風險分析過程中，有關電氣設備的功能、使用的限制，危險源的識別及方法、信息記錄，風險預估。

4.2 確定電氣設備的限制

4.2.1 概述

電氣設備限制是對電氣設備的功能、使用、可預見的誤用，以及電氣設備的使用和維修環境類型給予清晰的描述。

上述描述是通過對電氣設備的功能以及使用電氣設備的實際情況加以實現。

4.2.2 電氣設備的功能

電氣設備是由使用電能的各種零部件、構件，或產品組成，其功能如下：
——發電；
——輸電；
——配電；
——電能貯存；
——測量；
——控制；
——調節；
——轉換；
——監督和維護；
——消費電能的產品等。

在設計中引入保護措施時，應描述它們的作用以及考慮與電氣設備其他功能之間的相互作用。

風險評估中應依次檢察每個功能零部件，確保各種操作模式和所有使用階段都能得到適當考慮，包括與被識別的功能或功能零部件相關的人—機之間交互作用。

4.2.3 電氣設備的使用（任務和工作環境分析）

在給定條件下（如工業用、非工業用和/或家用），各類與電氣設備相互作用的人員根據

GB/T 22696.1—2008 中 5.1—5.4 規定的，完成與電氣設備預計使用和可預見誤用的相關任務。

電氣設備的使用應建立在電氣設備的設計者、使用者和集成者具有良好溝通（例如，隨電氣設備提供的使用信息），盡可能識別電氣設備的合理使用和可預見誤用基礎上。此外，還應考慮下述情況：

a）完成不同於電氣設備手冊、程序和說明書中所規定任務的最容易或最快捷的方法；

b）使用者針對設備故障、事件或失效時的行為；

c）人為差錯。

4.3 危險的識別

4.3.1 概述

危險識別並列出有關危險、危險處境和危險事件的列表（見 GB/T 22696.3—2008），能夠以危險處境在何時和如何導致傷害的方式來描述可能發生的事故情景。對危險的識別應滿足 GB/T 22696.1—2008 第 6 章的要求 4.3.4 給出了電氣設備的危險源識別的文字表達。

對危險的識別以及對危險採取的預防措施，參照任何危險防護規程及電氣設備相關的安全標準都是有效的。

危險識別在風險分析中是重要的和關鍵的。只有識別危險後，才可能採取措施降低與之有關的風險。未被識別的危險會導致傷害。因此，應全面系統地考慮，以保證盡可能識別危險。

4.3.2 危險識別的方法

危險識別方法或工具應對 GB/T 22696.1—2008 第 6 章規定的電氣設備在整個生命週期的所有階段，與電氣設備有關的所有運行模式、功能和任務均適用。

常用的危險識別採用下述兩種方法，見圖 C-1。

自上而下法：它以潛在後果（例如電流通過人體、灼傷人員、引發著火、燒毀設備等）的核查清單為起點，並確定引起傷害的危險源。識別是由危險

事件返回到危險處境，再返回到危險本身。該核查清單中的每一項被依次應用於電氣設備生命週期的每個階段，每個零部件/功能和（或）任務。該方法缺點之一是工作過於依靠可能並不完善的核查清單，對人員要求有較豐富的經驗。

自下而上法：它以考察所有危險作為起點，考慮在所確定的危險處境中所有可能出錯的途徑（例如絕緣介質擊穿、受潮、老化、外殼損壞、聯接脫落、接地故障、接線錯誤、危險物質等），以及這種處境如何導致傷害的。自下而上法比自上而下法更全面和徹底，但這種方法花時間較多。

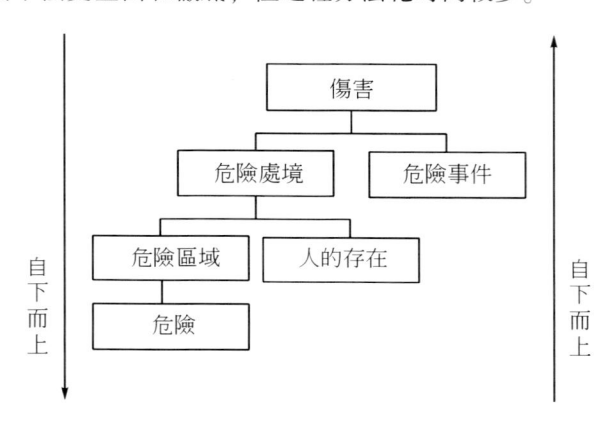

圖 C-1　危險識別的自下而上和自上而下的方法

4.3.3 信息記錄

危險識別時，應將危險識別進行記錄。任何用於記錄信息的系統應採用適當的方式，以保證能清楚地描述下列信息：

a）危險及其位置（危險區域）；

b）危險處境，指不同類型的人（例如維護人員、操作人員）以及他們所從事的使他們暴露在危險中的任務或活動；

c）作為危險事件或長時間持續暴露的結果，危險處境如何會導致傷害的。

有時，在風險分析過程的階段，下列信息也可能預察到並應將它們有效地記錄下來：

d）在電氣設備的特殊條款而不是一般條款中的傷害（例如砂輪在作業時的爆裂傷人）的性質和嚴重程度（後果）；

e）現有的保護措施以及它們的效果。

4.3.4 電氣設備的危險源

4.3.4.1 潛在危險源

潛在的危險源主要包括以下幾方面：

——電擊危險；

——熱效應危險（如灼傷、著火等）；

——機械危險；

——輻射危險（包括電離和非電離）。

4.3.4.2 設計和製造的危險

a) 電擊危險

1) 電氣絕緣危險

——絕緣電阻和泄漏電流；

——介質強度；

——絕緣結構的耐熱性；

——防潮性；

——耐熱、耐燃、耐電痕化；

——電氣絕緣的應用。

2) 直接接觸危險

——人體允許流過的電流值；

——安全特低電壓限值；

——外殼防護（防異物、水的進入）；

——電氣隔離；

——封閉作業場。

3) 間接接觸危險

——保護接地（接地系統的連接及可靠性，接地連接的電腐蝕，接地電阻值，保護接地標誌、導線顏色等）；

——雙重絕緣結構；

——故障電壓、過電流的切斷。

b) 著火危險

1) 結構部件的非金屬材料的危險：

——耐熱性。

2) 支撐帶電零件的絕緣材料或工程塑料的危險：

——耐電痕化；

——耐燃性。

3）既作結構件，又作支撐帶電零件的工程塑料的危險：

——耐熱性；

——耐電痕化；

——耐燃性。

c）機械危險

1）外殼防護危險：

——防異物進入；

——防水進入。

2）結構危險：

——結構強度、剛度；

——表面粗糙度、銳邊、棱角；

——穩定性。

3）運動部件的危險：

——機械防護罩、蓋的材料、厚度和尺寸；

——運動件、作業工具的防甩出；

——氣體、液體介質的飛溢；

——振動。

4）聯接危險：

——機械聯接的危險（聯接件應用、參數、可靠性）；

——電氣聯接的危險（聯接結構、內部接線、電源聯接、電纜或軟線、可靠性）。

d）運行危險

1）環境變化引起的危險：

——海拔、溫度、濕度；

——外部的衝擊、振動；

——電場、磁場和電磁場的干擾。

2）接近、觸及危險部件的危險：

——人肢體觸及危險部件；

——刀具、刃具、磨料等的線速度控制。

3）危險物質：

——阻止燃燒；

——易爆物質的隔離；

——灰塵、液體、蒸汽和氣體的溢出。

4）振動、噪聲的危險：

——消聲；

——隔離。

5）靜電積聚引起危險。

6）防止電弧引起的危險。

7）電源控制及危險：

——電壓波動、中斷、暫降等電源故障；

——應急自動切斷電源；

——電源開關與控制的可靠性。

8）操作故障引起的危險：

——誤操作；

——意外起動、停止；

——無法起動；

——硬件或軟件的邏輯錯誤；

——操作規程（設備的組合、操作管理等）。

e）輻射危險

1）電離輻射危險：

——激光和化學輻射；

——紅外線、可見光輻射；

——紫外線輻射。

2）非電離輻射危險：

——射頻（RF），即電場、磁場和電磁場輻射；

——極低頻（LEF），即電場、磁場。

f）人體工程學

1）操作適應人體的動作特性、感覺，以利於健康和安全；

2）提高舒適度、減少疲勞和心理壓力的程度；

3）人—機和諧相處、便於移動和處理。

g）化學品危險

電氣設備使用的材料、製造用設備及生產過程應禁止或限制使用鉛、鎘、汞、六價鉻、多溴二苯醚（PBDA）和多溴聯苯（PBB）、多環芳香烴（PAHs）苯、甲苯、二甲苯、溶劑油等有害物質。

4.3.4.3 信息

a）電氣設備的類型、批號、編號或其他信息的識別和區別；

b) 安全使用的關鍵信息應易於用戶理解；
c) 關鍵特徵、識別標誌和警告；
d) 電氣設備安全安裝、維護、清洗、運行和存儲等因素；
e) 風險和潛在風險的警告；
f) 製造商名稱和地址。

4.4 風險預估
4.4.1 概述

風險預估是確定發生每個危險處境或事故的最高風險。風險預估的目標是針對可能發生的事故情況，確定風險等級來表示風險的大小。確定風險等級可通過預估傷害的嚴重程度和其發生概率來進行。

4.4.2 傷害程度

每個危險事件都有導致不同程度傷害的可能。一般情況下，對於每種傷害的嚴重程度，只採用一個數據。因此，預估風險時，應考慮實際發生傷害的嚴重程度，只取最高風險的數據。

4.4.2.1 概述

所有的風險預估方法都需要評估傷害的發生概率，預估時應考慮：
a) 暴露在危險中的人，見 GB/T 22696.1—2008 的 7.2.3.1；
b) 危險事件的發生概率，見 GB/T 22696.1—2008 的 7.2.3.2；
c) 在技術和人員方面避免或限制傷害的可能性，見 GB/T 22696.1—2008 的 7.2.3。

如圖 C-2 所示，當危險處境存在於一個或多個人員暴露在危險中時，傷害發生是由危險事件引起的。

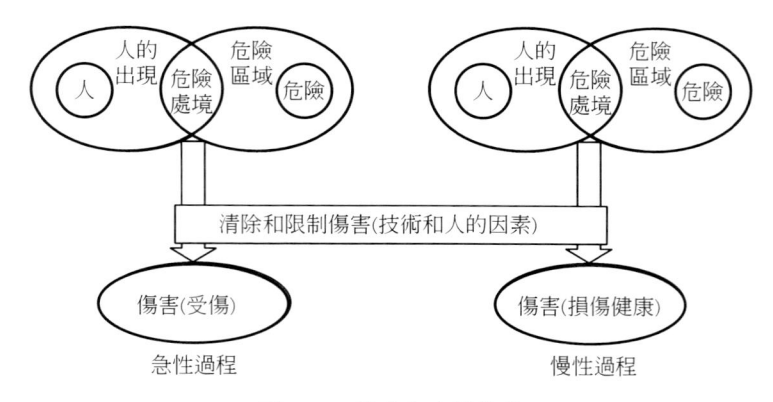

圖 C-2 發生傷害的條件

在預估傷害的概率時，還應考慮 GB/T 22696.1—2008 的 7.3 中的所述的相關方面。

4.4.2.2 累積傷害的發生概率

處理因累積暴露超過一定時間而導致傷害（例如疲勞、聽力損傷、精神紊亂、過敏、雷諾氏症等）的危險處境，需要用與處理突然導致嚴重傷害（例如電擊、著火）的危險處境不同的方法。

傷害的發生概率取決於暴露在危險中的累積量。超過一定水準或等級的累積暴露能夠造成對健康的損害。因此，可以將超過這個水準或等級的危險暴露考慮為一次危險事件。

暴露的總劑量由暴露次數、各次暴露的不同持續時間和相應劑量組成。例如：

——對於呼吸傷害，危險劑量取決於物質的濃度；
——對於聽力喪失，危險劑量取決於噪聲級別；
——對疲倦、不適、骨關節錯位、雷諾氏症，危險劑量取決於手傳振動的強度；
——電磁輻射對人體健康的影響，危險劑量取決於人體處於的場強和感應的電流；
——對於反覆發作的過勞損傷，危險劑量取決於損傷程度和動作的重複率。

突然引起的傷害與長時間暴露所引起的傷害之間的差別，可以用兩種不同原因引起的通過人體對健康的危害來說明。人體觸及故障的電氣設備，其故障電流是突然流過人體，發生電擊會立即危害健康，甚至導致死亡；人體如果長期處於由電氣設備產生的電磁環境中，電場、磁場和電磁場對人體的感應、發射引起的超過允許值的電流對人體健康的危害有一個累積的過程。

5 風險評價

風險評價的目的是確定哪種危險處境需要進一步降低風險，並且證實風險分析中的迭代過程。當所選擇的保護措施已經充分地降低了風險，並且沒有引入新的危險或加重了其他風險，就認為達到了風險降低的目標。

有些危險處境由於風險極低（輕微），可記錄但不做進一步考慮；那些被指出會產生重大危險的危險處境，必須予以降低；對那些被指出會產生高風險的危險處境，應做更詳細的風險預估。

如果有相關電氣設備的具體安全標準，風險評價要包括保證實施該標準，考慮與被評價電氣設備相關的保護措施的局限性。

國家圖書館出版品預行編目（CIP）資料

產品缺陷風險分析和預期召回效益評估 / 梁新元,王洪建,陳雄,楊文秀,
焦昭傑 編著. -- 第一版. -- 臺北市：財經錢線文化, 2020.05
　　面；　公分

ISBN 978-957-680-420-5(平裝)

1.品質管理

494.56　　　　　　　　　　　　　　　　109005681

書　　名：產品缺陷風險分析和預期召回效益評估
作　　者：梁新元,王洪建,陳雄,楊文秀,焦昭傑 編著
發 行 人：黃振庭
出 版 者：財經錢線文化事業有限公司
發 行 者：財經錢線文化事業有限公司
E - m a i l：sonbookservice@gmail.com
粉 絲 頁：　　　　　網　址：
地　　址：台北市中正區重慶南路一段六十一號八樓 815 室
8F.-815, No.61, Sec. 1, Chongqing S. Rd., Zhongzheng
Dist., Taipei City 100, Taiwan (R.O.C.)
電　　話：(02)2370-3310　傳　真：(02) 2388-1990
總 經 銷：紅螞蟻圖書有限公司
地　　址：台北市內湖區舊宗路二段 121 巷 19 號
電　　話：02-2795-3656　傳真:02-2795-4100　網址：
印　　刷：京峯彩色印刷有限公司（京峰數位）
　　本書版權為西南財經大學出版社所有授權崧博出版事業股份有限公司獨家發行電子
　　書及繁體書繁體字版。若有其他相關權利及授權需求請與本公司聯繫。
定　　價：450 元
發行日期：2020 年 05 月第一版
◎ 本書以 POD 印製發行